网络安全风险估计与控制理论

(第二版)

王祯学　方　勇　刘　亮
张　磊　周安民　欧晓聪　著

科学出版社
北　京

内 容 简 介

本书将信息论、系统论、控制论以及博弈论的基本思想和方法综合应用于研究网络信息系统安全风险的识别与分析、评估与控制、信息对抗(特别是网络攻防)等问题上，从跨学科研究的角度，采用定性分析和定量分析相结合的方法，得到了一系列新的理论研究成果，对信息安全的学科建设和工程实践具有学术参考价值.

本书可以作为高等院校网络空间安全、计算机应用、网络通信、电子工程与技术等专业的高年级本科生和研究生的教材，也可供广大科技工作者参考.

图书在版编目(CIP)数据

网络安全风险估计与控制理论/王祯学等著. —2 版. —北京：科学出版社，2021.1

ISBN 978-7-03-062164-1

Ⅰ. ①网… Ⅱ. ①王… Ⅲ. ①计算机网络－网络安全－风险分析 Ⅳ. ①TP393.08

中国版本图书馆 CIP 数据核字(2019) 第 178467 号

责任编辑：王丽平 / 责任校对：彭珍珍
责任印制：张 伟 / 封面设计：陈 敬

科学出版社 出版
北京东黄城根北街 16 号
邮政编码：100717
http://www.sciencep.com

北京捷迅佳彩印刷有限公司 印刷
科学出版社发行 各地新华书店经销
*
2011 年 6 月第 一 版 开本：720×1000 B5
2021 年 1 月第 二 版 印张：18
2021 年 1 月第一次印刷 字数：370 000

定价：138.00 元
(如有印装质量问题，我社负责调换)

序

四川大学信息安全研究所是国内最早成立的信息安全专业研究所之一. 长期以来, 在信息安全体系结构、信息系统安全风险的估计与控制、信息对抗等方面开展了深入的研究, 积累了丰富的理论和实践经验. 该书写作团队结合多年的科研与教学方面的实践, 站在控制论或系统论的高度, 综合应用信息论、系统论、控制论和博弈论的基本思想与方法, 从分析信息系统构成要素和信息资产面临的安全风险入手, 进而讨论信息系统安全风险的识别、估计、控制与信息对抗等问题. 从跨学科研究的角度, 采用定性分析和定量分析相结合的方法, 得到了一系列新的理论研究成果, 对信息安全的学科建设和工程实践都很有学术参考价值.

我认为该书是近年来难得的一部系统性研究信息系统安全风险的专著, 对信息安全学科建设, 对更全面系统地提高信息安全理论和工程实践能力都有一定的指导意义和启发作用.

何德全

2010 年 10 月 16 日

第二版前言

《信息系统安全风险估计与控制理论》一书由科学出版社于 2011 年 6 月出版,从书稿形成时间算起, 至今已十年了. 十年来, 随着互联网技术的快速发展与普及,网络空间安全已经从一系列的技术问题发展成为一种战略概念. 全球化和互联网已经赋予个人、组织和国家基于连续发展联网技术的惊人新能力, 信息收集、通信、筹款和公共关系都已实现数字化. 于是, 所有政治、经济和军事冲突现在都有了网络维度, 其范围和影响难以预测, 网络空间发生的战斗可能比实际发生的任何战斗都更为重要, 最终结果主要取决于作战双方的网络攻击和网络防御能力与水平. 伊朗核电站、"棱镜门"、乌克兰电网、WannaCry 蠕虫、Fackbook 数据泄露、网络攻击"武器库" 泄露等网络安全事件层出不穷. 国家之间在网络空间的安全博弈、黑客组织活动的日益频繁、传统与新型网络攻击行为的不断涌现, 导致我国面临的网络安全问题日益复杂和严重, 网络安全风险已经成为互联网新技术发展的一大障碍,对我国实现建设成为网络强国目标不断提出新的挑战. 为应对这些新的挑战, 我国出台了一系列新的政策和法规, 对网络空间安全的重视程度得到空前提高; 网络空间安全一级学科的正式获批, 显示了国家对网络安全人才培养的高度重视, 而人才培养的核心需要有先进的理论和方法指导实践工作.

网络空间安全的主体和核心是网络攻防. 为适应网络空间安全领域的持续创新和提高, 国内外在网络攻防分析方法与技术、基于博弈论的网络攻防建模和网络攻防评估方法等方面已经取得不少研究成果, 为后续研究提供一些理论参考依据. 本书叫做《网络安全风险估计与控制理论》, 是《信息系统安全风险估计与控制理论》的第二版. 书名中的 "信息系统" 改为 "网络" 是为了突出网络空间安全的极端重要性. 第二版是在第一版基础上, 结合四川大学信息安全研究所在科研与教学方面的实践, 特别是在网络攻防方面的教学科研实践, 力图将网络攻防引导到 "策略博弈"的数学理论上, 这一理论就是博弈论. 基本内容都是近年来作者及团队在网络空间安全领域部分科研成果和教学实践的归纳、总结, 希望能帮助读者引发一些新的思路, 能对网络空间安全的理论研究或工程实践具有一定的指导意义或启发作用.

本书 (第二版) 共 12 章, 除了对第一版的一些章节 (主要是第 8 章) 进行了重构和优化外 (第 8 章、第 9 章), 增加了三章新的内容 (第 10 章 ~ 第 12 章). 保留第一版第 1 章到第 7 章的组织结构和内容 (包括何德全院士作的序和第一版前言及后记). 第 8 章首先介绍博弈论研究问题的特点以及如何将网络攻防引导到策略博弈的数学理论 (博弈论) 上, 然后讨论基于策略博弈的网络攻防研究所涉及的基本概念、基本要素、基本模型等, 包括理性行为的定性分析, 博弈问题的基本要素、分类和表示方法, 网络攻防博弈的模型结构和数学描述等. 第 9 章讨论基于策略式描述的网络攻防博弈. 根据攻防竞争的特点, 将矩阵博弈及 Nash 均衡的基本原理与方法用以解决在完全信息静态情况下网络系统的攻防控制问题. 以信息资产的安全性概率和风险概率为博弈参数, 借助矩阵博弈和 Nash 的基本原理与方法构建了目标网络系统的攻防控制模型, 导出相应的算法, 并举例说明模型及方法的应用. 第 10 章讨论基于 Bayes-Nash 均衡的网络攻防博弈, 以解决不完全信息静态情况下的网络攻防控制问题. 通过一个网络攻防实例, 直观地分析讨论了不完全信息博弈与 Harsanyi 转换之间的关系, 从而构建了基于 Bayes-Nash 均衡的网络攻防博弈模型, 并给出均衡的存在性定理和均衡点的求解方法, 通过一个实际的网络渗透攻防实例, 进一步验证了模型及其求解方法的可行性和有效性. 第 11 章讨论基于扩展式描述的网络攻防博弈. 针对攻防实战中的动态竞争情形, 本书先通过实例分析了动态博弈的基本特征, 按照攻防双方对信息的认识和了解, 采用扩展式描述方法, 构建了完全信息动态攻防博弈模型, 详细阐述了子博弈与子博弈完美 Nash 均衡的概念, 给出了求解子博弈精炼 Nash 均衡的方法和步骤; 将 Selten 的完全信息动态子博弈完美 Nash 均衡和 Harsanyi 的不完全信息静态博弈 Bayes-Nash 均衡结合起来, 给出了精炼 Bayes-Nash 均衡的表述方法和求解步骤. 特别地, 通过一个实例, 详细介绍了如何将信号传递博弈这种比较简单但有广泛应用意义的模型形式用于分析解决网络攻防中的一些实际问题. 第 12 章讨论网络攻防效能评估. 效能评估既是攻防博弈过程中的重要环节, 也是研究攻防博弈理论中带基础性的问题. 首先, 以目标网络系统信息资产的风险概率 (或安全性概率) 为基本参数, 借助信息论中 "熵" 的概念, 构建目标网络系统的 "风险熵" 或 "安全熵", 通过比较攻防前后系统 "熵值" 的变化, 从而构建起网络攻防效能评估模型, 对攻击效果和防御效果做出定量评价. 其次, 以攻防双方的策略组合为基本参数, 借助 "决策试验与实验评估法", 通过构建 "专门知识" 矩阵, 分析攻击策略和防御策略之间的因果关系, 计算攻防策略组合对目标网络系统的直接影响和间接影响, 从而达到评估攻防策略组合对目标网络系统总体影响之目的.

本书将信息论、系统论、控制论以及博弈论的基本思想和方法综合应用于研究网络系统安全风险的识别与分析、评估与控制、攻防对抗等问题上, 从跨学科研究的角度, 采用定性分析和定量分析相结合的方法, 得到了一系列新的理论研究成果, 对网络空间安全的学科建设和工程实践都很有学术参考价值. 可以作为高等院校网络空间安全、计算机应用、网络通信、电子工程等专业的高年级大学生和研究生的教材, 也可供广大科技工作者参考. 其中第 1 章 ~ 第 7 章由王祯学、方勇、周安民、欧晓聪共同撰写, 第 8 章、第 9 章由张磊撰写, 第 10 章 ~ 第 12 章由刘亮撰写. 本书第二版由方勇策划, 全书由王祯学统稿.

再次感谢四川大学特聘教授中国工程院何德全院士、沈昌祥院士和周仲义院士的积极鼓励、支持和帮助, 感谢四川大学信息安全研究所的教师和研究生们为本书的出版所做的有益工作, 感谢原四川大学校长谢和平院士的关心和支持.

本书所涉及的内容大都具有尝试性和探索性, 与此相关的许多理论和实际问题还需要进一步深入研究, 加之作者的学识和能力有限, 书中疏漏和不当之处在所难免, 恳切地希望得到读者的批评和帮助.

作　者

2019 年 6 月于四川大学

第一版前言

信息安全是一门新兴交叉学科, 它与计算机科学、网络通信、数学科学、信息科学、系统科学、控制论、管理科学、法学等学科紧密相关. 通过不同学科的交叉融合, 伴随网络信息化的迅速发展而开展持续深入的跨学科研究, 逐步形成信息安全所特有的、独立完整的科学理论体系, 无疑是一件非常重要的工作, 也是一项艰苦的工作, 需要有一段很长很长的路要走.

托马斯•库恩 (Thomas Samuel Kuhn) 曾一再强调一本好的教科书对于表达一门科学的范式的重要性. 他说:"一种新理论总是同它的应用一起进入教科书, 未来的工作者即由此而学到他们的专业. 这个过程一直贯穿到从大学一年级到通过博士学位论文."“有了一本教科书, 科学工作者就可以从教科书达不到的地方开始研究, 从而可以高度集中到科学界所关心的最微妙、最深奥的自然现象中去.”本书的题目叫做《信息系统安全风险估计与控制理论》, 主要结合四川大学信息安全研究所在科研与教学方面的实践, 力图将信息论、系统论、控制论以及博弈论等相关学科的基本思想和方法用在研究信息系统安全风险的分析与评估、风险控制、信息对抗等问题上, 其基本内容都是近年来作者团队在信息安全领域的部分研究成果和教学实践的归纳和总结, 希望能帮助读者引发一些新的思路, 能对信息安全的理论研究或工程实践具有一定的指导意义或启发作用.

全书共 8 章. 第 1 章绪论, 在回顾国内外有关信息系统安全结构理论体系的研究历史与发展现状的基础上, 就信息与信息系统、信息系统的基本特征、基本要素、基本功能, 风险的基本内涵及一般性定义、信息系统的风险及风险要素关系、安全风险的评估与控制等内容首先予以介绍, 然后从控制论或系统论的角度给出了信息系统风险评估与控制模型结构, 并指出用系统理论方法研究信息系统风险评估与控制时应该注意的事项, 为后续问题的进一步讨论提供理论框架及方法论基础. 第 2 章先讨论信息系统的构成要素及“基于信息流保护的资源分布模型”, 以此为基础详细阐述信息系统的风险识别与分析问题, 为安全风险的综合评估和风险控制 (安全保护) 提供科学依据与前提条件. 第 3 章在“基于信息流保护的资源分布模型”的基础上, 以安全风险为描述变量, 进一步讨论信息系统的数学描述与结构分析问题, 包括基于时空坐标系统的数学描述和基于网络拓扑结构的数学描述等, 进而对信息系统的可控性、可观测性等结构特性作具体的描述与分析, 为进一步讨论安全风险的动态估计、状态控制以及攻防控制等问题奠定必备的基础. 第 4 章讨论信息系统安全风险的状态重构与动态估计问题. 以状态模型为基础, 借助控制系统理论中的观测器理论和 Kalman 滤波理论, 用以分别解决确定性情况下的风险状态重构和随机情况下的风险状态估计问题, 从而获得信息系统安全风险的时间分布特性, 为安全风险的动态综合评估或实时控制提供依据. 第 5 章讨论信息系统安全风险的静态综合评估, 即讨论各资产要素的风险对系统各风险域及系统整体风险的影响问题. 包括导出安全风险的静态综合评估准则、建立随机情况下的资产要素风险概率模型、定义 "风险熵" 以揭示安全风险递增规律等内容, 为分别从 "微观" "中观" "宏观" 等不同角度对信息系统的安全风险作出综合评价提供理论和方法. 第 6 章讨论信息系统安全风险的动态综合评估, 即讨论各资产要素安全风险及系统整体安全风险随时间而变化的规律问题. 包括通过定义 "风险强度" 以建立信息资产安全风险的动态评估模型、通过定义 "安全熵" 以揭示信息系统安全性递减规律以及安全工作时间的计算方法等. 第 7 章讨论信息系统安全风险的状态控制与成本耗费问题. 首先介绍最优化与极大值原理的基本概念, 接着讨论基于线性二次模型的信息系统风险控制、基于概率模型的信息系统风险控制、基于 Logistic 模型的信息系统攻防控制等, 然后讨论风险控制与耗费成本之间的关系, 为信息系统风险控制 (安全保护) 的工程设计提供理论依据. 第 8 章讨论基于博弈论的信息系统攻防控制. 根据攻防竞争与对抗的特点, 首先将信息系统的攻防控制问题归结为围绕信息资产安全风险的策略博弈问题, 然后借助矩阵博弈和 Nash 均衡的基本原理与方法构建针对目标信息系统的攻防博弈模型, 导出相应的算法和计算步骤, 并举例说明模型及方法的应用.

在此感谢四川大学特聘教授中国工程院何德全院士、沈昌祥院士和周仲义院士的积极鼓励、支持和帮助, 感谢四川大学信息安全研究所的老师和研究生为本书的出版所做的有益工作, 感谢四川大学校长谢和平院士的关心和支持.

本书所涉及的内容相当一部分具有探索性和尝试性, 与此相关的许多理论和实际问题还需要进一步深入研究, 加之作者的学识和能力有限, 书中疏漏和不当之处在所难免, 恳切地希望能得到读者的批评和帮助.

作　者

2010 年 6 月于四川大学

目　　录

第1章 绪　论

1.1 引　言

自人类进入信息社会, 网络信息系统无处不在、无时不有, 各行各业及人们的日常工作和生活都依赖于信息网络. 人们利用信息网络进行生产、生活、交流和管理等过程活动. 在这些过程活动中, 信息网络作为载体或工具表达人 (自然人、法人、利益集团等) 的意志或感情, 或交流有价值的资产, 或发出指令实施指挥和管理, 或与敌对势力和武装集团对抗, 从而保障人类社会的正常生活与维护生产秩序, 保障国家对社会秩序的管理和对社会状态的控制, 维护国家主权和领土完整, 改善或提高人类的整体素质和生活质量, 促进人类社会的交流和进步. 然而, 信息网络的开放互联性及信息系统组件 (硬件和软件) 本身固有的脆弱性和设计上的缺陷给信息系统的安全与管理带来极大的困难, 给信息的传输、存储和使用带来潜在的安全风险. 如何正确地识别、估计和评价信息系统客观存在的安全风险, 进而预防和控制风险事件的发生, 从安全角度保障网络信息系统正常、有序和持续运行, 合理地利用现有资源以获取最大的社会经济效益, 这始终是信息系统面临的重大研究课题.

伴随着互联网技术的快速发展与普及, 国内外关于信息系统安全体系结构理论与技术的研究已有 20 多年的历史, 信息安全的内涵不断延伸, 从最初通信信息的保密性发展到网络化信息的完整性、可用性、可控性、可审查性等诸多方面, 取得一系列的理论与技术研究成果.

1985 年美国国防部为适应军事计算机的保密需要制定了可信计算机系统安全评估准则 (TCSEC, 从橘皮书到彩虹系列)[1], 它是计算机信息系统安全评估的第一个正式标准. 其后又对网络系统、数据库等方面作出了系列安全解释, 形成了信息系统安全体系结构的最早原则. 至今美国已研制出达到 TCSEC 要求的安全系统 (包括安全操作系统、安全数据库、安全网络部件) 多达 100 多种. TCSEC 标准把系统的保密性作为讨论的重点, 忽略了信息的完整性和可用性等安全属性, 因而这些系统仍有相当大的局限性, 同时也没有真正达到形式化描述和证明的可信水平.

20 世纪 90 年代初, 法、英、荷、德欧洲四国针对 TCSEC 准则只考虑保密性的局限性, 联合提出了包括信息安全的机密性、完整性、可用性等安全属性概念的"信息技术安全评价准则"(ITSEC, 欧洲白皮书)[2]. ITSEC 把可信计算机的概念提高到可信信息技术的高度来认识, 对国际信息安全的理论研究和技术实施产生了深刻的影响. 但是该标准也同样没有给出形式化描述的理论证明.

1996 年, 美、加、英、法、德、荷六个国家联合提出了信息技术安全评估的通用准则 (Common Criteria, CC)[3], 并逐渐形成国际标准 ISO15408[4-6]. 该标准定义了评价信息技术产品和系统安全性基本准则, 提出了目前国际上公认表述的信息技术安全性的体系结构, 即把安全要求分为规范产品和系统安全行为的功能要求, 以及如何正确有效地实施这些功能的保证要求. CC 标准是第一个信息技术安全评价的国际准则, 它的发布对信息安全具有重要意义, 是信息技术安全评价标准以及信息安全技术发展的一个重要里程碑. 但 CC 标准是针对产品和系统的安全性测试及等级评估, 事先假定用户知道安全需求, 忽略了对信息系统的风险分析, 缺少综合解决保障信息系统多种安全属性的理论模型依据.

2000 年, 国际标准化组织 (ISO) 在英国提出的信息安全管理标准 (BS7799) 的基础上[7,8], 制定并通过了信息安全管理指南 ISO/IEC 17799[9], 采用系统工程方法确定安全管理的方针和范围, 在风险评估的基础上选择适宜的控制目标与控制方式, 制定业务持续性计划, 建立并实施信息安全管理体系. 但 ISO/IEC 17799(或 BS7799) 的目的并不是告诉使用者有关 "怎么做" 的细节, 它所阐述的主题是安全策略和具有普遍意义的安全操作, 它讨论的主题很广泛但每一项内容的讨论都没有深入下去, 没有提供关于任何安全主题的确定或专门的材料, 也没有提供足够的信息以帮助机构进行深入的安全检查.

1996 年 12 月开始发布的 ISO13335 系列标准[10-13], 提出了关于信息技术安全的机密性、完整性、可用性、审计性、真实性、可靠性等 6 个方面的含义, 并提出了基于风险管理的安全模型. 该模型阐述了信息安全评估的基本思路, 对信息系统安全风险的评估工作具有指导意义.

2000 年 9 月, 美国国家安全局为了促进美国政府信息系统安全需求的协调, 在 "工业界/政府联合信息保障技术框架" 的基础上推出了《信息保障技术框架》(IATF): 3.0 版[14]. IATF 定义了对一个系统进行信息保障的过程以及该系统中硬件和软件部件的安全需求, 提出了多层防护原则, 称之为 "纵深保卫战略" (defense-in-depth strategy). 纵深保卫战略的四个主要技术焦点分别为: 保卫网络和基础设施、保卫边界、保卫计算环境以及为基础设施提供支持. IATF 得到了广泛的采纳和应用, 美国国防部 (DOD) 的《全球信息网 (GIG)IA 政策和实施指南》就是围绕纵深保卫战略而建的, 它把 IATF 作为技术解决方案的信息源以及国防部 IA 实施的指南. 虽然 IATF 提出了纵深保卫战略的概念, 并围绕该概念对信息系统进行建设和保护, 但仅起到对安全需求的协调和安全解决方案的建议作用, 并没有描述如何对一个信息系统提供完整安全解决方案的技术框架和技术路线.

在国内, 由于信息安全技术及体系结构的研究滞后于信息技术应用和产业的发展, 国内主要是等同采用国际标准, 例如,《信息技术安全评估准则》(GB19336-

2001)[15-17] 就是等同采用 ISO/IEC15408-1999(CC) 标准. 另外, 由公安部主持制定、国家技术监督局发布的中华人民共和国国家标准 GB17895-1999《计算机信息系统安全保护等级划分准则》将信息系统安全分为五个等级: 自主保护级、系统审计保护级、安全标记保护级、结构化保护级和访问验证保护级. 主要的安全考核指标有身份验证、自主访问控制、数据完整性、审计等, 这些指标涵盖了不同级别的安全要求[18]. 但这个标准的基本思想未能从根本上突破 TCSEC 的架构, 同时缺乏可操作性.

2007 年正式发布并实施的 GB/T20984-2007《信息安全风险评估规范》, 作为中华人民共和国国家标准[19], 给出了信息系统安全风险评估的基本概念、要素关系、分析原理、实施流程和评估方法, 以及风险评估在信息系统生命周期不同阶段的实施要点和工作形式, 具有较强的可操作性. 标准在资产识别和分类的基础上, 按照机密性、完整性和可用性三个安全属性的达成程度对资产进行赋值, 并依据赋值大小划分资产重要性等级; 对资产面临的威胁状况和存在的脆弱性程度进行识别并赋值; 根据威胁出现的频率和资产脆弱性程度计算安全事件发生的可能性; 根据资产价值和资产脆弱性程度计算安全事件发生造成的损失; 根据安全事件发生的可能性和安全事件发生造成的损失计算资产的风险值, 并进行等级化处理. 但该标准给出的安全风险评估流程、评估方法和评估结果都是针对各信息资产而言的, 缺乏对信息系统各风险域及系统整体风险的描述与评价.

从国内外研究现状可以看出, 迄今为止的信息安全评估标准虽然都强调了风险评估的必要性和重要性, 都要求以信息系统安全风险的分析为核心, 通过评估系统或产品的安全属性来判断系统或产品的安全等级是否符合要求, 但这些标准所采用的方法一般都是通过问卷式的调查访谈给出不同风险域在安全管理方面存在的漏洞和各领域的安全等级, 最后给出策略建议. 这至少在以下三个方面存在问题或不足: 一是对于信息系统安全风险分布规律的认识大多停留在专业人员或专家的个人经验之上, 因而缺乏系统性和客观性; 二是在风险评估的量化及评价方面普遍缺乏可操作的工程数学方法, 导致评估结果在系统性和客观性方面存在较大的主观偏好; 三是对信息系统安全风险的时空分布特性 (尤其是时间分布特性) 缺乏描述与分析, 因而无法解决安全风险的动态估计问题.

在安全保护 (风险控制) 方面, 迄今为止人们采取了各种各样的措施研究了各种类型的系统或设备来堵塞系统的安全漏洞, 以降低安全风险, 尽力将风险控制在人们可接受的范围之内. 但所取得的成果都是局部性的或工程性的, 对信息系统安全保护 (风险控制) 过程中带有一般性的普遍意义的研究还很缺乏, 对信息系统所存在的安全风险、安全方案设计的优劣、风险评估与风险控制性能的评价等方面还缺乏科学严谨的评判理论与方法.

本书站在控制论或系统论的高度, 综合利用信息论、控制论、系统论 (包括复杂系统理论) 的基本思想和方法, 从分析信息系统构成要素和资产所面临的安全风险入手, 用定性分析和定量分析相结合的方法, 首先建立信息系统风险评估与控制的模型结构, 以此为基础, 给出 "基于信息流保护的资源分布模型", 进而对信息资产、资产的脆弱性和面临的威胁进行识别与分析, 并给出信息资产安全风险的计算方法; 其次讨论描述信息系统安全风险的数学模型, 给出基于模型的风险状态观测和风险状态估计方法; 再次介绍信息系统安全风险的综合描述与评价方法; 最后用较大篇幅讨论信息系统安全风险控制的理论与方法问题, 包括信息系统安全风险的状态控制、信息系统风险控制与耗费成本、基于 Logistic 模型的信息系统攻防控制、基于博弈论的信息系统攻防控制等内容.

作为绪论, 接下来就信息与信息系统、信息系统的安全风险、安全风险的分析与评估、风险控制与风险控制系统等基本概念先予以介绍, 为后面各章的详细讨论奠定必备的基础.

1.2 信息与信息系统

1.2.1 信息的基本概念

人们之所以把现代社会称为信息社会, 是因为信息与物质和能量一样, 已经成为人类生存和社会发展的必要条件之一[20]. 那么信息是什么呢? 简单地说, 信息是物质的一种固有属性, 它来源于物质的运动, 是物质运动状态和运动方式的表征. 信息与物质和能量有着密不可分的关系: 没有物质、没有物质的运动, 就没有信息, 但信息不等同于物质, 信息不是物质本身, 它只是反映物质的运动状态和方式; 同时, 没有能量, 物质就不能运动, 当然也就没有信息, 但信息也不等同于能量, 能量是物质运动的原因, 信息是物质运动的结果. 物质、能量、信息是人类社会发展和进步的三大基本要素.

此外, 物质和能量受到空间和时间的限制, 但是信息原则上可以延伸和拓展到无限的空间和时间. 物质和能量只存在于客观世界, 但信息除了客观存在以外还接受主观世界的影响, 例如, 信息的内涵与感知者的理解、思维能力、偏好、判断水平等因素有关. 信息可分为狭义和广义两类: 狭义信息又称为客观信息, 它以概率统计为基础, 用信息的量度、传输速率、信息容量等来衡量; 广义信息又称为有效信息, 它在统计信息的基础上, 进一步考虑信息的逻辑含义和实效内容, 并用平均效用度来衡量.

要进一步理解信息的特征与内涵, 还必须弄清楚 "消息" 的基本概念, 以及消息和信息的区别和内在联系. 消息是人们熟知的概念, 比如在电报通信中电文是消息、在电话通信中话音是消息、在电视中画面图像是消息、在遥控和遥测中一些测量数据和指令也是消息, 等等. 很明显, 各种消息在物理特征上极不相同, 各种消息的组成亦不可能相同, 但它们有一个共同的特点, 就是消息的随机性. 发信端在发送消息时可以随心所欲地发出这样或那样的序列和过程, 收信端在收到消息之前是无法预测的, 亦即消息的出现是随机的、是不确定的. 在信息系统内传递的消息本身无法量度, 但其不确定性是可以量度的. 因此, 人们又引用信息的概念来量度消息的不确定性, 即 "信息" 是消息不确定性程度的测度.

传递信息是通信的目的, 每一条消息都包含着一定的信息量, 而信息量的大小与消息发生的概率有着密切的关系. 比如, 某人告诉我们一条非常可能发生的消息, 比起告诉我们一条不太可能发生的消息来说, 所传递的信息量就比较少. 因此, 消息发生的概率可以作为人们预期程度的度量单位, 它和信息量大小有关. 也就是说, 在信息度量中最基本的就是不确定性的概念, 即消息的内容越是不能确定, 则消息所包含的信息量就越大. 如果我们能够预测给定消息的内容是什么, 那么就没有传递什么新的信息, 即信息量很少, 甚至等于零.

综上所述, 消息是信息传输的具体对象, 而信息是抽象化的消息; 消息中包含信息的量度是基于消息出现的概率, 并且信息量的大小和消息发生的概率有着相反的关系. 如果消息是确定的 (即发生概率为 1), 那么它包含的信息量为零; 如果消息是完全不可能的 (即发生的概率为 0), 那么它包含着无穷的信息量. 因此, 信息量可以用消息发生概率倒数的某个函数来表示. 在信息论中, 信息的科学定义为

$$I = \mathrm{Log}\frac{1}{p} = -\mathrm{Log}\, p \tag{1.1}$$

式中, p 为消息发生的概率, 也称为先验概率; I 为从消息发生中能够得到的信息量; Log 表示对数. 对数的底决定着量度信息的单位: 若取 2 为底, 则 I 的单位为二进制单位, 即比特 (bit); 若取 e 为底, 则 I 的单位为自然单位, 即奈特 (nit). 在信息通信中通常都取 2 为底, 它的单位是比特. 例如, 传输一个以等概率出现的二进制码元 (0 或 1), 接收端所获得的信息量就为 1 比特, 即当 $p(0) = p(1) = \frac{1}{2}$ 时, 有

$$I(0) = I(1) = -\mathrm{Log}_2\frac{1}{2} = 1 \quad (\mathrm{bit})$$

1.2.2 系统的基本概念

控制论的奠基人 Norbert Wiener 把控制论定义为 "通信和控制的科学"[21], 按照控制论 (cybernetics) 一词的原意, 有人又把它称为 "掌舵术" 的学问. 要讨论的主要问题是: 指挥、协调、调节、稳定、反馈、控制等, 而这些问题的讨论, 离不开系统的基本概念.

系统一词是人们所熟知的, 它是一个广义的概念, 有各种不同的定义方法, 本书从系统的基本特征出发, 给出一个直观的定义.

定义：系统是特定命题和制束条件下有组织体制的通称.

注意上述定义中的“特定命题”“制束条件”“有组织体制”几个关键词. 所谓特定命题, 是指为了达到某些特定的目的而确定的研究对象; 所谓制束条件, 是指组成系统的各元素 (元部件) 之间互有关联, 并按一定的规则相互连接; 所谓有组织体制, 是指组成系统的各单元之间的关系要服从整体的要求, 各单元与系统之间的关系也要服从整体的要求, 以整体的观念来协调系统的诸单元. 可见, 能够称之为系统的研究对象至少必须具备以下基本特征:

1. 目的性

例如, 研究开放互联网络环境下的信息系统, 目的是什么呢？首先当然是信息通信和信息共享, 这就是命题, 也就是目的. 在这个命题下, 从而去研究信息系统的通信性能和互联互通规则, 如网络传输延迟、路由选择的转发指数、网络容量、网络协议等等. 其次是在保证信息通信和信息共享的同时, 还必须保证信息的安全. 在信息通信和信息共享的过程中保证信息安全, 这也是命题, 也是目的. 在这个命题下, 从而去研究信息系统的安全风险特性, 如信息资产的脆弱性和可能受到的威胁以及由此引发的安全事件发生的可能性和安全事件造成的损失等.

2. 相关性

组成系统的各元素 (元部件) 之间要相互联系、相互作用; 互联要按一定的规则, 即受到一定的约束. 显然, 信息系统必须由客体 (计算机网络)、主体 (管理者和使用者) 和运行环境 (客体和主体共存的物理空间、逻辑空间及保障条件) 三大要素按事先设计好的网络拓扑结构图和管理规则连接组成. 若只有以上三大要素而不按网络拓扑结构图和管理规则连接或者缺少其中必须要素而添上别的什么要素都是构不成信息系统的.

3. 整体性

无论是选择各元素 (元部件) 的参数, 还是协调各单元之间的关系, 以及各单元和整体之间的关系, 都要从全局或整体的观念出发, 服从整体的要求.

4. 相对性

通常, 人们把系统看成比元部件更复杂、规模更大的组成体, 但这是不确切的. 因为实际上很难从复杂程度和规模的大小来确切区分什么是元部件, 什么是系统. 例如, 一个双稳态触发器, 作为记忆和信息处理系统, 它由两只晶体管和几只电阻、电容构成; 但在一个运算或控制系统里, 这个双稳态触发器就退居为一个逻辑单元; 这个运算或控制系统在一台复杂的计算机中只能算一个部件罢了; 而在一个哪怕是规模不大局域网系统中, 一台计算机也只能算一个设备单元. 所以系统的概念具有明显的相对性, 与我们要讨论的命题和要达到的目的紧密相关, 而不是从简单或复杂程度来区分什么是元部件, 什么是系统.

此外, 系统具有输出某种产物或信息的功能, 但它不能无中生有. 也就是说, 对输出必须要有输入经过处理才能得到. 输出是处理的结果, 代表系统的目的; 处理是输入变成输出的一种加工, 由系统本身担任. 因此, **输入**、**处理**、**输出**是系统的三个基本要素.

以上所述系统的四个基本特征和三个基本要素决定着系统的基本结构、层次与功能. 不同的系统具有不同的层次结构和功能. 一个系统如果是多层次的、结构是非线性的、其运动状态具有不确定性和不可逆性, 那么这样的系统被称为复杂系统[22, 23], 否则称为简单系统. 但要注意, 一个系统究竟是简单还是复杂, 与要研究的 "命题" 即要达到的目的紧密相关. 例如, 对同样的网络信息系统, 有两个研究命题: "风险评估" 和 "网络舆论", 显然后者比前者复杂. "风险评估" 在适当条件下可作简单系统来处理, 而 "网络舆论" 必须作为复杂系统来研究.

1.2.3 信息系统的基本概念

信息系统是系统的一个大类,《大英百科全书》把它解释为: "有目的、和谐地处理信息的主要工具, 它对所有形态 (原始数据、已分析的数据、知识和专家的经验) 和所有形式 (文字、视频和声音) 的信息进行收集、组织、存储、处理和显示". 对信息系统的理解有广义和狭义之分: 广义理解的信息系统涵盖范围很广, 各种处理信息的系统都可算作信息系统, 包括人体本身和各种社会系统; 狭义理解的信息系统仅指基于计算机的系统, 是人、规程、数据库、硬件和软件等各种设施、工具和运行环境的有机结合, 它突出的是计算机和网络通信等技术的应用[24]. 就本书而言, 我们将信息系统主要限制在后一种理解的范畴.

信息系统除具备一般系统的基本特征和基本要素之外, 还具备以下一些具体功能:

(1) 信息采集功能. 把分布在各处、各点的有关信息收集起来, 并将代表信息的各种数据按照一定的格式转化成信息系统所需要的格式.

(2) 信息处理功能. 对进入信息系统的数据进行加工处理, 包括: 排序、分类、归并、查询、统计、预测、模拟等各种数学运算.

(3) 信息存储功能. 数据被采集进入信息系统之后, 经过加工处理, 形成对管理有用的信息, 然后由信息系统负责对这些信息进行存储保管. 对于规模庞大的复杂信息系统, 需要存储的数据量是很大的, 这就要依靠先进的海量存储及其管理技术.

(4) 信息管理功能. 通常情况下, 系统中要处理和存储的数据量是很大的, 盲目采集和存储, 不仅会产生存储灾难, 还会使系统变成数据垃圾箱, 因此必须加强管理. 信息管理的内容包括: 规定应采集的数据种类、名称、代码等; 规定应存储数据的存储介质、逻辑组织方式等.

(5) 信息检索功能. 存储在各种介质上的庞大数据要让使用者便于查询.

(6) 信息传输功能. 从采集点上采集到的数据要传送到处理中心进行加工处理, 加工处理后的信息要送到使用者手中或管理者指定的地点, 各类用户要使用存储在中心或指定地点的数据信息等, 这些都涉及信息传输的问题. 系统的规模越大, 信息传输的问题越复杂.

1.2.4 开放互联网络环境下的信息系统

随着计算机技术、通信技术和网络技术的高速发展与集成应用, 特别是因特网 (Internet) 技术的高速发展与应用, 推动了信息的社会化进程, 各行各业都纷纷建立自己的信息系统, 以信息系统为主要工具和手段, 完成各自的工作任务. 但是, 要实现信息系统的预期功能和达到预期的工作目标, 必须通过人机交互, 相互协同才能完成. 所谓 "协同", 主要是指处于不同地域、从事不同工种、完成不同功能的计算机之间的资源共享, 相互支配, 共同完成信息的处理. 为了达到协同工作的目的, 计算机系统之间必须互连起来, 并且彼此开放. 所谓开放系统就是遵守互联标准协议的实系统. 实系统是由一台或多台计算机、有关软件、终端、操作员、物理过程和信息处理手段等的集合, 是传送和处理信息的自治整体. 采用抽取实系统中涉及互联的公共特征构成模型系统, 然后研究这些模型系统即开放系统互联的标准, 这样就避免涉及具体机型和技术上的细节, 也可以避免技术进步对互联标准的影响.

科学的每一个分支都有一套自己的 "模型" 理论, 开放互联网络环境的信息系统也不例外. 国际标准化组织 (ISO) 于 1977 年成立了一个专门委员会, 在研究、吸收各计算机制造厂家网络体系结构标准化经验的基础上, 开始着手制定开放系统互联的一系列标准, 旨在将异种计算机方便互联, 构成网络. 该委员会制定了 "开放系统互联参考模型 (OSI), 缩写为 ISO/OSI. 作为国际标准, OSI 规定了可以互连的计算机系统之间的通信协议, 遵从 OSI 协议的网络通信产品都属于开放系统. 开放系统互联参考模型提供了一个成熟的理论框架, 成为设备互联互通的通用协定和规则.

ISO/OSI 协议参考模型如图 1.1 所示.

它将组网分解为七个功能层, 每一层都确定了一级功能, 各层之间通过功能调用相互关联, 其中下层为上层提供功能接口, 各层的实现相互透明. 每个层次上的功能描述如图 1.2 所示.

但在网络信息系统中实际采用的是 TCP/IP 体系结构参考模型, 而不是七层结构, 如图 1.3 所示.

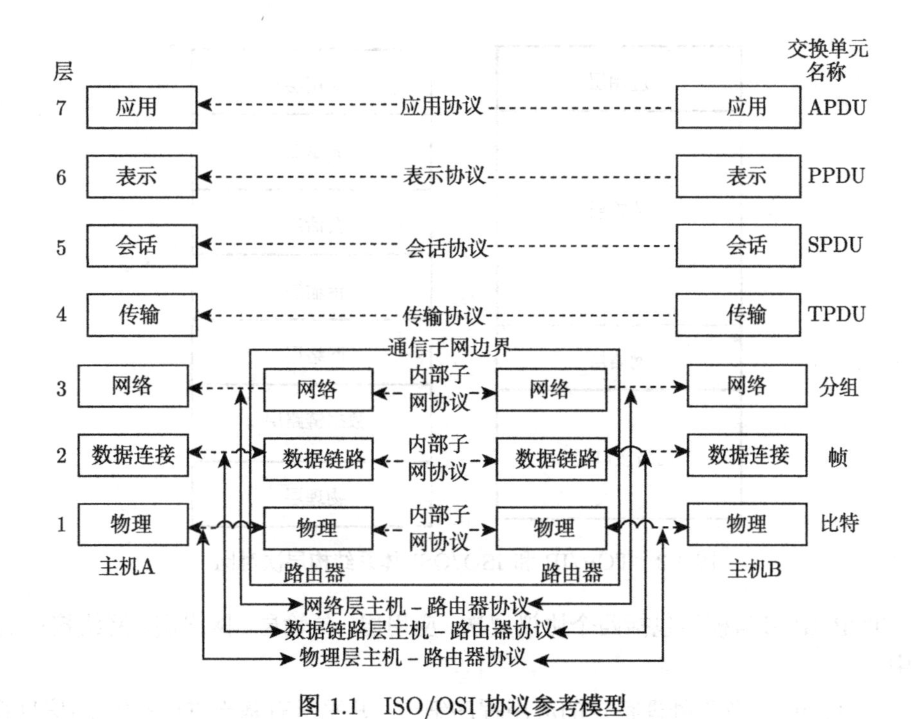

图 1.1　ISO/OSI 协议参考模型

应用层 提供给用户对 OSI 环境的访问和分布信息服务.
表示层 提供应用进程在数据表示(语法)差异上的独立性.
会话层 为应用程序间的通信提供控制结构, 包括建立、管理、终止连接任务.
传输层 提供可靠、透明的端点间的数据传输，并提供端点间的错误校正和流控制.
网络层 为更高层次提供独立于数据传输和交换技术的系统连接, 并负责建立、维持和结束连接.
数据链路 为穿越物理链路的信息提供可靠的传输手段, 为数据(帧)块发送提供必要的同步, 差错控制和流控制.
物理层 保证无特定结构的位流在物理介质上的传输; 规范物理介质访问的机械、电气、功能和过程特性.

图 1.2　OSI 层次功能描述

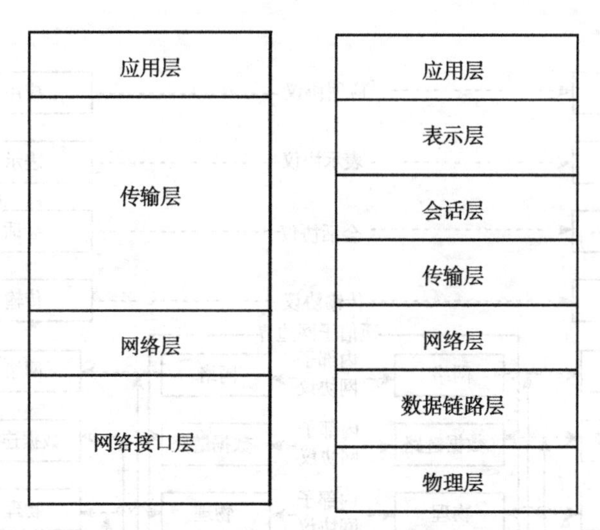

图 1.3 TCP/IP 和 ISO/OSI 体系结构层次对比

TCP/IP 参与模型包括四个协议层次：应用层、传输层、网络层、网络接口层. 其中：

(1) 应用层, 负责处理特定的应用程序细节. 几乎所有基于 TCP/IP 的信息系统都会提供如下通用的应用程序：Telnet 远程登录; FTP 文件传输协议; SMTP 简单邮件传输协议; SNMP 简单网络管理协议.

(2) 传输层, 主要为两台主机上的应用程序提供端到端的通信. 该层主要包括 TCP 和 UDP 两个协议. TCP 为其提供高可靠性的数据通信, UDP 则为应用提供一种非常简单的数据包递交服务.

(3) 网络层, 也称为互联网层, 它负责处理分组在网络中的活动, 例如分组的路由选择等. 该层的协议包括：IP 协议 (网际协议)、ARP 协议 (地址解析协议)、RARP 协议 (逆向地址解析协议)、ICMP 协议 (因特网控制报文协议)、IGMP 协议 (因特网组管理协议).

(4) 网络接口层, 也称为数据链路层, 通常包括操作系统中的设备驱动程序和计算机中对应的网络接口卡. 它们一起处理与电缆 (或其他传输媒体) 的物理接口有关的细节. 该层上的 TCP/IP 协议用于使用串行线路连接主机与网络或连接网络与网络的场合, 这就是 SLIP 协议 (串行线接口国际协议) 或 PPP 协议 (点到点协议).

基于 TCP/IP 四层参考模型的因特网技术使用了统一有效的网络互联通信协议集 TCP/IP, 并被开发成为适用于各种软件平台, 克服了异型计算机之间、异构网络之间互联互通的技术屏障; 利用 TCP/IP 技术开发的各种各样服务软件, 使得通信和信息共享极为方便, 吸引了横向、纵向各个层次的团体和个人用户; 因特网采用了主干地区、园区的分层网络互联结构, 其用户覆盖面积大, 具有网络用户扩展的物理空间. 以上三方面的因素极大地推动了高速、宽带基础网络通信设施的建设, 使得基于开放互联网络环境下的信息系统得以迅速发展和广泛应用, 加快了社会的信息化进程.

1.3 信息系统的安全风险

1.3.1 风险的基本概念与定义

在人类社会经济活动和日常生活中, 风险一词是经常被谈论的, 但要从理论上给风险下一个科学的统一定义并不容易, 至今都还没有给出. 经济学家、行为学家、风险理论家、统计学者和保险精算师们对风险都有自己不同的定义. 一般说来, 风险一词包括了三个方面的内涵[25,26]: 一是指风险是客观存在的, 不管人们是否意识到, 也不管人们能否估计出其大小, 风险本身的存在是"绝对"的; 二是指风险意味着出现了损失, 或者是未能实现预期的目标; 三是指损失是否出现是一种不确定性随机现象, 可以用概率表示出现的可能程度, 但不能做出确定性判断. 为此, 本书将风险的定义界定为:

风险是客观存在的, 在特定情况下、特定时间内、某一事件导致的最终损失的不确定性.

若用 R 表示风险, q 表示不利事件发生的概率, C 表示不利事件产生的后果, 则有以下数学关系:

$$R = F(q, C) \tag{1.2}$$

要全面理解风险的含义, 还应注意以下几点:

(1) 风险是与人们的行为相联系的, 这种行为既包括个人的行为, 也包括组织或群体的行为. 不与行为联系的风险只是一种危险. 而行为受决策左右, 因此风险与人们的决策有关.

(2) 客观条件的变化是风险的重要成因. 尽管人们无力控制客观状态, 但可以认识并掌握客观状态变化的规律性, 对相关的客观状态作出科学的预测, 这也是风险管理和风险控制的重要前提.

(3) 风险是指可能的后果与目标发生的负偏离. 负偏离是多种多样的, 且重要程度不同, 而在复杂的现实社会经济生活中, "好" 与 "坏" 有时很难截然分开, 需要根据具体情况加以分析.

(4) 尽管风险强调负偏离, 但实际中也存在正偏离. 由于正偏离是人们渴求的, 属于风险收益的范畴, 因此风险管理和风险控制中也应予以重视, 它激励人们勇于承担风险, 获得高风险收益.

1.3.2　信息系统的风险

随着互联网技术的飞速发展, 社会信息化的快速推进, 传统社会形态正在发生急剧变化. 小到人们的生活、生产和管理活动, 大到国家秩序结构和管理方式, 以及国家主权和领土完整, 都与信息化产生不可分割的关系. 我们正处于现实社会和信息网络空间的虚拟社会之中, 所谓信息安全问题, 实际上就是解决国家、社会与个人在虚拟网络社会中的正常运行秩序和保护各种利益的问题.

从系统论或控制论的观点看, 现实社会系统与网络信息系统是互为环境的, 社会系统的任何安全风险问题总会映射到网络环境中来, 网络信息系统的每一个安全风险问题又都反馈到社会环境中去, 而这两个系统的耦合者恰好是人. 因此, 工作在开放互联网络环境下的信息系统不仅构成复杂, 而且不确定性的因素特别多, 存在普遍的潜在威胁, 给系统运行带来安全风险.

根据风险的定义, 信息系统的风险与不确定性事件发生的可能性以及由此造成的可能损失有关, 而不确定性事件的发生又主要与信息系统自身的缺陷和脆弱性以及潜在的威胁与攻击有关. 其中, 信息系统自身的缺陷和脆弱性包括：构成系统的硬件组件的缺陷和脆弱性、软件组件的缺陷和脆弱性、网络和通信协议的缺陷和脆弱性等. 威胁是指利用信息系统自身的缺陷和脆弱性对组织或个人拥有的信息资产造成事实上的或潜在的损害行为, 包括：对通信或网络资源的破坏、对信息的滥用、讹用或篡改、信息或网络资源的被窃、删除或丢失、信息被泄露、服务中断或禁止等. 威胁可以分为偶发性和故意性两类, 如果是故意性威胁, 那就是“攻击”, 所采用的工具和手段通常有：木马技术、篡改、冒充、陷阱门、拒绝服务等[24].

任何信息系统都有可能受到威胁和攻击, 其原因大致有三个方面：一是内部操作不当, 包括内部人员的越权操作、违规操作或其他不当操作, 特别是系统管理员和安全管理员出现管理配置的操作失误, 可能造成重大安全事件; 二是内部管理不严, 造成内部安全管理失控; 三是来自外部的威胁和犯罪, 其威胁和攻击的实体主要有黑客、信息间谍和计算机犯罪, 它们是信息系统遭受威胁和攻击的最主要、最危险的来源.

1.3.3　信息系统的安全属性

信息系统的风险是针对信息系统的安全属性而言的, 确保系统在获取、存储、处理、集散和传输过程中保持信息完整、真实、可用、不可否认和不被泄露是信息系统最基本的安全性要求. 从信息价值的角度, 信息系统的安全属性一般包括机密性、完整性、可用性等项分类指标, 因此可以把信息系统的风险归结为在达到其安全属性 (机密性、完整性、可用性等) 要求过程中的不确定性.

1. 机密性 (confidentiality)

机密性有时也称保密性, 与信息是否公开、在多大程度公开有关. 其基本含义是保证信息仅供那些已获授权的用户、实体或进程访问, 不被未授权的用户、实体或进程所获知, 或者即便数据被截获, 其所表达的信息也不被非授权者所理解. 根据中华人民共和国国家标准 GB/T18794-5—ISO/IEC10181-5: 1996[27], 针对信息系统机密性风险主要包括存在性、存取性和可理解性三个方面.

2. 完整性 (integrity)

完整性的基本含义是保护数据信息不被非授权篡改或破坏, 即保证没有经过授权的用户不能改变或者删除信息, 从而使信息在传递过程中不会被偶然或故意破坏, 保护信息的完整统一. 根据中华人民共和国国家标准 GB/T18794-6—ISO/IEC10181-6: 1996[28], 针对信息系统完整性的风险主要包括篡改、创建和重放三个方面.

3. 可用性 (availability)

可用性的基本含义是, 根据授权实体的请求可被访问与使用, 即保证被授权实体或进程的正常请求能够及时、正确、安全地得到服务或回应. 也就是信息及信息系统能够被授权使用者正常使用. 针对信息系统可用性的风险主要包括能力下降和可获性两个方面.

1.4 安全风险的分析与评估

1.4.1 风险要素关系

信息系统可能受到的各种威胁都与信息资产的脆弱性有关. 要保障信息系统的安全, 先应对信息资产进行保护, 通过分析信息资产的脆弱性 (弱点) 来确定威胁可能利用哪些脆弱性来破坏其安全性, 以便采取有针对性的安全保护措施. 这里所说的 "资产" 是指构成信息系统有价值的信息或资源, 是安全策略保护的对象. 资产的重要程度或敏感程度代表资产的价值, "资产价值" 是资产的属性, 也是进行资产识别的主要内容.

风险评估先要识别资产相关要素的关系, 进而判断资产面临的风险的大小. 根据中华人民共和国国家标准 GB/T20984-2007, 风险评估中的各要素关系如图 1.4 所示[19]. 图中, 方框部分的内容为风险评估的基本要素, 椭圆部分的内容是与这些要素相关的属性. 风险评估围绕着这些基本要素展开, 在对基本要素的评估过程中要充分考虑业务战略、资产价值、安全需求、安全事件、残余风险等与这些基本要素相关的各类属性.

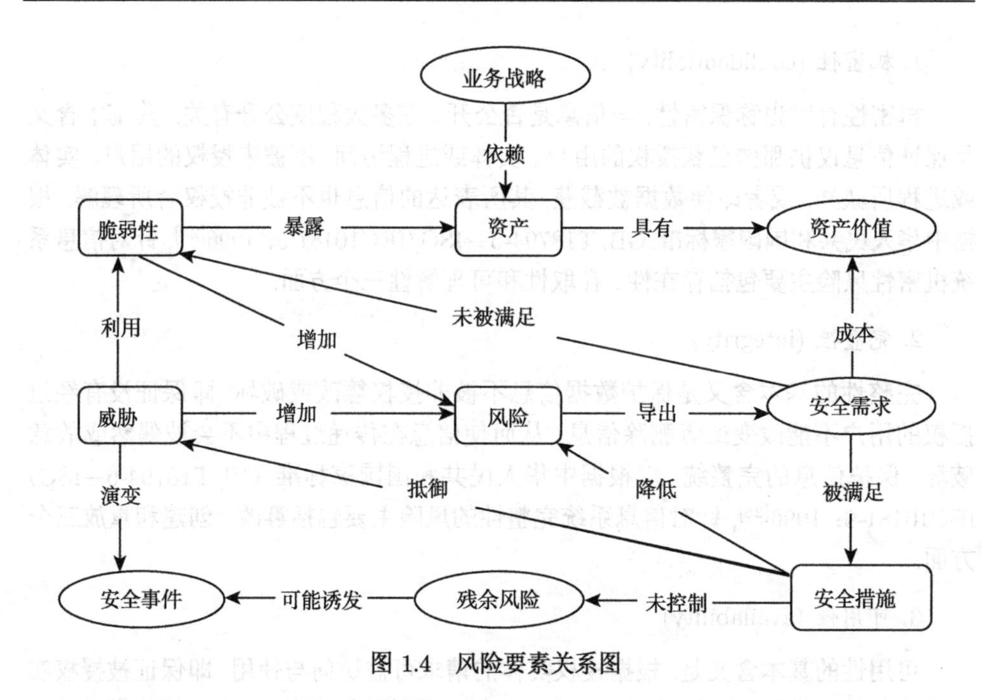

图 1.4 风险要素关系图

各风险要素及属性之间存在以下关系:

(1) 业务战略的实现对资产具有依赖性, 依赖程度越高, 要求其风险越小;

(2) 资产是有价值的, 业务战略对资产的依赖程度越高, 资产的价值就越大;

(3) 风险是由威胁引发的, 资产面临的威胁越多则风险越大, 并可能演变为安全事件;

(4) 资产的脆弱性可能暴露资产的价值, 资产的脆弱性越多则风险越大;

(5) 脆弱性是未被满足的安全需求, 威胁利用脆弱性危害资产;

(6) 风险的存在及对风险的认识导出安全需求;

(7) 安全需求可以通过安全措施得以满足, 需要结合资产价值考虑实施成本;

(8) 安全措施可抵御威胁, 降低风险;

(9) 残余风险有些是安全措施不当或无效, 需要加强才可控制的风险, 而有些则是综合考虑了安全成本与效益后不去控制的风险;

(10) 残余风险应受到密切监视, 它可能会在将来诱发新的安全事件.

1.4.2 风险分析与评估的主要内容

风险分析与评估一般包括识别风险、分析风险、评价风险、处理风险这样一些环节. 其中风险分析要涉及资产、威胁、脆弱性等基本要素, 每个要素有各自的属性. 资产的属性是资产价值; 威胁的属性可以是威胁主体、影响对象、出现频率、动机等; 脆弱性的属性是弱点的严重程度. 风险分析原理如图 1.5 所示[19].

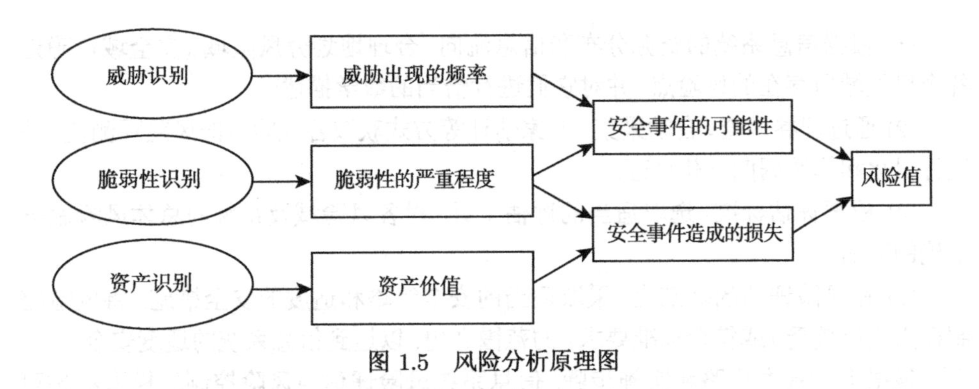

图 1.5 风险分析原理图

风险分析与评估的主要内容有:

(1) 对资产进行识别, 并对资产的价值进行赋值;

(2) 对威胁进行识别, 描述威胁的属性, 并对威胁出现的频率赋值;

(3) 对脆弱性进行识别, 并对具体资产的脆弱性的严重程度赋值;

(4) 根据威胁及威胁利用脆弱性的难易程度判断安全事件发生的可能性;

(5) 根据脆弱性的严重程度及安全事件所作用的资产价值, 计算安全事件造成的损失;

(6) 根据安全事件发生的可能性以及安全事件出现后的损失, 计算安全事件一旦发生对组织造成的影响, 即风险值.

弄清楚了风险要素关系和风险分析与评估的主要内容之后, 接下来就是风险分析与评估的具体实施, 这将在第 2 章予以详细介绍.

1.5 风险评估与风险控制

1.5.1 风险评估与控制模型

信息系统的安全风险是客观存在的, 风险评估的目的是对系统的风险实施有针对性的、有效的控制. 所谓风险控制 (安全保护), 就是根据系统现实的安全状况 (通过评估确定), 采取恰当的安全策略和适度的安全措施, 将风险控制在人们可接受的范围之内, 保证系统处于 “适度安全” 的状态.

在这里, 我们将 “风险控制” 和 “安全保护” 看成同义词, 为了达到信息系统的适度安全, 就必须根据现有国际或国家标准、行业主管机关业务系统的要求和制度、系统互联单位的安全要求、系统本身的实时性或性能要求等, 采取有针对性的安全策略和具体措施对信息系统进行安全保护 (风险控制). 应遵循的基本思路和实施步骤如下:

(1) 根据信息系统的资源分布和信息流向, 合理地划分风险域 (安全域), 确定各个风险域所存在的风险点, 并对它们进行恰当的数学描述;

(2) 通过问卷调查、自动采集、专家估计等方式获取各风险点的风险观测值, 并进行量化和作数据归一化处理;

(3) 根据评估标准, 选取适当的评估工具, 对各风险域及系统的总体风险做出正确的评估;

(4) 在风险评估的基础上, 采取适当的安全策略和适度的安全措施, 将风险控制在人们可接受 (或符合标准要求) 的范围之内, 以达到信息系统的适度安全.

根据上述基本思路和实施步骤, 信息系统风险评估与风险控制的模型结构可由被控信息系统、风险状态观测器、风险估计器、风险控制器等几大部分组成, 如图 1.6 所示.

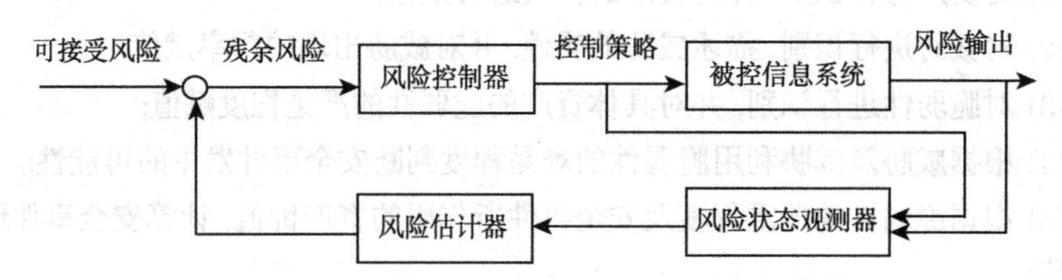

图 1.6　信息系统风险评估与控制模型结构图

图 1.6 中, 被控信息系统是指机构或组织所拥有的信息网络、人员、运行环境、管理规章、业务应用等要素的集合, 由于系统组件的脆弱性、各种威胁的存在、管理不善等原因, 被控信息系统总是存在各种各样的风险; 系统各风险域及各风险点的风险状态由风险状态观测器实时监视和检测, 并将各式各样的检测结果进行量化并作数据归一化处理; 根据量化并作归一化处理了的检测数据 (观测器输出), 风险估计器按规定的标准对系统的实际风险进行评估, 其输出包括机密性风险、完整性风险、可用性风险等; 风险估计器的输出与可接受风险进行比较, 得到残余风险, 风险控制器根据残余风险决定保持或变更风险控制策略 (接受、降低、规避、转移等), 从而进一步对信息系统实施风险控制 (安全保护).

1.5.2　风险评估与控制的系统理论方法

1. 模型与模型化

无论是信息系统风险评估与控制还是其他许多科学研究领域, 模型与模型化的重要性是不言而喻的. 模型是对事物、对象或系统之全体的、本质的、内在联系的数学表征, 是进行系统分析或行为预测的有效工具, 是人们掌握客观世界规律或改造客观世界的锐利武器. 模型化或建模就是在被研究的事物、对象或系统的复杂因果关系中确立定性的或定量的相互依存关系. 事实上, 在许多科学研究和工程技术领域内，建模的成功与否代表着在这些领域内人类具有的知识水平和实践能力.

科学技术越发展，计算机越普及，模型与模型化的意义就越重大. 当人们用系统理论方法去研究客观对象，从而能动地控制或改造它时，常常需要经历这样的过程：首先将被研究的对象作为一个系统，接着建立它的数学模型；按照建模目的和要达到的任务目标设计一个评价准则 (目标函数)；对准则进行优化得到最优算法或控制策略；通过计算机实现对系统的分析与设计、预测与控制. 这一过程可用图 1.7 予以表示[29].

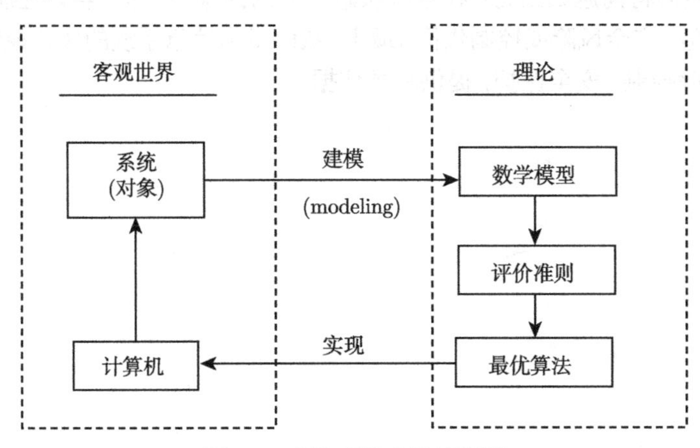

图 1.7　系统理论方法流程图

由此可见，在一定意义上讲，模型和模型化是人们认识客观世界的基础，是沟通理论与实际的桥梁；当我们研究某一对象时，与其说是研究对象本身，不如说是研究描述该对象的数学模型！我们研究信息系统的风险评估与控制，必须建立能够正确描述信息系统安全风险的数学模型，这是一项比较艰苦同时也是较为困难的工作，但必须认真去做.

2. 输入量与输出量

当谈到对信息系统的风险进行评估与控制时，就应该将所考虑的对象作为一个控制系统来研究. 其输入量 (控制量) 是那些我们希望能够控制系统风险特性的外加物理量和/或管理措施；输出量是存在于系统内部的实际风险，对系统的总体功能和性能产生影响，且易于检测或估计的物理量[30].

3. 系统边界的相对性

必须指出，在我们研究信息系统的风险控制时，应该注意系统的边界是相对的，在分析过程的任何阶段，可以把系统的任何一个部分看成是一个系统，或者相反地，也可以扩展原系统的边界，以便使系统包含新的物理量和新的网络环境. 然而重要的是必须记住：在任一阶段上我们考虑的究竟是哪种系统[30]！

4. 集总参数系统

所谓集总参数是相对于分布参数而言的. 在建立信息系统安全风险的评估与控制模型时, 通常近似地将分布参数系统看成是集总参数系统[30, 31]. 这样, 系统中的各种内在联系, 就可以用线性的或非线性的、时变的或时不变的微分方程或差分方程予以描述. 按照状态空间的一般理论, 可以假定风险评估与控制系统能够用一组状态空间模型加以描述; 目标函数 (评价准则) 考虑成风险 (状态) 和/或控制的代价函数. 然后将问题归结为: 在系统状态方程的约束下, 求 "容许控制策略", 使得目标函数值 (安全风险或控制代价) 最小, 从而得到信息系统的风险控制算法, 为信息系统风险控制 (安全保护) 提供科学依据.

第2章　信息系统资源分布模型及基于信息资产的风险识别与分析

2.1　引　言

信息系统的安全风险是针对信息资产而言的, 它与构成系统的资源要素紧密相关. 本章在"信息系统风险评估与控制模型结构"框架内, 先讨论信息系统资源分布模型的问题, 包括信息系统构成要素、资产分类、基于信息流保护的资源分布模型等内容. 以此为基础, 进而讨论基于信息资产的信息系统风险识别与分析问题, 为安全风险的综合评估或风险控制 (安全保护) 提供科学依据与前提条件.

风险识别过程可以看作是一个系统[32], 通过合理划分风险域及系统边界, 确定各风险域所存在的风险点及其所包含的资产要素, 按照资产在机密性、完整性、可用性等安全属性上的达成程度确定资产价值. 根据风险的内涵和一般性定义, 对信息资产所面临的威胁和脆弱性进行识别, 按照威胁出现的频率和资产脆弱性严重程度确定安全事件发生的可能性; 按照资产价值和脆弱性严重程度确定安全事件一旦发生后的损失; 按照安全事件发生的可能性和安全事件损失确定信息资产的安全风险. 本章在风险识别过程的每一阶段都给出风险分析的详细步骤和风险量化计算方法.

2.2　信息系统资源分布模型

2.2.1　信息系统构成要素

构建在开放互联网络环境下的信息系统由系统主体、客体和运行环境三大要素组成. 其中, 客体是计算机网络, 包括构成系统的硬件、软件、通信协议和数据资源, 是被管理或被控制的对象; 主体是人, 是管理、控制和使用客体为其服务的法人、个体和/或群体, 人同时也是管理者和被管理者; 运行环境是信息系统主体和客体共存的物理空间 (建筑物、机房等)、逻辑空间 (影响和被影响的区域) 和运行保障条件 (动力、灾难恢复、门禁等) 的集合. 主体、客体、运行环境三者之间相互联系、相互作用, 构成一个统一的整体.

1. 客体 (object)

信息系统的客体包括众多系统资源元素的集合, 用符号 O 表示该集合, 集合中的元素为 O_i, $i=1,2,\cdots,n$, 分别表示网络硬件设施、操作系统、网络通信平台、应用平台、信息处理软件、信息体等. 集合 O 中的每一个元素 O_i 是包含众多元素的子集, 设 O_i 的元素为 O_{ij}, $j=1,2,\cdots,m$, 而这些子集本身又包含众多元素, 可进一步将所包含的元素设为 O_{ijk}, $k=1,2,\cdots,n_{ij}$, 其分布结构如表 2.1 所示.

表 2.1 信息系统客体资源分布结构一览表

O_i		O_{ij}	O_{ijk}	
网络硬件设施	O_1	O_{11} O_{12} $\cdots$	O_{111} O_{121} $\cdots$	$O_{112}\cdots$ $O_{122}\cdots$
操作系统	O_2	O_{21} O_{22} $\cdots$	O_{211} O_{221} $\cdots$	$O_{212}\cdots$ $O_{222}\cdots$
网络通信平台	O_3	O_{31} O_{32} $\cdots$	O_{311} O_{321} $\cdots$	$O_{312}\cdots$ $O_{322}\cdots$
应用平台	O_4	O_{41} O_{42} $\cdots$	O_{411} O_{421} $\cdots$	$O_{412}\cdots$ $O_{422}\cdots$
信息处理软件	O_5	O_{51} O_{52} $\cdots$	O_{511} O_{521} $\cdots$	$O_{512}\cdots$ $O_{522}\cdots$
信息体	O_6	O_{61} O_{62} $\cdots$	O_{611} O_{621} $\cdots$	$O_{612}\cdots$ $O_{622}\cdots$

网络硬件设施主要是指信息系统的输入、信息处理、传输、存储、输出等设备以及网络互联设备, 它和操作系统一起组成计算机网络基础设施, 是计算机网络通信和信息处理的基础. 网络硬件设施资源分布如表 2.2 所示.

表 2.2 网络硬件设施资源分布一览表

O_1	O_{1j}		O_{1ij}
网络硬件设施	O_{11}	输入设备	键盘、鼠标、写字板、光笔等
	O_{12}	信息处理设备	大中小型计算机、终端及 PC 机等
	O_{13}	传输媒体	双绞线、同轴线、光缆、电话线、无线载波等
	O_{14}	网络互联设备	交换机、集线器、网关、路由器、中继器、Modem 等
	O_{15}	存储设备	磁盘、光盘、RAM、ROM、录像机、录音机
	O_{16}	输出设备	打印机、显示器等

网络通信平台主要是指为信息系统提供通信的一些协议, 它包括 TCP/TP 协议和各类非 IP 协议中用于网络传输的各种协议.

应用平台主要是指运行在操作系统之上的一些通用软件平台, 它介于操作系统与应用业务软件之间, 为信息系统提供业务处理的软件平台, 如数据库管理软件、电子邮件管理软件、中间件等类型的应用软件.

信息处理软件是指那些用于完成信息系统业务或某一具体业务功能的软件, 常见的有办公软件、金融交易软件、企事业单位中所使用的一些其他应用业务软件.

信息体是指以字符或数据形式存储、传输和处理的各类信息, 大致可分为三类: 可直接转换为用户使用和共享的 “实用信息”, 为处理应用数据所必须附加的 “控制信息”, 以及使系统和子系统协调一致运行的 “管理信息”. 信息体的资源分布如表 2.3 所示.

表 2.3　信息体资源分布一览表

O_6	O_{6j}		O_{6jk}
信息体	O_{61}	实用信息	文本、交易数据、程序代码等
	O_{62}	控制信息	协议头、尾、信令、密钥、连接会话等
	O_{63}	管理信息	配置管理、审计、密钥管理等

2. **主体** (subject)

信息系统的有序运行、维护管理、资源利用和安全保障是依靠系统的管理者和使用者具体实现的, 它们是信息系统的主体, 同时也是信息系统安全管理的对象. 设主体的集合为 S, 其元素 S_1, S_2 则表示系统管理者和系统使用者.

系统管理者是指代表国家、组织、利益共同体以及个人对信息系统行使主权管理和技术管理的人, 如系统行政管理人员、技术管理人员和维护人员. 因此, 元素 S_1 又包含了众多元素的子集, 设为 $S_{1j}, j=1,2,\cdots,\nu_1$, 其下所包含的元素设为 $S_{1jk}, k=1,2,\cdots,w_{1j}$, 其分布如表 2.4 所示.

表 2.4　系统管理者资源分布一览表

S_1	S_{1j}		S_{1jk}
系统管理者	S_{11}	信息系统主管	信息系统总负责人
	S_{12}	中、低层管理人员	部门主管、信息中心负责人、子系统负责人
	S_{13}	系统专业及维护人员	网络管理员、数据采集员与录入员、文档管理员、系统维护员、数据库管理员等

系统使用者是利用信息系统完成岗位职能的个人和组织, 如系统的各类终端用户等. 因此, 元素 S_2 中同样包含众多元素, 设为 $S_{2j}, j=1,2,\cdots,\nu_2$.

3. 运行环境 (environment)

运行环境, 是信息系统在运行过程中主体和客体所处的内部和外部环境要素的集合, 这些环境要素将对信息系统产生影响. 例如设备内部和外部的电磁泄漏和抗电磁冲击, 系统设备完整性和可用性的破坏, 以及对各类主体的假冒攻击等. 环境要素可以分为可控环境要素和不可控环境要素两部分, 其中: 可控环境主要是指系统管理者物理可及和法律可控的场所要素, 如办公室、机房、楼寓建筑结构及布线等; 不可控环境是指超出系统管理者物理和法律可控能力范围的场所要素, 如户外传输媒体、公共网络区域等.

设运行环境为 E, 可控环境为 E_1, 不可控环境为 E_2, 其中所包含的元素分别为 $E_{1j}, E_{2j}, j=1,2,\cdots$, 则运行环境要素分布如表 2.5 所示.

表 2.5 运行环境要素分布表

E	E_i		E_{ij}
运行环境	E_1	可控环境	办公室、机房建筑结构及布线等
	E_2	不可控环境	户外传输媒体、公共网络区域等

2.2.2 基于信息流保护的资源分布模型

在信息从信源到信宿的传输过程中, 会存在各种各样的风险, 这些风险与信息系统的资源分布有着密切的关系. 根据信息处理的流程, 我们将风险存在的区域划分为九个部分: 信源、发送方终端、发送方局域网系统、发送方网络边界、公共网区域、接收方网络边界、接收方局域网系统、接收方终端、信宿, 依次设为 $\omega_1, \omega_2, \cdots, \omega_9$, 如图 2.1 所示[33].

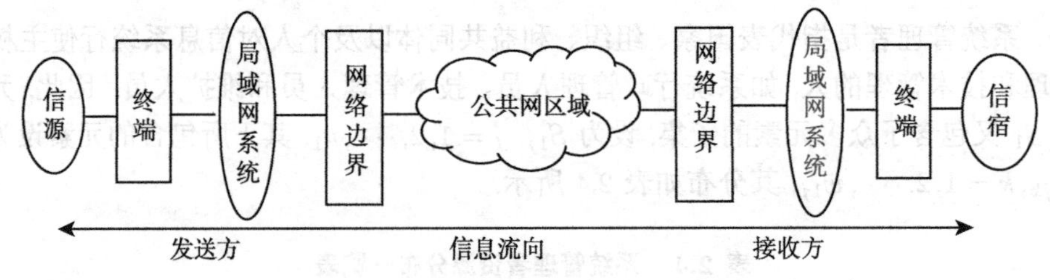

图 2.1 信息流经过信息系统示意图

1. 信源 (ω_1)、信宿 (ω_9)

信源是主体实现业务功能和实施管理的出发点, 信宿是主体实现业务功能和实施管理的归宿, 当反向传递信息时, 则成为信源. 因此, 信源和信宿与信息系统相关的资源构成要素是一样的.

客体包括存储设备和信息体. 形式化描述为

$$O \supset \{O_{15}; O_6\} \supset \{\{O_{15k}, k=1,2,\cdots,n_{15}\}; \{O_{61}, O_{62}, O_{63}\}\} \tag{2.1}$$

主体包括信息系统管理人员、系统专业维护人员, 以及系统使用者. 形式化描述为

$$\begin{aligned}\{S\} = \{S_{11}, S_{12}, S_{13}; S_2\} \supset \{ \{S_{11}\}, \{S_{12k}, k=1,2,\cdots,w_{12}\}, \\ \{S_{13k}, k=1,2,\cdots,w_{13}\}; \{S_{2j}, j=1,2,\cdots,v_2\} \}\end{aligned} \tag{2.2}$$

运行环境为可控环境, 包括办公室、机房、楼寓建筑结构及布线等. 形式化描述为

$$E \supset \{E_1\} = \{E_{1j}, j=1,2,\cdots\} \tag{2.3}$$

2. ***发送方终端*** (ω_2)、***接收方终端*** (ω_8)

发送方终端和接收方终端都是用户进入系统的连接点或区域, 包括主体、输入输出设备、传输媒体、信息体和运行环境等, 是信息处理和交换的起点或终点. 其构成要素如下:

客体包括输入输出设备、传输媒体和信息体. 形式化描述为

$$O \supset \{O_{11}, O_{13}, O_{16}; O_6\} \supset \left\{ \begin{aligned} &\{O_{11k}, k=1,2,\cdots,n_{11}\}, \{O_{13k}, k=1,2,\cdots,n_{13}\}, \\ &\{O_{16k}, k=1,2,\cdots,n_{16}\}; \{O_{61}, O_{62}, O_{63}\} \end{aligned} \right\} \tag{2.4}$$

主体的构成要素同式 (2.2); 运行环境的构成要素同式 (2.3).

3. ***发送方局域网系统*** (ω_3)、***接收方局域网系统*** (ω_7)

局域网系统是指用户所在组织管理下的一个物理网络或子网系统, 其中包括数据处理与缓存设备、网络互联接口、网络通信交换设备与传输媒体等. 这一系统是物理网络内部用户 (群) 处理信息、共享信息和与外部网络交换信息的网络平台. 包含的信息系统构成要素有客体、主体及运行环境.

客体包括信息处理设备、传输媒体、网络互联设备、存储设备, 计算机操作系统、网络操作系统, TCP/IP 协议、非 TCP/IP 协议, 数据库管理软件、电子邮件管理软件、Web 服务发布与浏览软件、中间件、其他服务软件, 信息体等. 形式化描述为

$$\begin{aligned} &O \supset \{O_{12}, O_{13}, O_{14}, O_{15}; O_{21}, O_{22}; O_{31}, O_{32}; O_{41}, O_{42}, O_{43}, O_{44}, O_{45}; O_6\} \\ &\supset \{\{O_{12k}, k=1,2,\cdots,n_{12}\}, \{O_{13k}, k=1,2,\cdots,n_{13}\}, \{O_{14k}, k=1,2,\cdots,n_{14}\}, \\ &\{O_{15k}, k=1,2,\cdots,n_{15}\}; \{O_{21k}, k=1,2,\cdots,n_{21}\}, \{O_{22k}, k=1,2,\cdots,n_{22}\}; \\ &\{O_{31k}, k=1,2,\cdots,n_{31}\}, \{O_{32k}, k=1,2,\cdots,n_{32}\}; \{O_{41k}, k=1,2,\cdots,n_{41}\}; \end{aligned}$$

$$\{O_{42k},k=1,2,\cdots,n_{42}\},\{O_{43k},k=1,2,\cdots,n_{43}\},\{O_{44k},k=1,2,\cdots,n_{44}\};$$
$$\{O_{45k},k=1,2,\cdots,n_{45}\};\{O_{61},O_{62},O_{63}\}\} \tag{2.5}$$

主体的构成要素同式 (2.2); 运行环境的构成要素同式 (2.3).

4. 发送方网络边界 (ω_4)、接收方网络边界 (ω_6)

网络边界是指内部网络环境与外部网络环境之间的连接点或区域. 其构成要素如下:

客体包括传输媒体、网络互联设备、网络操作系统、TCP/IP 协议、非 TCP/IP 协议、信息体等. 形式化描述为

$$\begin{aligned}O \supset&\{O_{13},O_{14};O_{22};O_{31},O_{32};O_6\} \supset \{\{O_{13\,k},k=1,2,\cdots,n_{13}\};\\&\{O_{14\,k},k=1,2,\cdots,n_{14}\};\{O_{22\,k},k=1,2,\cdots,n_{22}\};\{O_{31\,k},k=1,2,\cdots,n_{31}\};\\&\{O_{32k},k=1,2,\cdots,n_{32}\};\{O_{61},O_{62},O_{63}\}\}\end{aligned} \tag{2.6}$$

主体的构成要素同式 (2.2).

运行环境不仅包括可控环境, 同时也包括不可控环境. 可控环境包括办公室、机房、楼寓建筑结构及布线等; 不可控环境包括户外传输媒体、公共网络区域等. 形式化描述为

$$E=\{E_1,E_2\} \supset \{\{E_{1j},j=1,2,\cdots\},\{E_{2j},j=1,2,\cdots\}\} \tag{2.7}$$

5. 公共网络 (ω_5)

公共网络也称外部网络, 包括互联网 (含各种不同体系结构的专用网络和广域网)、公用电话网及无线电接入网三类, 是各类信息流的传输媒体, 在其上形成信息传输的虚拟通道或信道, 是风险的外部滋生场所. 包含的构成要素如下:

客体包括传输媒体、网络互联设备以及信息体. 形式化描述为

$$\begin{aligned}O &\supset \{O_{13},O_{14};O_6\}\\&\supset \{\{O_{13k},k=1,2,\cdots,n_{13}\},\{O_{14k},k=1,2,\cdots,n_{14}\};\{O_{61},O_{62},O_{63}\}\}\end{aligned} \tag{2.8}$$

运行环境为不可控环境, 如户外传输媒体、公共网络区域等. 形式化描述为

$$E \supset \{E_2\}=\{\{E_{2j},\ j=1,2,\cdots\}\} \tag{2.9}$$

2.3 信息系统风险识别过程

2.3.1 风险识别的含义

要对信息系统的风险进行评估或控制, 先要找出风险, 这就是风险识别. 风险

识别是信息系统风险评估与控制的基础和重要组成部分, 其主要任务就是确定有哪些风险因素可能影响信息系统的安全, 并将这些风险的特性整理成规范化文档, 为计算各风险域的风险值向量提供依据, 从而为进一步的风险评估或控制奠定基础.

信息系统的风险识别是找出风险来源, 分析风险发生的条件, 描述风险特征并评价风险影响的过程[26,32], 需要确定三个相互关联的因素:

(1) 风险来源: 核心资产、资产价值、脆弱性、威胁等.

(2) 风险事件: 给资产和系统带来消极影响的事件.

(3) 风险征兆: 又称为触发器或预警信号, 是实际安全风险事件的间接表现, 包括威胁出现的频率、资产脆弱性严重程度、安全事件发生的可能性、安全事件发生可能造成的损失等.

2.3.2 风险识别过程活动

当把风险识别过程看作是一个系统的时候, 可以从两个视角来描述风险识别过程: 外部视角详细说明过程输入、输出和机制; 内部视角详细说明用机制将输入转变为输出的过程活动. 其中, 过程输入包括信息系统拓扑结构、网络边界、风险域划分、资产 (信息或资源) 分布、已有安全措施等; 过程输出是风险识别的结果, 包括风险来源列表 (重要资产的价值、脆弱性、威胁等)、风险征兆 (威胁出现的频率、脆弱性严重程度、安全事件发生的可能性、安全事件发生造成的可能损失等)、风险类别 (机密性风险、完整性风险、可用性风险等)、重要资产的风险等级等; 过程机制为风险识别活动提供方法、技巧、工具或其他手段. 风险核对清单、风险识别工具 (脆弱点扫描工具、渗透性测试工具、安全审计工具、辅助工具等)、风险管理表单、风险数据库 (资源数据库、脆弱性库、威胁库、安全策略库等) 等, 都是风险识别过程需要用到的机制, 风险识别过程如图 2.2 所示.

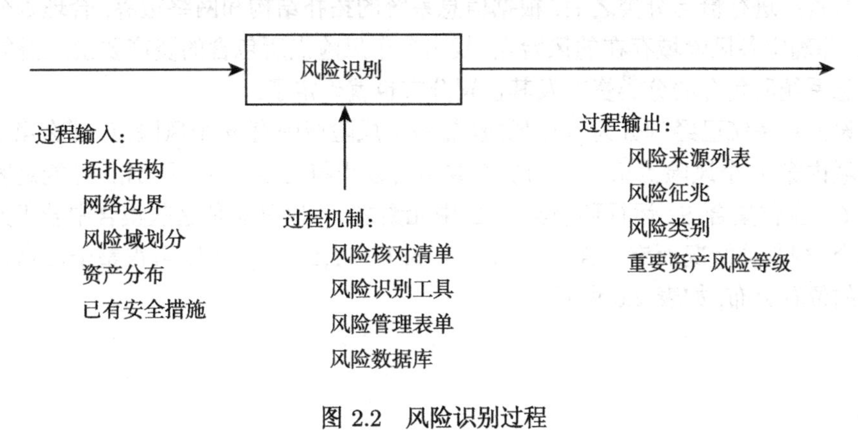

图 2.2 风险识别过程

2.4 信息系统的资产识别

资产是有价值的信息或资源, 开放互联网络环境下的信息系统是由主体、客体和运行环境三种要素集合组成的, 它们都是信息系统的资产. 机密性、完整性和可用性是评价资产的三类安全属性. 风险识别过程中资产的价值不仅以资产的经济价值来衡量, 而且由资产在这三类安全属性上的达到程度或者其安全属性未达成时所造成的影响程度来决定的[19]. 安全属性达成程度的不同将使资产具有不同的价值, 而资产面临的威胁、存在的脆弱性, 以及已采取的安全措施将对资产安全属性的达成程度产生影响. 为此, 有必要对信息系统的资产进行识别. 资产识别包括资产分类及其位置分布、资产安全属性赋值, 划分资产重要性等级这样一些内容.

2.4.1 资产分类及其位置分布

在一个信息系统中, 资产有多种表现形式并分布在不同的位置; 同样的两个资产可能因处的位置不同而具有不同的重要性; 对于提供多种业务的信息系统, 其支持业务持续运行的资产数量会更多. 因此, 需要将信息系统的资产进行恰当的分类, 并确定其位置分布, 以此为基础进行下一步的风险识别.

根据信息系统资源分布模型, 我们将信息系统的资产分为客体资产、主体资产和运行环境资产三大类. 其中, 客体资产包括构成系统的硬件、软件、通信协议和数据资源等; 主体资产是人, 是掌握重要信息和信息业务的人员, 如主机维护主管、网络维护主管及应用项目负责人等; 运行环境资产是主体和客体所处的内部和外部环境要素的集合, 包括办公室、机房、建筑物结构及布线、动力保障设备、门禁等. 客体、主体和运行环境三大类资产的规范化描述详见表 2.1~表 2.5.

对资产进行恰当分类之后, 根据信息系统的拓扑结构和网络边界, 合理划分风险域, 并确定各风险域存在的风险点, 找出各个风险点所包含的资产要素. 这样, 整个信息系统所包含的分类资产及其位置分布也就确定了.

设信息系统已经划分为 p 个风险域, 每个风险域中有 n 个风险点, 那么第 i 个风险域内第 k 个风险点所包含的资产要素可以用符号 A_{ik} 表示. A_{ik} 可能是客体集合 O、主体集合 S、运行环境集合 E 中元素之一, 也可能是这些集合中若干元素的组合, 视具体情况而定. 当 $i = 1, 2, \cdots, p$, $k = 1, 2, \cdots, n$ 时, 可得整个信息系统资产的位置分布, 如表 2.6 所示.

表 2.6 信息系统资产位置分布一览表

i \ k	1	2	3	···	$n-1$	n
1	A_{11}	A_{12}	A_{13}	···	$A_{1,n-1}$	A_{1n}
2	A_{21}	A_{22}	A_{23}	···	$A_{2,n-1}$	A_{2n}
3	A_{31}	A_{32}	A_{33}	···	$A_{3,n-1}$	A_{3n}
⋮	⋮	⋮	⋮		⋮	⋮
p	A_{p1}	A_{p2}	A_{p3}	···	$A_{p,n-1}$	A_{pn}

2.4.2 资产安全属性赋值

对资产的赋值不仅要考虑资产的经济价值, 更重要的是要考虑资产的安全状况对于系统或组织的重要性, 由资产在机密性、完整性、可用性上的达成程度决定. 为确保资产赋值的一致性和准确性, 拥有或使用信息系统的组织应建立资产价值的评价尺度, 以指导资产赋值.

资产赋值的过程也就是对资产在机密性、完整性和可用性的达成程度进行分析, 并在此基础上得出综合结果的过程. 达成程度可由安全属性缺失时造成的影响来表示, 这种影响可能造成某些资产的损害以至于危及信息系统, 还可能导致经济效益、市场份额、组织形象的损失.

根据资产在安全属性上的不同要求, 将其分为五个不同的等级, 分别对应于资产在安全属性上应达成的不同程度或者安全属性缺失时对整个组织产生的影响. 表 2.7~表 2.9 分别提供了机密性赋值、完整性赋值和可用性赋值的参考[19].

表 2.7 资产机密性赋值表

赋值	标识	定义
5	很高	包含组织最重要的秘密, 关系未来发展的前途命运, 对组织根本利益有着决定性的影响, 如果泄露会造成灾难性的损害
4	高	包含组织的重要秘密, 如果泄露会使组织的安全和利益遭受严重损害
3	中	组织的一般性秘密, 其泄露会使组织的安全和利益受到损害
2	低	仅能在组织内部或在组织某一部门内部公开的信息, 向外扩散有可能对组织的利益造成轻微损害
1	很低	可对社会公开的信息, 公用的信息处理设备和系统资源等

表 2.8 资产完整性赋值表

赋值	标识	定义
5	很高	完整性价值非常关键, 未经授权的修改或破坏会对组织造成重大的或无法接受的影响, 对业务冲击重大, 并可能造成严重的业务中断, 难以弥补
4	高	完整性价值较高, 未经授权的修改或破坏会对组织产生重大影响, 对业务冲击严重, 较难弥补
3	中	完整性价值中等, 未经授权的修改或破坏会对组织造成影响, 对业务冲击明显, 但可以弥补

续表

赋值	标识	定义
2	低	完整性价值较低, 未经授权的修改或破坏会对组织造成轻微的影响, 对业务冲击轻微, 容易弥补
1	很低	完整性价值非常低, 未经授权的修改或破坏对组织造成的影响可以忽略, 对业务冲击可以忽略

表 2.9 资产可用性赋值表

赋值	标识	定义
5	很高	可用性价值非常高, 合法使用者对信息及信息系统的可用度达到年度 99.9%以上, 或系统不容许中断
4	高	可用性价值较高, 合法使用者对信息及信息系统的可用度达到每天 90%以上, 或系统允许中断时间小于 10 分钟
3	中	可用性价值中等, 合法使用者对信息及信息系统的可用度在正常工作时间上达到 70%以上, 或系统允许中断小于 30 分钟
2	低	可用性价值较低, 合法使用者对信息及信息系统的可用度在正常工作时间达到 25%以上, 或系统允许中断时间小于 60 分钟
1	很低	可用性价值可以忽略, 合法使用者对信息及信息系统的可用度在正常工作时间低于 25%

2.4.3 资产重要性等级

资产价值应依据资产在机密性、完整性和可用性上的赋值等级, 经过综合评定得出. 综合评定的方法可以根据信息系统或业务应用的特点, 选择对资产机密性、完整性和可用性最为重要的一个属性的赋值等级作为资产重要性等级的最终赋值结果; 也可以根据资产机密性、完整性和可用性的不同等级对其赋值进行加权计算得到资产重要性等级的最终赋值结果. 加权的方法可根据组织的业务特点确定.

为了与上述安全属性的赋值相对应, 根据最终赋值将资产划分为五级, 级别越高表示资产越重要. 当然, 也可以根据组织业务的实际情况确定资产识别中的赋值依据和等级. 表 2.10 中的资产等级划分表明了不同等级重要性的综合描述. 具体操作时, 可根据资产赋值结果, 确定重要资产的范围, 并主要围绕重要资产进行下一步的风险识别.

表 2.10 资产等级及含义描述

赋值	标识	定义
5	很高	非常重要, 其安全属性破坏后可能对组织造成非常严重的损失
4	高	重要, 其安全属性破坏后可能对组织造成比较严重的损失
3	中	比较重要, 其安全属性破坏后可能对组织造成中等程度的损失
2	低	不太重要, 其安全属性破坏后可能对组织造成较低的损失
1	很低	不重要, 其安全属性破坏后对组织造成很小的损失, 甚至忽略不计

例 2.1 针对某信息系统进行资产识别, 其结果示于表 2.11. 从表 2.11 中可以看出, 信息系统划分成了两个风险域, 其中第一个风险域有两个风险点, 包含的资产分别为 A_{11} 和 A_{12}; 第二个风险域有三个风险点, 包含的资产分别为 A_{21}, A_{22} 和 A_{23}. 选择资产机密性、完整性和可用性最为重要的一个属性的赋值作为资产最终赋值结果的综合评定方法, 这些资产的重要性等级依次为 4, 3, 5, 4, 3.

表 2.11 某信息系统资产识别结果一览表

资产	机密性	完整性	可用性	资产等级
A_{11}	3	4	3	4
A_{12}	1	3	2	3
A_{21}	5	4	3	5
A_{22}	4	3	4	4
A_{23}	1	2	3	3

2.5 信息系统的威胁识别

威胁是一种对拥有或使用信息系统的组织及其资产构成潜在破坏的可能因素, 是客观存在的. 威胁可以用威胁主体、资源、动机、途径等多种属性来描述. 造成威胁的因素可以分为人为因素和环境因素. 根据威胁的动机, 人为因素又可分为恶意和非恶意两种. 环境因素包括自然界不可抗的因素和其他物理因素. 威胁作用形式可以是对信息系统直接或间接的攻击, 在机密性、完整性和可用性等方面造成损害; 也可能是偶发的或蓄意的事件.

2.5.1 威胁分类

在对威胁进行分类前, 应考虑威胁的来源. 表 2.12 提供了一种威胁来源的分类方法[19].

表 2.12 威胁来源列表

<table>
<tr><th colspan="2"></th><th>来源</th></tr>
<tr><td colspan="2">环境因素</td><td>断电、静电、灰尘、潮湿、温度、鼠蚁虫害、电磁干扰、洪灾、地震等环境条件或自然灾害、意外事故或软件、硬件、数据、通信线路方面的故障</td></tr>
<tr><td rowspan="2">人为因素</td><td>恶意人员</td><td>不满的或有预谋的内部人员对信息系统进行恶意破坏; 采用自主或内外勾结的方式盗窃机密信息或进行篡改, 获取利益. 外部人员利用信息系统的脆弱性, 对网络或系统的机密性、完整性和可用性进行破坏, 以获取利益或炫耀能力</td></tr>
<tr><td>非恶意人员</td><td>内部人员由于缺乏责任心, 或者由于不关心和不专注, 或者没有遵循规章制度和操作流程而导致故障或信息损坏; 内部人员由于缺乏培训、专业技能不足、不具备岗位技能要求而导致信息系统故障或被攻击</td></tr>
</table>

对威胁分类的方式有多种, 针对表 2.12 的威胁来源, 可以根据其表现形式将威胁分为若干类. 表 2.13 提供了一种基于表现形式的威胁分类方法[19].

表 2.13　一种基于表现形式的威胁分类表

种类	描述	威胁子类
软硬件故障	由设备硬件故障、通信链路中断、系统本身或软件缺陷造成对业务实施、系统稳定运行的影响	设备硬件故障、传输设备故障、存储媒体故障、系统软件故障、应用软件故障、数据库软件故障、开发环境故障
物理环境影响	对信息系统正常运行造成影响的物理环境问题和自然灾害	断电、静电、灰尘、潮湿、温度、鼠蚁虫害、电磁干扰、洪灾、地震等
无作为或操作失误	由应该执行而没有执行相应的操作, 或无意地执行了错误的操作, 对系统造成的影响	维护错误、操作失误
管理不到位	安全管理无法落实或不到位, 从而破坏信息系统正常有序运行	管理制度和策略不完善、管理规程缺失、职责不明确、监督管理机制不健全等
恶意代码和病毒	具有自我复制、自我掩饰能力、对信息系统构成破坏的程序代码	恶意代码、木马后门、网络病毒、间谍软件、窃听软件
越权或滥用	通过采用一些措施, 超越自己的权限访问了本来无权访问的资源, 或者滥用自己的职权, 做出破坏信息系统的行为	未授权访问网络资源, 未授权访问系统资源, 滥用权限非正常修改系统配置或数据、滥用权限泄露秘密信息
网络攻击	利用工具和技术, 如侦察、密码破译、安装后门、嗅探、伪造和欺骗、拒绝服务等手段, 对信息系统进行攻击和入侵	网络探测和信息采集、漏洞探测、嗅探 (账户、口令、权限等)、用户身份伪造和欺骗、用户或业务数据窃取和破坏、系统运行的控制和破坏
物理攻击	通过物理接触对软件、硬件、数据的破坏	物理接触、物理破坏、盗窃
泄露	信息泄露给不应了解的他人	内部信息泄露、外部信息泄露
篡改	非法修改信息, 破坏信息的完整性, 使系统的安全性降低或信息不可用	篡改网络配置信息、篡改系统配置信息、篡改用户身份信息或业务数据信息
抵赖	不承认收到的信息和所作的操作或交易	原发抵赖、接收抵赖、第三方抵赖

2.5.2　威胁赋值

判断威胁出现的频率是威胁识别的重要内容, 可以根据经验和/或有关的统计数据来进行判断. 在威胁识别中, 需要综合考虑以下三个方面, 以形成信息系统在某种环境中各种威胁出现的频率：

(1) 以往安全事件报告中出现的威胁及其频率的统计;

(2) 实际环境中通过检测工具以及各种日志发现的威胁及其频率的统计;

(3) 近一两年来国际组织发布的对于整个社会或特定行业的威胁及其频率的统计, 以及发布的威胁预警.

可以对威胁出现的频率进行等级化处理, 不同等级分别代表威胁出现频率的高低. 等级数值越大, 威胁出现的频率就越高. 表 2.14 提供了威胁频率的一种赋值方法[19]. 在实际操作中, 威胁频率的判断依据应根据历史统计或行业判断予以确定.

表 2.14 威胁赋值表

赋值	标识	定义
5	很高	出现的频率很高 (或 ≥1 次/周); 或在大多数情况下几乎不可避免; 或可以证实经常发生过
4	高	出现的频率较高 (或 ≥1 次/月); 或在大多数情况下很有可能会发生; 或可以证实多次发生过
3	中	出现的频率中等 (或> 1 次/半年); 或在某种原因情况下可能会发生; 或被证实曾经发生过
2	低	出现的频率较低; 或一般不太可能发生; 或没有被证实发生过
1	很低	威胁几乎不可能发生, 仅可能在非常罕见和例外的情况下发生

2.6 信息系统的脆弱性识别

信息系统是由资产构成的, 脆弱性是对一个或多个资产弱点的总称. 脆弱性识别也称为弱点识别, 弱点是资产本身存在的, 如果没有被相应的威胁利用, 单纯的弱点本身不会对资产造成损害. 而且如果系统足够强健, 严重的威胁也不会导致安全事件发生, 并造成损失, 即威胁总是要利用资产的脆弱性才可能对系统造成危害.

资产的脆弱性具有隐蔽性, 有些弱点只有在一定条件和环境下才能显现, 这是脆弱性识别中最为困难的部分. 不正确的、起不到应有作用或没有正确实施的安全措施本身就可能是一个弱点.

脆弱性识别是风险识别中最重要的一个环节. 脆弱性识别可以以资产为核心, 针对每一项需要保护的资产, 识别可能被威胁利用的弱点, 并对脆弱性的严重程度进行评估, 也可以从物理、网络、传输、应用等层次进行识别, 然后与资产、威胁对应起来. 脆弱性识别的依据可以是国际或国家安全标准, 也可以是行业规范、应用流程的安全要求等. 对应用在不同环境中相同的弱点, 其脆弱性严重程度是不同的, 应根据组织安全策略考虑的角度判断资产的脆弱性及其严重程度. 信息系统所采用的协议、应用流程的完备与否、与其他网络的互联等也应考虑在内.

脆弱性识别时的数据应来自资产的所有者、使用者, 以及相关业务领域和软硬件方面的专业人员等. 脆弱性识别所采用的方法主要有: 问卷调查、工具检测、人工核查、文档查阅、渗透性测试等.

2.6.1　脆弱性识别内容

脆弱性识别主要从技术和管理两个方面进行. 技术脆弱性涉及物理层、网络层、传输层、应用层等各个层面的安全问题; 管理脆弱性又可分为技术管理脆弱性和组织管理脆弱性两个方面, 前者与具体技术活动有关, 后者与管理环境有关.

对不同的识别对象, 其脆弱性识别的具体要求应参照相应的技术或管理标准实施. 例如, 对物理环境的脆弱性识别可参照文献 [34] 中的技术指标实施; 对操作系统、数据库可参照文献 [35] 中的技术指标实施. 管理脆弱性识别方面可参照文献 [36] 中的要求对安全管理制度及其执行情况进行检查, 发现管理漏洞和不足. 表 2.15 提供了一种脆弱性识别内容的参考.

表 2.15　脆弱性识别内容表

类型	识别对象	识别内容
技术脆弱性	物理环境	从机房场地、机房防火、机房供配电、机房防静电、机房接地与防雷、电磁防护、通信线路的保护、机房区域防护、机房设备管理等方面进行识别
	网络结构	从网络结构设计、边界保护、外部访问控制策略、内部访问控制策略、网络设备安全配置等方面进行识别
	系统软件 (含操作系统及系统服务)	从补丁安装、物理保护、用户账号、口令策略、资源共享、事件审计、访问控制、新系统配置 (初始化)、注册表加固、网络安全、系统管理等方面进行识别
	数据库软件	从补丁安装、鉴别机制、口令机制、访问控制、网络和服务设置、备份恢复机制、审计机制等方面进行识别
	应用中间件	从协议安全、交易完整性、数据完整性等方面进行识别
	应用系统	从审计机制、审计存储、访问控制策略、数据完整性、通信、鉴别机制、密码保护等方面进行识别

续表

类型	识别对象	识别内容
管理脆弱性	技术管理	从物理和环境安全、通信与操作管理、访问控制、系统开发与维护、业务连续性等方面进行识别
	组织管理	从安全策略、组织安全、资产分类与控制、人员安全、符合性等方面进行识别

2.6.2 脆弱性赋值

可以根据脆弱性对资产的暴露程度、技术实现的难易程度、弱点的流行程度，采用等级方式对已识别的脆弱性的严重程度进行赋值. 由于很多弱点反映的是同一方面的问题，或可能造成相似的后果，赋值时应综合考虑这些弱点，以确定这一方面脆弱性的严重程度.

对于某些资产，其技术脆弱性的严重程度还受到管理脆弱性的影响. 因此，资产的脆弱性赋值还应参考技术管理和组织管理脆弱性的严重程度.

脆弱性严重程度可以进行等级化处理，不同的等级分别代表资产脆弱性严重程度的高低. 等级数值越大，脆弱性严重程度越高. 表 2.16 提供了脆弱性严重程度的一种赋值方法[19]. 此外，CVE(通用漏洞披露) 提供的漏洞分级也可以作为脆弱性严重程度赋值的参考.

表 2.16 脆弱性严重程度赋值表

等级	标识	定义
5	很高	如果被威胁利用，将对资产造成完全损害
4	高	如果被威胁利用，将对资产造成重大损害
3	中	如果被威胁利用，将对资产造成一般损害
2	低	如果被威胁利用，将对资产造成较小损害
1	很低	如果被威胁利用，将对资产造成的损害可以忽略

2.6.3 已有安全措施确认

在脆弱性识别的同时，应对已经采取的安全措施及其有效性进行确认. 安全措施的确认应评估其有效性，即是否真正降低了系统的脆弱性，抵御了威胁. 对有效的安全措施继续保持，以避免不必要的工作和费用，防止安全措施的重复实施. 对认为不适当的安全措施应核实是否应被取消或对其进行修正，或用更合适的安全措施替代.

安全措施可以分为预防性安全措施和保护性安全措施两种. 预防性安全措施可以降低威胁利用脆弱性导致安全事件发生的可能性，例如入侵检测系统; 保护性安全措施可以减少因安全事件发生后对组织或系统造成的影响, 例如业务持续性计划.

已有安全措施确认与脆弱性识别存在一定的联系. 一般说来, 安全措施的使用将减少系统技术或管理上的弱点, 但安全措施确认并不需要和脆弱性识别过程那样具体到每个资产、组件的弱点, 而是一类具体措施的集合, 为风险控制策略的制定提供依据和参考.

2.7 信息系统的风险分析

在完成了资产识别、威胁识别、脆弱性识别, 以及对已有安全措施进行确认后, 进一步的工作就是进行风险分析, 包括确定安全事件发生的可能性、判断安全事件发生造成的损失、计算风险值和风险结果的判定. 本节将首先给出计算风险值的函数表达式和计算步骤, 然后采用适当的方法和工具将给出的函数关系具体化, 并通过示例给出计算风险的具体步骤和风险结果的判定方法.

2.7.1 风险计算方法

设信息系统第 i 个风险域内第 k 个风险点 (包含的资产 A_{ik}) 安全事件发生的可能性为 $Q_k(i)$, 安全事件发生造成的损失为 $C_k(i)$, 那么该风险点风险值的大小 $Z_k(i)$ 可以用下式计算:

$$Z_k(i) = R\{Q_k(i), C_k(i)\} \tag{2.10}$$

再设该风险点包含的资产 A_{ik} 的价值 (等级) 为 $L_k(i)$, 脆弱性严重程度为 $V_k(i)$, 威胁发生的频率为 $T_k(i)$, 则有以下关系:

$$Q_k(i) = f\{T_k(i), V_k(i)\} \tag{2.11}$$

$$C_k(i) = g\{L_k(i), V_k(i)\} \tag{2.12}$$

上述三式描述了信息系统风险计算的基本原理, 是风险分析和风险值计算的基础[19]. 可以看出, 无论是计算 $Q_k(i)$ 或 $C_k(i)$, 还是由 $Q_k(i)$ 和 $C_k(i)$ 计算 $Z_k(i)$, 都属于由两个要素值确定一个要素值的情形, 有许多方法和工具可供采用, 其中最常用的有矩阵法和相乘法.

1. 用矩阵法计算风险

设有要素 α 和 β, 由它们确定另一个要素 θ, 即

$$\theta = f(\alpha, \beta)$$

要素 α 和要素 β 的取值分别为

$$\alpha=\{\alpha_1,\alpha_2,\cdots,\alpha_i,\cdots,\alpha_m\},\quad 1\leqslant i\leqslant m,\quad \alpha_i\text{为正整数}$$

$$\beta=\{\beta_1,\beta_2,\cdots,\beta_j,\cdots,\beta_n\},\quad 1\leqslant j\leqslant n,\quad \beta_j\text{为正整数}$$

以 β 的所有取值为行值、以 α 的所有取值为列值构造二维判别矩阵, 如表 2.17 所示.

表 2.17 二维判别矩阵

α \ β	β_1	β_2	$\cdots$	β_j	$\cdots$	β_n
α_1	θ_{11}	θ_{12}	$\cdots$	θ_{1j}	$\cdots$	θ_{1n}
α_2	θ_{21}	θ_{22}	$\cdots$	θ_{2j}	$\cdots$	θ_{2n}
$\cdots$	$\cdots$	$\cdots$	$\cdots$	$\cdots$	$\cdots$	$\cdots$
α_i	θ_{i1}	θ_{i2}	$\cdots$	θ_{ij}	$\cdots$	θ_{in}
$\cdots$	$\cdots$	$\cdots$	$\cdots$	$\cdots$	$\cdots$	$\cdots$
α_m	θ_{m1}	θ_{m2}	$\cdots$	θ_{mj}	$\cdots$	θ_{mn}

矩阵内的 $m\times n$ 个值即为要素 θ 的取值, 其中 θ_{ij} 的计算可采用以下公式:

$$\theta_{ij}=f(\alpha_i,\beta_j)=\alpha_i+\beta_j$$

或者

$$\theta_{ij}=f(\alpha_i,\beta_j)=\alpha_i\times\beta_j$$

或者

$$\theta_{ij}=f(\alpha_i,\beta_j)=a\alpha_i+b\beta_j,\quad a,b\text{ 为正常数}$$

上述公式究竟选择哪一个需要根据实际情况确定, 而且矩阵内 θ_{ij} 值的计算不一定遵循统一的计算公式, 但必须具有统一的增减趋势, 即如果 f 是增函数, θ_{ij} 值应随 α_i 和 β_j 的值递增, 反之亦然.

将要素 α 的取值和要素 β 的取值在矩阵中进行比对, 行列交叉处即为所确定的要素 θ 的计算结果.

根据上述矩阵法的基本原理和方法, 用威胁 $T_k(i)$ 和脆弱性 $V_k(i)$ 取代 α 和 β 构建安全事件发生可能性判别矩阵以确定 $Q_k(i)$; 用资产价值 $L_k(i)$ 和脆弱性 $V_k(i)$ 取代 α 和 β 构建安全事件损失判别矩阵, 以确定 $C_k(i)$; 然后用 $C_k(i)$ 和 $Q_k(i)$ 取代 α 和 β 构建风险判别矩阵, 以确定风险值 $Z_k(i)$.

参照文献 [19] 给出的示范, 其中安全事件发生可能性判别矩阵和安全事件损失判别矩阵如表 2.18、表 2.19 所示.

表 2.18 安全事件可能性判别矩阵 (确定 $Q_k(i)$)

$T_k(i)$ \ $V_k(i)$	1	2	3	4	5
1	2	4	7	11	14
2	3	6	10	13	17
3	5	9	12	16	20
4	7	11	14	18	22
5	8	12	17	20	25

表 2.19 安全事件损失判别矩阵 (确定 $C_k(i)$)

$L_k(i)$ \ $V_k(i)$	1	2	3	4	5
1	2	4	6	10	13
2	3	5	9	12	16
3	4	7	11	15	20
4	5	8	14	19	22
5	6	10	16	21	25

由于安全事件发生可能性 $Q_k(i)$ 和安全事件损失 $C_k(i)$ 将参与风险值的计算, 为了构造风险判别矩阵, 将上述计算得到的 $Q_k(i)$ 和 $C_k(i)$ 进行等级划分, 其相应的等级用 $\overline{Q}_k(i)$ 和 $\overline{C}_k(i)$ 表示. 等级划分结果如表 2.20 和表 2.21 所示.

表 2.20 安全事件可能性等级划分

安全事件可能性值 $Q_k(i)$	1~5	6~11	12~16	17~21	22~25
安全事件可能性等级 $\overline{Q}_k(i)$	1	2	3	4	5

表 2.21 安全事件损失等级划分

安全事件损失值 $C_k(i)$	1~5	6~10	11~15	16~20	21~25
安全事件损失等级 $\overline{C}_k(i)$	1	2	3	4	5

根据安全事件发生可能性等级 $\overline{Q}_k(i)$ 和安全事件损失等级 $\overline{C}_k(i)$ 构造风险判别矩阵, 如表 2.22 所示.

下面通过一个示例, 具体说明在资产识别、威胁识别和脆弱性识别的基础上, 用矩阵法计算信息系统风险的实际步骤.

例 2.2 设信息系统第 i 个风险域内第 k 个风险点包含的资产为 A_{ik}, 已经识别出它存在五个脆弱性, 其严重程度分别是: $V_{k1}(i) = 2, V_{k2}(i) = 3, V_{k3}(i) = 1, V_{k4}(i) = 4, V_{k5}(i) = 2$; 资产面临两个威胁, 其发生的频率分别是: $T_{k1}(i) = 2$, $T_{k2}(i) = 4$; 威胁 $T_{k1}(i)$ 可以利用的脆弱性是 $V_{k1}(i)$ 和 $V_{k2}(i)$, 威胁 $T_{k2}(i)$ 可以利用

的脆弱性是 $V_{k3}(i)$, $V_{k4}(i)$ 和 $V_{k5}(i)$; 资产价值 $L_k(i)=3$. 确立资产 A_{ik} 的风险值 $Z_{kj}(i)$ 可以分为以下四个步骤.

表 2.22 安全风险判别矩阵 (确定 $Z_k(i)$)

$\overline{C}_k(i)$ \ $\overline{Q}_k(i)$	1	2	3	4	5
1	3	6	9	12	16
2	5	8	11	15	18
3	6	9	13	17	21
4	7	11	16	20	23
5	9	14	20	23	25

(1) 计算安全事件发生的可能性 $Q_{kj}(i)$.

根据威胁利用脆弱性的情况, 利用表 2.18 可能性判别矩阵进行行列对照, 确立安全事件发生的可能性, 对应结果如表 2.23 所示.

表 2.23 安全事件发生可能性一览表

威胁 $T_{kj}(i)$	脆弱性 $V_{kj}(i)$	可能性 $Q_{kj}(i)$
$T_{k1}(i)=2$	$V_{k1}(i)=2$	$Q_{k1}(i)=6$
	$V_{k2}(i)=3$	$Q_{k2}(i)=10$
$T_{k2}(i)=4$	$V_{k3}(i)=1$	$Q_{k3}(i)=7$
	$V_{k4}(i)=4$	$Q_{k4}(i)=18$
	$V_{k5}(i)=2$	$Q_{k5}(i)=11$

(2) 计算安全事件的损失 $C_{kj}(i)$.

根据资产价值和脆弱性严重程度, 利用表 2.19 损失判别矩阵进行行列对照, 确立安全事件发生造成的损失, 对照结果如表 2.24 所示.

表 2.24 安全事件损失一览表

资产价值 $L_k(i)$	脆弱性 $V_{kj}(i)$	损失 $C_{kj}(i)$
$L_k(i)=3$	$V_{k1}(i)=2$	$C_{k1}(i)=7$
	$V_{k2}(i)=3$	$C_{k2}(i)=11$
	$V_{k3}(i)=1$	$C_{k3}(i)=4$
	$V_{k4}(i)=4$	$C_{k4}(i)=15$
	$V_{k5}(i)=2$	$C_{k5}(i)=7$

(3) 确立 $Q_{kj}(i)$ 和 $C_{kj}(i)$ 的等级.

根据计算出的 $Q_{kj}(i)$ 和 $C_{kj}(i)$ 值, 分别与表 2.20 和表 2.21 对照, 可得安全事件发生可能性等级 $\overline{Q}_{kj}(i)$ 和安全事件损失等级 $\overline{C}_{kj}(i)$, 对照结果如表 2.25 和

表 2.26 所示.

表 2.25　安全事件可能性等级划分一览表

可能性值 $Q_{kj}(i)$	$Q_{k1}(i)=6$	$Q_{k2}(i)=10$	$Q_{k3}(i)=7$	$Q_{k4}(i)=18$	$Q_{k5}(i)=11$
可能性等级 $\overline{Q}_{ij}(i)$	$\overline{Q}_{k1}(i)=2$	$\overline{Q}_{k2}(i)=2$	$\overline{Q}_{k3}(i)=2$	$\overline{Q}_{k4}(i)=3$	$\overline{Q}_{k5}(i)=2$

表 2.26　安全事件损失等级划分一览表

损失值 $C_{kj}(i)$	$C_{k1}(i)=7$	$C_{k2}(i)=11$	$C_{k3}(i)=4$	$C_{k4}(i)=15$	$C_{k5}(i)=7$
损失等级 $\overline{C}_{kj}(i)$	$\overline{C}_{k1}(i)=2$	$\overline{C}_{k2}(i)=3$	$\overline{C}_{k3}(i)=1$	$\overline{C}_{k4}(i)=3$	$\overline{C}_{k5}(i)=2$

(4) 计算风险值 $Z_{kj}(i)$.

根据安全事件发生可能性等级 $\overline{Q}_{kj}(i)$ 和安全事件损失等级 $\overline{C}_{kj}(i)$, 利用表 2.22 风险判别矩阵进行行列对照, 以确定安全事件风险值, 对照结果如表 2.27 所示.

表 2.27　安全事件风险值一览表

损失等级 $\overline{C}_{kj}(i)$	可能性等级 $\overline{Q}_{kj}(i)$	风险值 $Z_{kj}(i)$
$\overline{C}_{k1}=2$	$\overline{Q}_{k1}(i)=2$	$Z_{k1}(i)=8$
$\overline{C}_{k2}=3$	$\overline{Q}_{k2}(i)=2$	$Z_{k2}(i)=9$
$\overline{C}_{k3}=1$	$\overline{Q}_{k3}(i)=2$	$Z_{k3}(i)=6$
$\overline{C}_{k4}=3$	$\overline{Q}_{k4}(i)=4$	$Z_{k4}(i)=17$
$\overline{C}_{k5}=2$	$\overline{Q}_{k5}(i)=2$	$Z_{k5}(i)=8$

从上述例子可以看出, 对于资产 A_{ik}, 威胁可利用的脆弱性、安全事件可能性、安全事件损失是一一对应的, 从而导致的安全风险也是一一对应的. 换句话说, 资产 A_{ik} 有多少个脆弱性可能被威胁利用, 就有多少个安全事件发生的可能性和安全事件损失, 从而也就导致多少个安全风险. 有时, 为了对第 i 个风险域内第 k 个风险点 (包含的资产 A_{ik}) 的风险进行综合评价, 可以根据信息系统或业务应用的特点, 或者取风险计算值中最大者作为该风险点的最终风险值, 或者取所有风险计算值的加权和作为该风险点的最终风险值. 若采用加权和法, 则有

$$Z_k(i)=\sum_{j=1}^{m}W_jZ_{kj}(i) \tag{2.13}$$

式中, m 为威胁利用资产脆弱性导致的安全风险个数; 权 W_j 受约束于 $\sum\limits_{j=1}^{m}W_j=1$.

在例 2.2 中, 取 $[W_j]=[0.1,0.1,0.1,0.6,0.1]^{\mathrm{T}}$, 可得第 i 个风险域内第 k 个风险点的最终风险值 $Z_k(i)=13.3$, 一般采用四舍五入取整, 得 $Z_k(i)=13$.

2. 用相乘法计算风险

相乘法主要用于两个或多个要素确定一个要素的情形. 设有要素 α 和 β, 由它们确定另一个要素 θ, 即 $\theta = f(\alpha, \beta)$, 则函数 f 可以采用相乘法. 相乘法的原理是

$$\theta = f(\alpha, \beta) = \alpha \otimes \beta$$

当 f 为增量函数时, $\otimes$ 可以是直接相乘, 也可以是相乘后取模等, 例如

$$\theta = f(\alpha, \beta) = \alpha \times \beta$$

或

$$\theta = f(\alpha, \beta) = \sqrt{\alpha \times \beta}$$

或

$$\theta = f(\alpha, \beta) = \sqrt{\frac{\alpha \times \beta}{\alpha + \beta}} \text{ 等}$$

相乘法提供一种定量的计算方法, 直接使用两个要素相乘得到另一个要素的值. 相乘法的特点是简单明确, 直接按照统一的公式计算, 即可得到所需结果.

在风险值计算中, 通常需要对两个要素确立的另一个要素值进行计算. 例如, 由威胁和脆弱性计算安全事件发生可能性值; 由资产价值和脆弱性计算安全事件损失值; 由安全事件发生可能性和安全事件损失计算风险值; 等等. 因此, 相乘法在风险分析中得到广泛运用.

例 2.3 设信息系统第 i 个风险域内第 k 个风险点包含的资产 A_{ik} 存在四个脆弱性, 其严重程度分别是: $V_{k1}(i) = 3, V_{k2}(i) = 1, V_{k3}(i) = 5, V_{k4}(i) = 4$; 资产面临三个主要威胁, 其发生的频率分别是: $T_{k1}(i) = 1, T_{k2}(i) = 5, T_{k3}(i) = 4$; 威胁 $T_{k1}(i)$ 可利用的脆弱性是 $V_{k1}(i)$, 威胁 $T_{k2}(i)$ 可利用的脆弱性是 $V_{k2}(i)$ 和 $V_{k3}(i)$, 威胁 $T_{k3}(i)$ 可利用的脆弱性是 $V_{k4}(i)$; 资产价值 $L_k(i) = 4$. 用相乘法计算资产 A_{ik} 的风险值 $Z_{kj}(i)$, 可分为以下步骤:

(1) 计算安全事件发生可能性 $Q_{kj}(i)$.

针对威胁 $T_{k1}(i)$ 和脆弱性 $V_{k1}(i)$:

$$Q_{k1}(i) = \sqrt{T_{k1}(i) \times V_{k1}(i)} = \sqrt{1 \times 3} = \sqrt{3}$$

针对威胁 $T_{k2}(i)$ 和脆弱性 $V_{k2}(i)$:

$$Q_{k2}(i) = \sqrt{T_{k2}(i) \times V_{k2}(i)} = \sqrt{5 \times 1} = \sqrt{5}$$

针对威胁 $T_{k2}(i)$ 和脆弱性 $V_{k3}(i)$:

$$Q_{k3}(i) = \sqrt{T_{k2}(i) \times V_{k3}(i)} = \sqrt{5 \times 5} = 5$$

针对威胁 $T_{k3}(i)$ 和脆弱性 $V_{k4}(i)$:

$$Q_{k4}(i)=\sqrt{T_{k3}(i)\times V_{k4}(i)}=\sqrt{4\times 4}=4$$

(2) 计算安全事件损失 $C_{kj}(i)$.

对于资产价值 $L_k(i)$, 对应于不同的脆弱性会有不同的损失.

针对 $V_{k1}(i)$: $C_{k1}(i)=\sqrt{L_k(i)\times V_{k1}(i)}=\sqrt{4\times 3}=\sqrt{12}$;

针对 $V_{k2}(i)$: $C_{k2}(i)=\sqrt{L_k(i)\times V_{k2}(i)}=\sqrt{4\times 1}=2$;

针对 $V_{k3}(i)$: $C_{k3}(i)=\sqrt{L_k(i)\times V_{k3}(i)}=\sqrt{4\times 5}=\sqrt{20}$;

针对 $V_{k4}(i)$: $C_{k4}(i)=\sqrt{L_k(i)\times V_{k4}(i)}=\sqrt{4\times 4}=4$.

(3) 计算风险值 $Z_{kj}(i)$.

由可能性值 $Q_{kj}(i)$ 和损失值 $C_{kj}(i)$ 直接相乘计算风险值 $Z_{kj}(i)$, 计算结果四舍五入取整; 用加权和法计算第 i 个风险域内第 k 个风险点的最终风险值 $Z_k(i)$.

$$Z_{k1}(i)=Q_{k1}(i)\times C_{k1}(i)=\sqrt{3}\times\sqrt{12}=6$$

$$Z_{k2}(i)=Q_{k2}(i)\times C_{k2}(i)=\sqrt{5}\times 2\approx 5$$

$$Z_{k3}(i)=Q_{k3}(i)\times C_{k3}(i)=5\times\sqrt{20}\approx 22$$

$$Z_{k4}(i)=Q_{k4}(i)\times C_{k4}(i)=4\times 4=16$$

设权 W_j 为: $[W_j]=[0.1,0.1,0.5,0.3]^{\mathrm{T}}$, 利用式 (2.13) 可得第 i 个风险域内第 k 个风险点的最终风险值 $Z_k(i)=16.9$. 四舍五入取整后得 $Z_k(i)=17$.

2.7.2 风险结果判定

按照前述风险识别与风险计算的方法和步骤, 遍历信息系统第 i 个风险域内各个风险点, 即当 $k=1,2,\cdots,n$ 时, 就可以得到风险值向量 $Z(i)=[Z_1(i), Z_2(i),\cdots, Z_n(i)]$; 遍历各个风险域, 即当 $i=1,2,\cdots,p$ 时, 整个信息系统的风险值分布状况也就确定了.

为了实现对信息系统风险的控制与管理, 可以对风险识别与计算的结果进行等级化处理, 即将风险域内各风险点的风险划分为一定的级别, 如划分为五级, 等级越高, 风险越大.

根据所采用的风险计算方法和风险值的分布情况, 为每个等级设定风险值范围, 并对所有风险点风险的计算结果进行等级处理, 每个等级代表了相应风险点风险的严重程度. 表 2.28 提供了一种风险等级的划分方法.

表 2.28 风险等级划分表

等级	标识	描述
5	很高	一旦发生将产生非常严重的经济或社会影响, 如组织信誉严重破坏, 严重影响组织的正常经营, 经济损失重大, 社会影响恶劣
4	高	一旦发生将产生较大的经济或社会影响, 在一定范围内给组织经营和组织信誉造成损害
3	中等	一旦发生会造成一定的经济、社会或生产经营影响, 但影响面和影响程度不大
2	低	一旦发生造成的影响程度较低, 一般仅限于组织内部, 通过一定手段很快能解决
1	很低	一旦发生造成的影响几乎不存在, 通过简单的措施就能弥补

根据前面给出的风险计算方法和风险计算值的值域范围, 与表 2.28 相对应的风险等级对应表如表 2.29 所示.

表 2.29 风险等级对照表

风险值	1~6	7~12	13~18	19~23	24~25
风险等级	1	2	3	4	5

将计算出的风险值与表 2.29 对照, 就可以确定风险等级. 比如, 在例 2.2 中, 用矩阵法计算威胁利用资产的五个脆弱性得到的风险值分别是: 8, 9, 6, 17, 8, 因此其对应的风险等级分别为: 2, 2, 1, 3, 2, 综合评价该风险点的最终风险值 $Z_k(i) = 13$, 与之对应的风险等级为 3; 在例 2.3 中, 用相乘法计算威胁利用资产的四个脆弱性得到的风险值分别是: 6, 5, 22, 16, 因此其对应的风险等级分别为: 1, 1, 4, 3, 综合评价该风险点的最终风险值 $Z_k(i) = 17$, 与之对应的风险等级为 3.

风险等级处理的目的是为风险控制与管理过程中对不同风险的直观比较, 以便采取 "恰当的安全策略" 和 "适度的安全措施" 控制信息系统的风险. 在实际应用中, 应综合考虑风险控制成本与风险造成的影响, 提出一个可接受的风险范围. 对某些资产的风险, 如果风险计算值在可接受的范围内, 则该风险是可接受的风险, 应保持已有的安全措施; 如果风险计算值在可接受的范围之外, 即计算值高于可接受范围的上限值, 是不可接受的风险, 需要采取安全措施以降低、控制风险. 另一种确定不可接受风险的办法是根据等级化处理的结果, 不设定可接受风险值的基准, 达到相应等级的风险都进行处理.

第3章 基于安全风险的信息系统数学描述与结构分析

3.1 引 言

在风险识别与分析的基础上, 采取 “恰当的安全策略” 和 “适度的安全措施” 将风险控制在人们可接受的范围之内, 是风险控制 (安全保护) 的基本目标. 但这里有一个基本前提, 那就是被控信息系统的风险状态是可观测的, 否则就不能对系统的风险作出正确的评估, 因此也就谈不上控制; 同时要求信息系统的风险状态是可控的, 否则什么样的安全措施也无用. 风险状态的可控性与可观测性反映了被控信息系统的结构特性, 与系统的构造特性有关.

无论是对信息系统的风险状态进行估计或控制, 还是对信息系统的结构特性 (可控性、可观测性等) 进行描述或分析, 必须对信息系统进行恰当的数学描述, 即建立系统的数学模型, 这是一切工作的基础.

模型的研究十分重要. 在某种意义上讲, 科学知识是由一系列模型所组成的, 科学概念的意义主要是通过模型而获得的; 科学推理的主要形式是模型类比推理, 科学的主要研究方法是建模, 通过建模和模型分析来进行解释与预测[23]. 运行在开放互联网络环境下的信息系统是一个复杂的巨系统, 就其结构上讲, 具有典型的时空特性和逻辑特性. 本章将在 “基于信息流保护的资源分布模型” 的基础上, 分别建立信息系统基于时空坐标系的数学模型和基于网络拓扑结构的逻辑模型, 进而对信息系统的可控性、可观测性等结构特性作具体描述与分析, 以便为后面各章讨论信息系统安全风险的动态估计、状态控制和攻防控制等问题奠定必备的基础.

3.2 信息系统安全风险的状态空间描述

3.2.1 信息系统的描述变量

描述变量是系统数学描述即建立系统数学模型的基础, 它们选取的主要依据是建模的目标, 所建模型的复杂程度在很大程度上取决于描述变量的选取[37].

描述变量是表示对给定系统的自然解释, 有自然的意义. 例如, 在一个牛顿力学系统中, 位置、速度和加速度被认为是描述变量; 在一个经济系统中, 价格和商品数量被认为是描述变量; 在一个电路系统中, 电流和电压被认为是描述变量; 等等.

对于开放互联网络环境下的信息系统, 按照建模目标的不同, 可以选取不同类型的描述变量. 如果建模目标是评价系统的通信性能, 那么就应该选择网络传输延迟 (或时间延迟)、路由选择的转发指数和网络容量等作为描述变量[38]; 如果建模目标是对系统的风险进行估计和控制, 那么就应该选择安全风险作为描述变量, 而安全事件 (不利事件) 发生的可能性和安全事件 (不利事件) 造成的损失又是安全风险的描述变量, 信息资产的脆弱性和可能受到的威胁以及资产价值又是安全事件发生的可能性和安全事件损失的描述变量, 等等.

在讨论 "基于信息流保护的资源分布模型" 时, 根据信息处理的流程, 将信息系统风险存在的区域完整地划分成九个部分. 在这里, 我们将在此基础上, 根据信息系统边界的相对性, 按照应用和网络环境的不同, 把其中的一部分或几个部分作为研究对象, 即只关心相关区域的风险问题.

设信息系统风险的存在可以划分为 p 个区域: $\omega_1,\omega_2,\cdots,\omega_p$, 记系统风险域的集合族为 Ω:

$$\Omega=\{\omega_1,\omega_2,\cdots,\omega_p\} \tag{3.1}$$

假定每个风险域均有 n 个风险点, 那么第 i 个风险域的风险值向量可用列阵 $Z(i)$ 给定:

$$Z(i)=[z_1(i),\ z_2(i),\ \cdots,\ z_n(i)]^{\mathrm{T}} \tag{3.2}$$

如果某个风险域的风险点数小于 n, 则列阵里的一个或几个元素的值为零.

风险值 $Z_k(i)$ 的大小取决于安全事件发生的可能性的大小和安全事件发生造成的损失的大小. 假定第 i 个风险域内第 k 个风险点发生安全事件的可能性为 $Q_k(i)$, 安全事件发生造成的损失为 $C_k(i)$, 则有

$$Z_k(i)=R\{Q_k(i),C_k(i)\} \tag{3.3}$$

其中, $Q_k(i)$ 又是威胁出现的频率 $T_k(i)$ 和资产脆弱性严重程度 $V_k(i)$ 的函数, 而 $C_k(i)$ 是资产价值 $L_k(i)$ 和资产脆弱性严重程度 $V_k(i)$ 的函数, 即

$$Q_k(i)=f\{T_k(i),V_k(i)\} \tag{3.4}$$

$$C_k(i)=g\{L_k(i),V_k(i)\} \tag{3.5}$$

从工程应用的角度, 要确定风险值向量 $Z(i)$, 首先必须对信息系统每个风险域各风险点的资产、威胁、脆弱性等进行识别, 并对已有安全措施进行确认, 然后采用适当的方法和工具确定威胁利用脆弱性导致安全事件发生的可能性. 综合利用安全事件所作用的资产价值及脆弱性严重程度, 判断安全事件造成的损失所产生的影响, 即安全风险. 这在第 2 章已有详细讨论, 具体计算步骤如下:

(1) 根据威胁出现的频率及资产弱点的情况, 按式 (3.4) 计算威胁利用脆弱性导致安全事件发生的可能性 $Q_k(i)$, $k=1,2,\cdots,n$; $i=1,2,\cdots,p$. 在具体操作时, 应综合攻击者技术能力 (专业技术程度、攻击设备等)、脆弱性被利用的难易程度 (可访问时间、设计和操作公开程度等)、资产吸引力等因素判断安全事件发生的可能性.

(2) 根据资产价值及脆弱性严重程度, 按式 (3.5) 计算安全事件一旦发生后的损失 $C_k(i)$, $k=1,2,\cdots,n$; $i=1,2,\cdots,p$. 注意部分安全事件发生所造成的损失不仅是针对该资产本身, 还可能影响业务的连续性; 不同安全事件发生所造成的影响也是不一样的. 在计算某个安全事件的损失时, 应将其所产生的影响也考虑在内.

(3) 根据计算出的安全事件发生的可能性和安全事件发生造成的损失, 按式 (3.3) 计算风险值 $Z_k(i)$, $k=1,2,\cdots,n$; $i=1,2,\cdots,p$. 可根据实际情况选择相应的风险计算方法, 如矩阵法、相乘法等.

3.2.2　基于空间坐标系的状态模型

确定了第 i 个风险域的风险值向量 $Z(i)$ 之后, 对域中每个风险点建立函数 $x_k(z_k(i))$, 它给出这一风险点风险的相对估值. 所有风险点相对估值的集合用列阵 $X(i)$ 表示:

$$X(i)=[x_1(z_1(i)),x_2(z_2(i)),\cdots,x_n(z_n(i))]^{\mathrm{T}} \tag{3.6}$$

函数 $x_k(z_k(i))$ 在风险变化有限范围内 $(z_{k\min}(i)\sim z_{k\max}(i))$ 可取线性函数

$$x_k(i)=x_k(z_k(i))=-p_k(i)+q_k(i)z_k(i) \tag{3.7}$$

式中, 系数

$$p_k(i)=\frac{z_{k\min}(i)}{z_{k\max(x)}(i)-z_{k\min}(i)},\quad q_k(i)=\frac{1}{z_{k\max}(i)-z_{k\min}(i)} \tag{3.8}$$

当 $k=1,2,\cdots,n$ 时, 由风险相对估值 $x_k(i)$ 为坐标所张成的空间, 称 n 维状态空间 (风险状态空间).

设有 r 维控制向量 (r 个风险控制策略组成的向量)$U(i)$:

$$U(i)=[u_1(i),u_2(i),\cdots,u_r(i)]^{\mathrm{T}} \tag{3.9}$$

使得第 i 个风险域内风险的总相对估值朝着预期的方向变化, 即状态空间中的点移动到人们所希望的位置上, 那么邻近两个风险域相对估值之间的关系可以用如下状态方程予以描述:

$$X(i+1)=F\{X(i),U(i),i\} \tag{3.10}$$

再设风险输出量是风险状态量集合中的一个子集, 且不存在输入对输出的直接传递, 则输出方程为

$$Y(i) = G\{X(i), i\} \tag{3.11}$$

式中, $Y(i) = [y_1(i), y_2(i), \cdots, y_m(i)]^{\mathrm{T}}$, 称被控信息系统 m 维风险输出向量.

由方程 (3.10)、(3.11) 构成了以安全风险为描述变量的信息系统基于空间坐标系的状态空间模型, 其中 F 和 G 是各自变量的线性或非线性函数. 若 F 和 G 是各自变量的线性函数, 则状态方程和输出方程为

$$X(i+1) = A(i)X(i) + B(i)U(i) \tag{3.12}$$

$$Y(i) = C(i)X(i) \tag{3.13}$$

式中, $A(i) \in R^{n\times n}$, 称为系统矩阵; $B(i) \in R^{n\times r}$, 称为控制矩阵; $C(i) \in R^{m\times n}$, 称为输出矩阵. 如果信息系统是线性的, 那么由三元组 $\{A(i), B(i), C(i)\}$ 就可以完全确定它的状态空间描述; 如果 $\{A(i), B(i), C(i), i = 1, 2, \cdots, p\}$ 为已知, 在给定的初始状态 $X(0)$ 和控制向量 $U(i)$ 的情况下, 由方程 (3.12), (3.13) 就可以求出各风险域的风险状态向量相对估值和风险输出向量估值.

进一步, 假定 $r = n$, 让一个输入控制一个状态, 一个状态仅被一个输入控制; $m = 1$, 让输出 $Y(i)$ 表示第 i 个风险域风险的总相对估值, 那么矩阵 $A(i)$, $B(i)$, $C(i)$ 应具有如下简单结构形式:

$$A(i) = \begin{bmatrix} a_1(i) & & & 0 \\ & a_2(i) & & \\ & & \ddots & \\ 0 & & & a_n(i) \end{bmatrix}, \quad B(i) = I_n, \quad C(i) = [1, 1, \cdots, 1] \tag{3.14}$$

式中, I_n 表示 n 阶单位阵, 其中对角阵 $A(i)$ 的非零元素 $a_k(i)$ 具有明显的物理意义, 它表示每个风险点相对估值的影响系数.

3.2.3 基于时间坐标系的状态模型

前面给出的数学模型, 是信息系统基于空间坐标系的状态空间模型, 描述的是系统风险状态或风险输出的空间分布特性, 没有考虑随时间的动态变化情况. 在对信息系统的风险做静态分析、评估或控制时, 前面给出的模型无疑是有用的. 但是, 系统风险的存在不仅与风险域集合族 $\Omega = \{\omega_i\}$ 有关, 即与空间坐标 i 有关, 而且与时间集合族 $T = \{t = 1, 2, \cdots\}$ 有关, 即风险状态或风险输出的相对估值同时也是时间 t 的函数. 因此, 在对信息系统的风险做动态分析、评估或控制时, 还必须建立信息系统基于时间坐标系的数学模型.

为了便于研究, 可将风险域集合族界定为某一特定区域, 或者根据系统边界的相对性, 把风险存在的区域作为一个特定区域来研究. 这样, 在考虑系统风险的动态特性时, 只需研究风险状态或风险输出的时间特性即可.

设信息系统在 t 时刻的风险状态为 $X(t) \in R^n$, 控制输入为 $U(t) \in R^r$, 风险输出为 $Y(t) \in R^m$, 那么描述系统风险动态特性的数学表达式为

$$X(t+1) = F\{X(t), U(t), t\} \tag{3.15}$$

$$Y(t) = G\{X(t), U(t), t\} \tag{3.16}$$

分别称为信息系统基于时间坐标系的状态方程和输出方程. 在线性系统情形下, F 和 G 是 $X(t), U(t)$ 的线性函数, 状态方程和输出方程分别表示成

$$X(t+1) = A(t)X(t) + B(t)U(t) \tag{3.17}$$

$$Y(t) = C(t)X(t) + D(t)U(t) \tag{3.18}$$

进一步, 如果线性系统是时不变的, 即上述方程中的系数矩阵不依赖于时间 t, 则有

$$X(t+1) = AX(t) + BU(t) \tag{3.19}$$

$$Y(t) = CX(t) + DU(t) \tag{3.20}$$

其中, A, B, C, D 均为具有相应维数的常值矩阵. 输出方程右端第二项表示输入到输出的直接传递, 通常有 $D = O$. 因此, 线性时不变系统的状态空间描述可由四元组 $\{A, B, C, D\}$ 或三元组 $\{A, B, C\}$ 完全予以确定.

对式 (3.19)、(3.20) 取 Z 变换, 有

$$Z[X(Z) - X(0)] = AX(Z) + BU(Z)$$

$$Y(Z) = CX(Z) + DU(Z)$$

消去 $X(Z)$ 后得

$$Y(Z) = (ZI - A)^{-1}ZX(0) + [C(ZI - A)^{-1}B + D]U(Z)$$

于是线性时不变系统的脉冲传递函数矩阵为

$$G(Z) = C(ZI - A)^{-1}B + D \tag{3.21}$$

另一方面, 引入前向算符 q 和滞后算符 q^{-1}, 即

$$qX(t) = X(t+1), \quad q^{-1}X(t) = X(t-1)$$

则方程 (3.19) 的算符表示式为

$$qX(t) = AX(t) + BU(t)$$

代入方程 (3.20) 得

$$Y(t) = [C(qI - A)^{-1}B + D]U(t)$$

于是, 线性时不变系统的脉冲传递算子矩阵为

$$G(q) = C(qI - A)^{-1}B + D \tag{3.22}$$

比较式 (3.21) 和式 (3.22) 知, 同一系统的脉冲传递算子矩阵和脉冲传递函数矩阵具有相同的形式, 这就为在时域和频域之间进行变换提供了很大的便利条件.

如果一个信息系统的传递函数矩阵 (或输入输出差分方程) 为已知, 那么该系统的状态空间描述即矩阵 A, B, C 亦可求得, 这在线性系统理论中称为实现问题. 人们感兴趣的当然是规范型最小实现, 因为这种实现所含参数数目最少, 其参数具有特征性, 即不同参数表示不同系统, 这和一般状态模型不同. 一般状态模型参数不同时, 不一定是不同系统, 它可以是同一系统的不同状态模型.

3.2.4 随机扰动情况下的状态模型

前面在讨论信息系统基于时空坐标系的状态空间描述时, 假定系统是确定性的, 或者说是把考察对象当作确定性系统来处理的, 没有考虑随机干扰噪声的影响. 在很多情况下, 由于网络环境的不确定性、参与风险识别 (量测) 人员的认知差异、安全措施合理性程度等因素, 对信息系统进行周期性量测 (识别) 所得到的资产风险值序列 $\{Z_k(t)\}$ 不可能是确定性的, 对同一风险点 (对应资产 A_k) 的不同量测周期所得到的风险值 Z_k 也不可能完全一样, 会有差异性, 且这种差异性事先不能完全确定. 因此, 在很多情况下需要将 Z_k 作为一个随机变量进行处理, 即需要用概率的或随机的方法对它的特性进行描述和分析. 在这种情况下, 以安全风险为描述变量的信息系统数学模型就不可能是确定性状态方程, 而应该是随机动态模型.

设信息系统一共有 n 个风险点, 其中第 k 个风险点在 t 时刻的风险状态记为 $x_k(t)$, 它是资产 A_k 面临的风险值 $z_k(t)$ 的函数, 整个信息系统的风险状态用向量 $X(t)$ 表示; 选择可实时量测 (识别) 的 m 个点作为系统风险输出的检测点, 在资产识别、脆弱性识别和威胁识别的基础上, 通过计算可得 m 维风险输出向量 $Y(t)$; 用 $U(t)$ 表示 r 维风险控制策略. 并假定系统各变量之间存在线性关系, 那么信息系统的随机动态模型可表示为

$$X(t+1) = A(t)X(t) + B(t)U(t) + W(t) \tag{3.23}$$

$$Y(t) = C(t)X(t) + \xi(t) \tag{3.24}$$

其中, $X(t) \in R^n, Y(t) \in R^m, U(t) \in R^r$; $A(t)$, $B(t)$, $C(t)$ 是具有适当维数的时变矩阵; $W(t) \in R^n$, 为策动噪声, 或称随机动态噪声; $\xi(t) \in R^m$, 为量测噪声, 是量测(识别) 过程中附加的干扰噪声.

由系统辨识理论知, 在统计建模或数据建模中, 通过分析系统的输入输出数据只能得到系统的输入输出模型, 即传递函数矩阵或差分方程表示式, 然后利用实现理论才能得到等价的状态空间模型. 因此, 在对信息系统的安全风险进行数学描述时, 关注基于时间坐标系的输入输出模型是很有必要的.

设线性时不变系统在 t 时刻的风险输出向量可以用过去的控制输入向量和过去的风险输出向量线性表示, 同时考虑干扰噪声的影响, 那么有

$$Y(t) = -\sum_{i=1}^{n} A_i Y(t-i) + \sum_{i=1}^{n} B_i U(t-i) + \sum_{i=1}^{n} C_i \xi(t-i) + \xi(t)$$

或者写成

$$A(q^{-1})Y(t) = B(q^{-1})U(t) + C(q^{-1})\xi(t) \tag{3.25}$$

式中, $\{Y(t)\}$, $\{U(t)\}$, $\{\xi(t)\}$ 分别表示 m 维输出向量序列、r 维输入向量序列和 m 维白噪声向量序列, 并且

$$A(q^{-1}) = I + A_1 q^{-1} + \cdots + A_n q^{-n}$$

$$B(q^{-1}) = B_1 q^{-1} + \cdots + B_n q^{-n}$$

$$C(q^{-1}) = I + C_1 q^{-1} + \cdots + C_n q^{-n}$$

均为 q^{-1} 的矩阵多项式, 其中 I 表示 m 阶单位阵, A_i, B_i, C_i 为具有相应维数的常值矩阵. 方程 (3.25) 称为受控自回归移动平均模型, 简称 CARMA 模型, 是描述随机受控系统输入输出关系的主要模型之一.

假定一个随机系统的 CARMA 模型已经获得, 并确信系统是既能控又能观测的, 则可通过恰当选取状态变量, 使得实现的状态空间模型 $\{A, B, C\}$ 具有某种规范形式, 比如观测器规范型、控制器规范型、可控性规范型、可观测性规范型等. 对于方程 (3.25), 其等价的观测器规范型为

$$X(t+1) = AX(t) + BU(t) + K\xi(t) \tag{3.26}$$

$$Y(t) = CX(t) + \xi(t) \tag{3.27}$$

式中

$$C = [I, \quad 0, \quad \cdots, \quad 0]$$

$$A=\begin{bmatrix} -A_1 & I & 0 & \cdots & 0 \\ -A_2 & 0 & I & \cdots & 0 \\ \vdots & \vdots & \vdots & & \vdots \\ -A_{n-1} & 0 & 0 & \cdots & I \\ -A_n & 0 & 0 & \cdots & 0 \end{bmatrix},\quad B=\begin{bmatrix} B_1 \\ B_2 \\ \vdots \\ B_n \end{bmatrix},\quad K=\begin{bmatrix} C_1-A_1 \\ C_2-A_2 \\ \vdots \\ C_n-A_n \end{bmatrix}$$

当然, 还可以写出其他形式的等价状态空间规范型.

3.3 基于拓扑结构的信息系统数学描述

拓扑是一个数学概念, 它把物理实体抽象成与其大小和形状无关的点, 把连接实体的线路抽象成线, 进而研究点与点、点与线之间的关系. 在分析和研究信息系统的结构特性时, 可以把构成系统的网络单元和设备定义为节点, 把两个节点之间的连线定义为链路. 从拓扑学的观点看, 信息系统就是由一组节点和链路组成的几何图形[41]. 这个几何图形就是信息系统的拓扑结构, 用以反映系统中各实体间的互联构型和结构关系, 描述物理上的连通性.

3.3.1 拓扑结构图与拓扑结构矩阵

1. 拓扑结构图

定义 3.1 信息系统的拓扑结构图是由节点 (称为顶点) 的集合 V 和链路 (称为边) 的结合 E 所构成的二元组 $(V,\ E)$, 每条边恰好连接两个顶点, 除了顶点之外, 边与边之间没有任何公共点.

拓扑结构图通常用符号 G 表示, 即

$$G=(V,\ E) \tag{3.28}$$

式中, $V=\{\nu_i\}$, $E=\{e_k\}$ 分别表示顶点的集合和边的集合. 如果每条边都是有向的, 则称 G 为有向图; 如果边没有取向, 则称 G 为无向图. 按照 "基于信息流保护的资源分布模型", 信息系统的拓扑结构图在本质上是有向图. 但由于信息流动 (通信) 是双向的, 即构成图的两个顶点之间总有一对方向相反的有向边, 由图的一般理论知, 这一对有向边可以合并成一条无向边进行处理[42,43]. 这样, 对信息系统拓扑结构有向图的研究, 就可以归结为无向图的研究.

信息系统的实际构成可能十分复杂, 但就其结构上讲, 可以归结为三种基本的控制结构: 集中控制结构、分散控制结构和递阶控制结构[41]. 其中递阶控制结构是 "集中–分散" 相结合的、普遍采用的、较为先进的控制结构. 其他各种系统的实际结构可视为上述三种基本结构的组合、变型和扩展.

信息系统三种基本控制结构的拓扑结构图如图 3.1~ 图 3.3 所示.

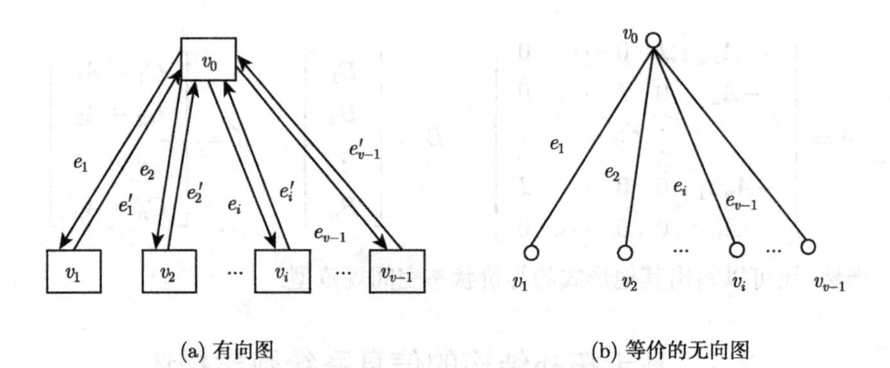

图 3.1　集中控制系统拓扑结构图

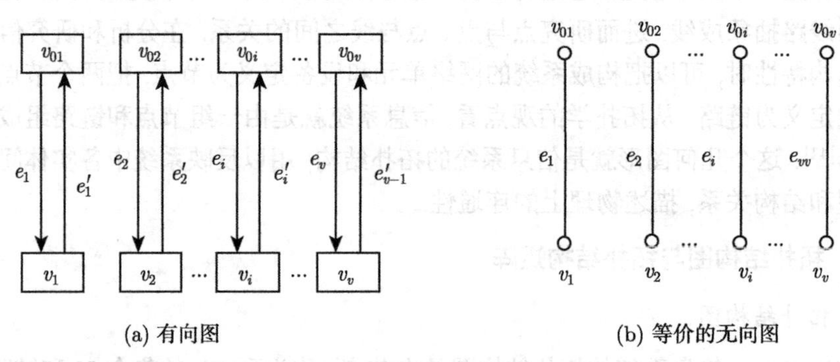

图 3.2　分散控制系统拓扑结构图

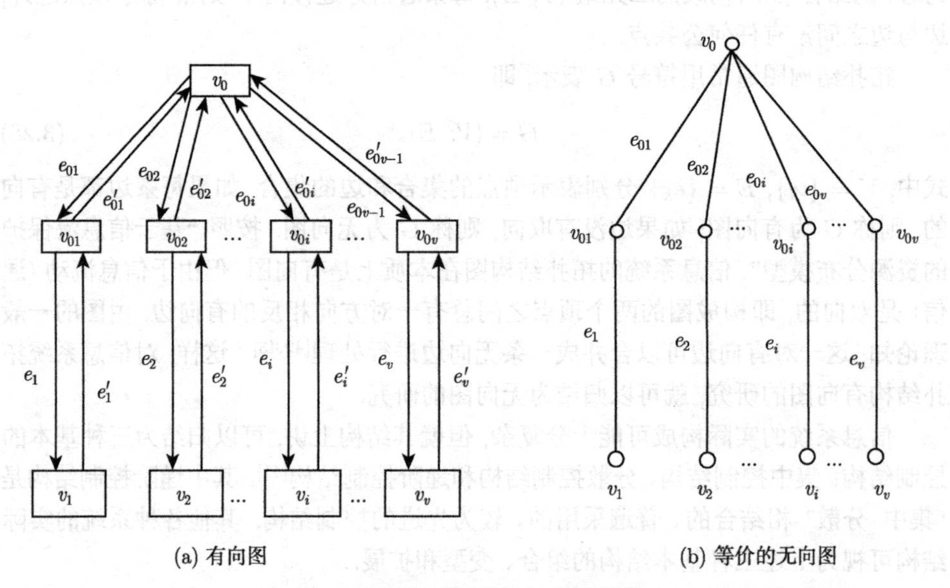

图 3.3　递阶控制系统拓扑结构图

图 3.1 中, 顶点 v_0 表示信息网络集中控制单元, 顶点 $v_1, v_2, \cdots, v_{v-1}$ 表示 $v-1$ 个各子系统或网络节点. 该图未考虑各子系统或网络节点之间的横向信息流, 并把 v_0 和 v_i 之间的一对方向相反的有向边合并成一条无向边, 这样就把有向图 (a) 等价为无向图 (b).

图 3.2 中, 顶点 $v_{01}, v_{02}, \cdots, v_{0v}$ 表示信息网络各分散控制单元, 顶点 $v_1, v_2, \cdots, v_v$ 表示各子系统或网络节点. 该图未考虑各分散控制单元之间的相互通信以及各子系统之间的横向信息流, 并把 v_{0i} 和 v_i 之间的一对方向相反的有向边合并成一条无向边, 即将有向图 (a) 等价无向图 (b).

图 3.3 中, 顶点 v_0 表示协调控制单元, 顶点 $v_{01}, v_{02}, \cdots, v_{0i}, \cdots, v_{0v}$ 表示各中间控制单元, 顶点 $v_1, v_2, \cdots, v_i, \cdots, v_v$ 表示各子系统或网络节点. 该图未考虑各中间控制单元之间的相互通信以及各子系统之间的横向信息流, 并把两个顶点之间的一对方向相反的有向边合并成一条无向边, 即将有向图 (a) 等价为无向图 (b).

无论信息系统的实际构成多么复杂, 总可以在上述三种基本控制结构的基础上, 采取 "分解–联合" 的办法建立它的拓扑结构图.

2. 拓扑结构矩阵

拓扑结构图的矩阵表示有多种形式, 这里只从直观和应用的角度讨论 "邻接矩阵", 因为邻接矩阵有利于人们借助计算机来获得或解决有关拓扑结构图的问题, 也有利于借助代数方法来研究拓扑结构图. 为了描述和分析邻接矩阵的性质特征, 下面继续给出关于图的几个基本定义.

定义 3.2 一个图的两个顶点是相邻接的, 如果它们之间有边相连; 一个图的两条边是相邻接的, 如果它们有一个公共顶点.

定义 3.3 一个图中顶点的数目称为该图的阶; 图中某顶点所关联的边的数目称为该顶点的度, 其中最大的度称为该图的最大度, 最小的度称为该图的最小度; 度数为零的顶点称为孤立顶点.

定义 3.4 以 $e_k = (v_i, v_j)$ 表示顶点 v_i 和 v_j 之间连接的第 k 条边, 若图 G 中的边依次排列为

$$e_1(v_1, v_2), e_2(v_2, v_3), \cdots, e_k(v_k, v_{k+1}), \cdots$$

形成一串边的有限序列, 称为边序列; 一个边序列中既无重复的边, 也无重复的顶点, 则叫做路径; 路径的起点和终点重合, 即路径是闭合的, 称为回路; 只有一个顶点和一条边的回路, 叫做自环.

定义 3.5 若在图 G 的顶点中, 每一对顶点之间至少有一条路径, 则称 G 为连通图, 反之就是非连通图; 一个非连通图 G 至少含有两个或多个连通子图, 这些连通子图叫做图 G 的连通片; 一个图是连通图当且仅当它含有一个连通片.

定义 3.6 图 G_1 和 G_2 称为是同构的, 如果它们满足下列条件:

(a) 有相同数目的顶点;

(b) 有相同数目的边;

(c) 顶点和顶点、边和边之间一一对应, 并保持顶点和边之间的关联关系不变.

定义 3.7　一个具有 v 个顶点、e 条边的无向图 G, 可由它的顶点集合 V 中每两个顶点间的邻接关系唯一确定. 其对应的矩阵记为 A_s, 它是 $v \times v$ 方阵, 叫做邻接矩阵:

$$A_s = (a_{ij})_{v \times v} \tag{3.29}$$

式中

$$a_{ij} = \begin{cases} 1, & v_i \text{ 和 } v_j \text{ 相邻接} \\ 0, & v_i \text{ 和 } v_j \text{不相邻接(或} i = j \text{ 且无自环)} \end{cases}$$

根据定义 3.7, 可以方便地写出图 3.1~ 图 3.3 的拓扑结构矩阵 (邻接矩阵).

集中控制系统拓扑结构矩阵:

$$A_s = \begin{array}{c} \\ v_0 \\ v_1 \\ v_2 \\ \vdots \\ v_{v-1} \end{array} \begin{array}{c} \begin{array}{ccccc} v_0 & v_1 & v_2 & \cdots & v_{v-1} \end{array} \\ \begin{bmatrix} 0 & 1 & 1 & \cdots & 1 \\ 1 & 0 & 0 & \cdots & 0 \\ 1 & 0 & 0 & \cdots & 0 \\ \vdots & \vdots & \vdots & & \vdots \\ 1 & 0 & 0 & \cdots & 0 \end{bmatrix} \end{array} \tag{3.30}$$

分散控制系统拓扑结构矩阵:

$$A_s = \begin{array}{c} \\ v_{01} \\ v_{02} \\ \vdots \\ v_{0v} \\ v_1 \\ v_2 \\ \vdots \\ v_v \end{array} \begin{array}{c} \begin{array}{cccccccc} v_{01} & v_{02} & \cdots & v_{0v} & v_1 & v_2 & \cdots & v_v \end{array} \\ \begin{bmatrix} 0 & 0 & \cdots & 0 & 1 & 0 & \cdots & 0 \\ 0 & 0 & \cdots & 0 & 0 & 1 & \cdots & 0 \\ \vdots & \vdots & & \vdots & \vdots & \vdots & & \vdots \\ 0 & 0 & \cdots & 0 & 0 & 0 & \cdots & 1 \\ 1 & 0 & \cdots & 0 & 0 & 0 & \cdots & 0 \\ 0 & 1 & \cdots & 0 & 0 & 0 & \cdots & 0 \\ \vdots & \vdots & & \vdots & \vdots & \vdots & & \vdots \\ 0 & 0 & \cdots & 1 & 0 & 0 & \cdots & 0 \end{bmatrix} \end{array} \tag{3.31}$$

递阶控制系统的拓扑结构矩阵:

$$A_s = \begin{array}{c} \\ v_0 \\ v_{01} \\ v_{02} \\ \vdots \\ v_{0v} \\ v_1 \\ v_2 \\ \vdots \\ v_v \end{array} \begin{array}{c} \begin{array}{ccccccccc} v_0 & v_{01} & v_{02} & \cdots & v_{0v} & v_1 & v_2 & \cdots & v_v \end{array} \\ \begin{bmatrix} 0 & 1 & 1 & \cdots & 1 & 0 & 0 & \cdots & 0 \\ 1 & 0 & 0 & \cdots & 0 & 1 & 0 & \cdots & 0 \\ 1 & 0 & 0 & \cdots & 0 & 0 & 1 & \cdots & 0 \\ \vdots & \vdots & \vdots & & \vdots & \vdots & \vdots & & \vdots \\ 1 & 0 & 0 & \cdots & 0 & 0 & 0 & \cdots & 1 \\ 0 & 1 & 0 & \cdots & 0 & 0 & 0 & \cdots & 0 \\ 0 & 0 & 1 & \cdots & 0 & 0 & 0 & \cdots & 0 \\ \vdots & \vdots & \vdots & & \vdots & \vdots & \vdots & & \vdots \\ 0 & 0 & 0 & \cdots & 1 & 0 & 0 & \cdots & 0 \end{bmatrix} \end{array} \tag{3.32}$$

拓扑结构矩阵是和拓扑结构图相对应的, 既可以根据被控信息系统的拓扑结构图求得相应的拓扑结构矩阵, 也可以从系统的拓扑结构矩阵得到相应的拓扑结构图.

例 3.1 给定如下拓扑结构矩阵

$$A_s = \begin{array}{c} \\ v_1 \\ v_2 \\ v_3 \\ v_4 \\ v_5 \\ v_6 \\ v_7 \end{array} \begin{array}{c} \begin{array}{ccccccc} v_1 & v_2 & v_3 & v_4 & v_5 & v_6 & v_7 \end{array} \\ \begin{bmatrix} 0 & 1 & 1 & 1 & 0 & 0 & 0 \\ 1 & 0 & 0 & 0 & 1 & 0 & 0 \\ 1 & 0 & 0 & 0 & 0 & 0 & 0 \\ 1 & 0 & 0 & 0 & 0 & 1 & 1 \\ 0 & 1 & 0 & 0 & 0 & 0 & 0 \\ 0 & 0 & 0 & 1 & 0 & 0 & 0 \\ 0 & 0 & 0 & 1 & 0 & 0 & 0 \end{bmatrix} \end{array}$$

其相应的拓扑结构图很容易做出, 如图 3.4 所示.

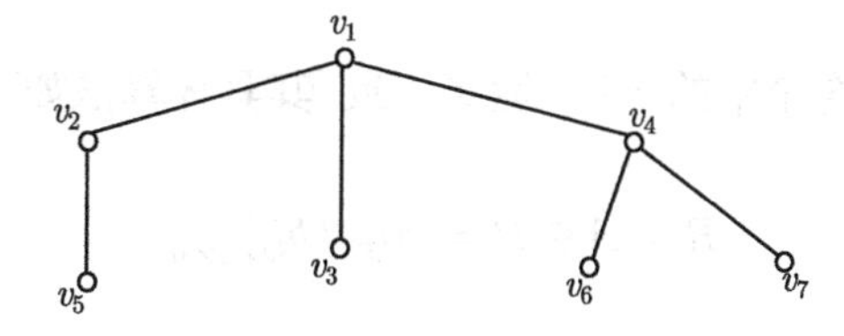

图 3.4 例 3.1 对应的拓扑结构图

从图 3.4 中可以看出, 顶点 v_1 是协调控制单元, v_2, v_4 是中间控制单元, v_3, v_5, v_6, v_7 是各子系统或节点. 这是一个递阶控制的、分层的树型结构图.

通过三种基本控制结构和例 3.1 的分析, 可以看出描述网络信息系统拓扑结构的邻接矩阵具有以下性质特征:

(1) 一个无向图 G 当且仅当没有自环时, 其邻接矩阵是对角线元素为 0 的对称 (0, 1) 矩阵 (若 v_i 点出现自环, 则 $a_{ii}=1$);

(2) 邻接矩阵每一行或每一列中 “1” 的个数之和, 是图 G 中相应顶点的度;

(3) 邻接矩阵的行或列是按相同的顶点次序排列的, 如交换其中两行, 则应同时交换其对应的列;

(4) 同构图的邻接矩阵是置换相似的, 即如果 A_{s1} 和 A_{s2} 分别是同构的两个图 G_1 和 G_2 的邻接矩阵, 则必存在置换矩阵 P, 使得

$$A_{s1}=P^{-1}A_{s2}P \tag{3.33}$$

根据性质特征 (4), 人们可以方便地利用相似矩阵的不变量, 如特征值、特征向量等来研究拓扑结构图;

(5) 当且仅当图 G 的邻接矩阵可以分块为

$$A_s(G)=\left[\begin{array}{c:c} A_s(G_1) & O \\ \hdashline O & A_s(G_2) \end{array}\right] \tag{3.34}$$

时, 图 G 是一个具有 G_1 和 G_2 两个连通片的非连通图. 其中 $A_s(G_1)$ 是对应图 G_1 的邻接矩阵; $A_s(G_2)$ 是对应图 G_2 的邻接矩阵.

3.3.2 拓扑结构矩阵逻辑算法

将矩阵代数算法和布尔代数算法相结合, 就可以得到矩阵逻辑算法, 它适用于拓扑结构矩阵的演算[41].

1. 矩阵逻辑加

矩阵逻辑加与集合论中的 “并” 运算一致, 其具体算法如下:

$$R=A\oplus B=[a_{ij}\vee b_{ij}]_{n\times m} \tag{3.35}$$

其中, $a_{ij}\in\{0,1\}, b_{ij}\in\{0,1\}$ 分别为矩阵 A, B 中的元素; “$\vee$” 表示布尔代数中的 “或” 运算; 矩阵和 R 的元素 $r_{ij}=\{0,1\}$, 按矩阵代数加法求得, 即

$$r_{ij} = a_{ij} \oplus b_{ij} = a_{ij} \vee b_{ij}, \quad i = 1, 2, \cdots, n;\ j = 1, 2, \cdots, m$$

矩阵逻辑加法满足：

交换律 $A \oplus B = B \oplus A$;

结合律 $R \oplus (A \oplus B) = (R \oplus A) \oplus B$;

反复律 $A \oplus A \oplus \cdots \oplus A = A$.

2. 矩阵逻辑乘

矩阵逻辑乘与集合论中“合成”运算相一致，其具体算法如下：

$$R = A \otimes B = [\vee(a_{ik} \wedge b_{kj})]_{n \times m} \tag{3.36}$$

其中, $a_{ik} = \{0, 1\}, b_{kj} = \{0, 1\}$ 分别为矩阵 A, B 中的元素：“$\wedge$” 表示布尔代数中的“与”运算; 矩阵积 R 的元素 $r_{ij} = \{0, 1\}$, 按矩阵代数乘法求得, 即

$$\begin{aligned} r_{ij} &= \mathop{\oplus}_{k=1}^{n} (a_{ik} \otimes b_{kj}) \\ &= (a_{i1} \wedge b_{1j}) \vee (a_{i2} \wedge b_{2j}) \vee \cdots \vee (a_{in} \wedge b_{nj}) \end{aligned}$$

式中, $i = 1, 2, \cdots, n; j = 1, 2, \cdots, m$, 即矩阵 A 是 $n \times n$ 维的, 矩阵 B 是 $n \times m$ 维的. 设另有结构矩阵 C 是 $m \times n$ 维的, 则矩阵逻辑乘满足结合律：

$$A \otimes (B \otimes C) = (A \otimes B) \otimes C$$

若另有结构矩阵 D 也是 $n \times m$ 维的, 则矩阵逻辑加法、乘法满足分配律：

$$A \otimes (B + D) = (A \otimes B) \oplus (A \otimes D)$$

3. 矩阵逻辑幂

矩阵逻辑幂表示如下：

$$R = A^p = A \otimes A \otimes \cdots \otimes A \tag{3.37}$$

式中, A 是 $n \times n$ 维矩阵, 其元素 $a_{ij} = \{0, 1\}$; 幂指数 $p = 1, 2, \cdots$ 为有限正整数. 矩阵逻辑幂 A^p 为矩阵 A 自乘 p 次的逻辑乘所得矩阵积, 每次自乘所得矩阵积中之元素为

$$r_{ij} = \mathop{\oplus}_{k=1}^{n} (a_{ik} \otimes a_{kj})$$

矩阵逻辑幂满足：

幂和律 $A^p \otimes A^q = A^{(p+q)}$;

幂乘律 $(A^p)^q = (A^q)^p = A^{(p\times q)}$;

零幂律 当幂指数 $p = 0$ 时, 定义

$$A_p = A^{(0)} = I, \quad I \text{ 为 } n \text{ 阶单位阵}$$

4. 单位阵逻辑演算

逻辑加 $I \oplus I = I$;

逻辑乘 $I \otimes I = I; I \otimes A = A \otimes I = A$;

逻辑幂 $I^p = I$.

利用上述拓扑结构矩阵和矩阵逻辑算法, 可以对信息系统进行结构能通性分析. 能通性分析是信息系统性能分析的基础, 只有在保证结构能通的前提下, 才能对信息系统进行可控性、可观测性及其他结构特性的分析.

3.4 信息系统的可控性与可观测性

可控性与可观测性反映系统的结构特性, 与系统的组成结构紧密相关. 当选择安全风险作为描述变量时, 可以考虑用线性时不变状态空间模型描述被控信息系统. 设被控信息系统为

$$X(t+1) = AX(t) + BU(t) \tag{3.38}$$

$$Y(t) = CX(t) \tag{3.39}$$

其中, $X(t) \in R^n$, $U(t) \in R^r$, $Y(t) \in R^m$; A, B, C 是具有相应维数的常值矩阵.

需要指出的是, 上述方程描述的是风险控制系统, 在谈到信息系统可控、可观测等结构特性时, 指的是风险状态可控、可观测. 以下的讨论均以方程 (3.38)、(3.39) 为基础, 并用三元组 (A, B, C) 表示被控信息系统.

3.4.1 可控性分析

定义 3.8 如果对任意风险初态 $X(0)$, 必存在控制向量序列 $U(0), U(1), \cdots, U(t-1)$, 使得相应的风险状态向量 $X(t) = 0$, 则称系统 (A, B, C) 在 t 步是可控的. 如果对一切 $t \geqslant \dfrac{n}{r}$, 所有风险状态都是可控的, 则称系统完全可控.

在实际应用中, 风险控制 (安全保护) 的目标是将信息系统的风险控制在人们可接受的范围之内, 不可能也没有必要达到零风险, 但在进行理论分析时, 可以通过坐标平移, 使其变成零风险状态.

与可控性在本质上完全一致的还有可达性的概念. 所谓系统的可达性, 是指对任意初态 $X(0)$ 和终态 $X(t)$, 总可以选择控制向量序列 $U(0), U(1), \cdots, U(t-1)$,

使得系统的状态从初态转移到终态. 如果系统可达, 显然可控; 如果系统可控, 则一定可达[44].

记

$$Q_c = [\, B \quad AB \quad \cdots \quad A^{n-1}B \,] \tag{3.40}$$

称 Q_c 为线性时不变系统的可控性矩阵, 判断一个系统是否可控, 有下面的判定定理[45].

定理 3.1 线性时不变系统 $(A,\ B,\ C)$ 完全可控的充分必要条件是可控性矩阵 Q_c 满秩, 即

$$\operatorname{rank} Q_c = \operatorname{rank}[\ B \quad AB \quad \cdots \quad A^{n-1}B\ ] = n \tag{3.41}$$

注意 Q_c 是一个 $n \times nr$ 维矩阵, 定理 3.1 要求它的秩等于 n, 在计算时不一定需要将 Q_c 算完, 算到充分必要条件满足那一步就可以停下来, 不必再计算下去. 另外, Q_c 只与系统矩阵 A 和控制矩阵 B 有关, 因此通常称系统 $(A,\ B,\ C)$ 可控为系统 $(A,\ B)$ 可控, 并称 $(A,\ B)$ 是一个可控对.

定义 3.9 若系统 $(A,\ B,\ C)$ 的拓扑结构提供了必要的信息通道, 保证所需状态控制信息流的可流通性, 即系统的状态信息结构是能通的, 则称系统的状态是结构可控的.

在系统 $(A,\ B)$ 中, 抽取矩阵 A 和 B 的拓扑结构阵, 分别记为 A_s 和 B_s, 即

$$A_s = [\operatorname{sym}(a_{ij})]_{n\times n} \tag{3.42}$$

式中

$$\operatorname{sym}(a_{ij}) = \begin{cases} 1, & a_{ij} \neq 0 \text{ 且 } i \neq j \\ 0, & a_{ij} = 0 \text{ 或 } i = j \end{cases}$$

$$B_s = [\operatorname{sym}(b_{ij})]_{n\times r} \tag{3.43}$$

式中

$$\operatorname{sym}(b_{ij}) = \begin{cases} 1, & b_{ij} \neq 0 \\ 0, & b_{ij} = 0 \end{cases}$$

利用式 (3.42), (3.43) 可以将一般状态空间模型描述的线性时不变系统等价地转化为基于拓扑结构矩阵描述的系统. 从拓扑上讲, 图、拓扑结构矩阵、被控信息系统, 指的都是一回事, 有时可以混为一谈[41].

定义 3.10 在图 G 中, 以顶点 v_i 为起点, 经过 k 条边可以到达顶点 v_j, 则称 v_i 到 v_j 存在长度为 k 的路径.

定理 3.2 设图 G 的顶点集为 $V = \{v_1, v_2, \cdots, v_n\}$, A_s 是 G 的邻接矩阵 (拓扑结构矩阵), 那么 A_s^K 中 (i,j) 元素是 G 中长度为 k 的 (v_i, v_j) 边的数目.

根据定义 3.10 和定理 3.2, 矩阵 $\overset{k}{\underset{l=1}{\oplus}} A_s^l$ 表示是否存在长度小于等于 k 的路径 (通道), 使得信息流从顶点 (节点)v_i 到达顶点 (节点)v_j. 令 $k=n-1$, 记

$$Q_A = \bigoplus_{l=1}^{n-1} A_s^l = A_s \oplus A_s^2 \oplus \cdots \oplus A_s^{n-1} \tag{3.44}$$

$$Q_{cs} = B_s \oplus (Q_A \otimes B_s) \tag{3.45}$$

称 Q_{cs} 为基于拓扑结构的状态可控性矩阵. 根据 Q_{cs} 有如下的可控性判定定理.

定理 3.3　系统 (A, B, C) 完全可控的充分必要条件是矩阵 Q_{cs} 中无全零行和全零列, 其非零行数等于状态向量维数, 非零列数等于控制向量维数.

基于拓扑结构的状态完全可控的物理意义是: 信息系统的控制矩阵 B 与系统矩阵 A 相匹配, 对每一个状态变量 $\{x_i(t),\ i=1,2,\cdots,n\}$ 至少提供一条控制信息通道, 以接收控制信号 $\{u_i(t),\ i=1,2,\cdots,r\}$ 的控制作用; 对每一个控制信号 $\{u_i(t),\ i=1,2,\cdots,r\}$ 至少提供一条控制信息通道, 可以对状态变量 $\{x_i(t),\ i=1,2,\cdots,n\}$ 施加控制作用.

例 3.2　已知被控信息系统 (A,B):

$$A=\begin{bmatrix}1&2&1\\1&0&2\\0&1&0\end{bmatrix},\quad B=\begin{bmatrix}1&0\\0&0\\0&1\end{bmatrix}$$

可得

$$Q_c=\begin{bmatrix}B & AB & A^2B\end{bmatrix}=\begin{bmatrix}1&0&1&1&3&5\\0&0&1&2&1&1\\0&1&0&0&1&2\end{bmatrix}$$

$\mathrm{rank}Q_c=3$, 根据判定定理 3.1, 系统是完全可控的. 其实, 在本例中, 只需计算出矩阵 $[B\quad AB]$ 的秩, 即

$$\mathrm{rank}[B\quad AB]=\mathrm{rank}\begin{bmatrix}1&0&1&1\\0&0&1&2\\0&1&0&0\end{bmatrix}=3$$

就可以判断系统完全可控, 无须再计算下去.

抽取 A, B 的拓扑结构矩阵

$$A_s=\begin{bmatrix}0&1&1\\1&0&1\\0&1&0\end{bmatrix},\quad B_s=\begin{bmatrix}1&0\\0&0\\0&1\end{bmatrix}$$

可得

$$Q_A = A_s \oplus A_s^2 = \begin{bmatrix} 1 & 1 & 1 \\ 1 & 1 & 1 \\ 1 & 1 & 1 \end{bmatrix}$$

$$Q_{cs} = B_s \oplus (Q_A \otimes B_s) = \begin{bmatrix} 1 & 1 \\ 1 & 1 \\ 1 & 1 \end{bmatrix}$$

矩阵 Q_{cs} 中无全零行和全零列, 且非零行数等于 3, 非零列数等于 2, 分别对应于状态向量维数和控制向量维数. 根据定理 3.3, 系统是完全可控的, 与定理 3.1 判别的结果完全一致.

3.4.2 可观测性分析

定义 3.11 如果在控制向量序列 $U(0), U(1), \cdots, U(t-1)$ 已知的情况下, 由风险输出向量序列值 $Y(0), Y(1), \cdots, Y(t)$ 可唯一确定风险状态向量初值 $X(0)$, 则称系统 (A, B, C) 在 t 步是可观测的. 如果对一切 $t \geqslant \dfrac{n}{m}-1$, 所有风险状态都是可观测的, 则称系统完全可观测.

与可观测性在本质上完全一致的还有可辨性的概念. 所谓系统的可辨识性, 是指在输入已知的情况下, 通过时间 $[0, t]$ 内的输出向量序列 $Y(0), Y(1), \cdots, Y(t)$ 可唯一确定状态向量在终端时刻的值 $X(t)$. 假若系统可观测, 显然可辨识. 反之, 假若系统可辨识, 则终端时刻的状态值 $X(t)$ 可唯一确定, 在此基础上, 通过状态方程亦可唯一确定初值 $X(0)$, 说明系统也是可观测的[44].

记

$$Q_o = \begin{bmatrix} C \\ CA \\ \vdots \\ CA^{n-1} \end{bmatrix} \tag{3.46}$$

称 Q_o 为线性时不变系统的可观测性矩阵, 判断一个系统是否可观测, 有下面的判定定理[45].

定理 3.4 线性时不变系统 (A, B, C) 完全可观测的充分必要条件是可观测性矩阵满秩, 即

$$\operatorname{rank} Q_o = \operatorname{rank} \begin{bmatrix} C \\ CA \\ \vdots \\ CA^{n-1} \end{bmatrix} = n \tag{3.47}$$

可观测性矩阵 Q_o 是一个 $nm \times n$ 维矩阵, 只与系统矩阵 A、输出矩阵 (观测矩阵)C 有关, 因此通常称系统 (A, B, C) 可观测为系统 (A, C) 可观测, 称 (A, C) 是一个可观测对.

定义 3.12 若系统 (A, B, C) 的拓扑结构提供了必要的信息通道, 保证所需状态观测信息流的可流通性, 即系统的观测信息结构是能通的, 则称系统的状态是结构可观测的.

在系统 (A, C) 中, 抽取拓扑结构矩阵, 其中 A_s 由式 (3.42) 确定, C_s 由下式定义:

$$C_s = [\text{sym}(c_{ij})]_{m\times n} \tag{3.48}$$

式中

$$\text{sym}(c_{ij}) = \begin{cases} 1, & c_{ij} \neq 0 \\ 0, & c_{ij} = 0 \end{cases}$$

记

$$Q_{os} = C_s \oplus (C_s \otimes Q_A) \tag{3.49}$$

式中 Q_A 由式 (3.44) 定义. 称 Q_{os} 为基于拓扑结构的状态可观测性矩阵. 根据 Q_{os}, 有如下的可观测性判定定理.

定理 3.5 系统 (A, B, C) 完全可观测的充分必要条件是矩阵 Q_{os} 中无全零行和全零列, 其非零行数等于输出向量 (观测向量) 维数, 非零列数等于状态向量维数.

基于拓扑结构状态完全可观测的物理意义是: 信息系统的观测矩阵 C 与系统矩阵 A 相匹配, 对每一个观测信号 $\{y_i(t),\ i=1,2,\cdots,m\}$ 至少提供一条信息通道, 可对状态变量 $\{x_i(t),\ i=1,2,\cdots,n\}$ 进行观测; 对每一个状态变量 $\{x_i(t),\ i=1,2,\cdots,n\}$ 至少提供一条信息通道, 可由观测信号 $\{y_i(t),\ i=1,2,\cdots,m\}$ 进行观测.

例 3.3 已知系统 (A, C):

$$A = \begin{bmatrix} 1 & 0 & -1 \\ 0 & -2 & 1 \\ 3 & 0 & 2 \end{bmatrix}, \quad C = \begin{bmatrix} 0 & 1 & 0 \end{bmatrix}$$

可得

$$Q_o = \begin{bmatrix} C \\ CA \\ CA^2 \end{bmatrix} = \begin{bmatrix} 0 & 1 & 0 \\ 0 & -2 & 1 \\ 3 & 4 & 0 \end{bmatrix}$$

$\text{rank}Q_o = 3$, 根据判定定理 3.4, 系统是完全可观测的.

抽取 A, C 的拓扑结构矩阵：

$$A_s=\begin{bmatrix}0&0&1\\0&0&1\\1&0&0\end{bmatrix},\quad C_s=\begin{bmatrix}0&1&0\end{bmatrix}$$

可得

$$Q_A=A_s\oplus A_s^2=\begin{bmatrix}1&0&1\\1&0&1\\1&0&1\end{bmatrix}$$

$$Q_{os}=C_s\oplus(C_s\otimes Q_A)=\begin{bmatrix}1&1&1\end{bmatrix}$$

矩阵 Q_{os} 中无全零行和全零列，且非零行数等于 1，非零列数等于 3，分别对应于观测向量维数和状态向量维数. 根据定理 3.5，系统是完全可观测的，与定理 3.4 判别的结果完全一致.

第 4 章　信息系统安全风险的状态重构与动态估计

4.1 引　　言

在第 2 章讨论信息系统安全风险的识别与分析过程中, 由过程机制提供的方法、技巧、工具或手段对组成系统的信息资产所面临的风险进行识别和分析计算, 一般来说, 由此得到的结果只能反映信息系统风险状态或风险输出的空间分布特征, 而不能反映随时间的动态变化情况. 也就是说, 由过程机制提供的方法、技巧、工具或其他手段只能解决信息系统安全风险的静态估计问题. 要弄清楚安全风险随时间的变化情况, 即解决信息系统安全风险的动态估计问题, 需要另辟蹊径.

在工程实践中, 要实时量测 (识别) 信息系统各风险点的风险状态是困难的, 或者是不容许的; 但要实时量测 (识别) 信息系统的风险输出是能做到的, 也是容许的. 为了获得信息系统风险状态的动态特征, 可以根据风险输出的量测 (识别) 结果重构系统的风险状态, 并用这个重构的状态去代替真实状态, 作为进一步风险评估或风险控制的依据.

具体地说, 风险状态重构的问题, 实质上就是构造一个新的系统, 利用原信息系统的输入和输出作为它的输入量, 并使其输出量在一定的条件下等价于原信息系统的风险状态. 通常称这个新系统的输出量为信息系统风险的重构状态或风险状态估计值, 而称这个用以实现风险状态重构的系统为风险状态观测器.

在讨论风险状态重构或风险状态观测器时, 通常假定系统是确定性的, 或者说是把考察对象当作确定性系统来处理的, 没有考虑随机干扰噪声的影响. 当必须考虑随机动态噪声的影响时, 就不能认为系统是确定性的, 描述系统的数学模型应该是随机动态方程. 因此, 在用量测 (识别) 输出序列重构 (估计) 系统风险状态的时候, 就不能简单照搬状态观测器的设计方法, 而应该采用随机动态估计方法 (例如 Kalman 滤波方法) 对系统的风险状态进行估计 (重构).

本章将首先讨论信息系统风险状态观测器的构造与设计问题, 包括: 风险状态重构及观测器构造、状态观测器存在条件、全维状态观测器设计、最小维状态观测器设计等. 然后将不加证明地给出 Kalman 滤波的一组递推公式, 以及如何用这组公式去解决信息系统安全风险的状态估计 (重构) 问题, 包括: 基于 Kalman 滤波的风险状态估计、线性时不变系统情况下的稳态滤波问题等内容.

4.2 风险状态观测器及其存在条件

4.2.1 风险状态重构及观测器构造

在第 2 章讨论了信息系统安全风险的静态识别与估计问题, 即如何利用风险识别过程机制, 获得信息系统安全风险的空间分布特征. 从本节开始将进一步讨论信息系统安全风险的动态识别与估计问题, 即如何通过风险状态重构 (估计), 获得信息系统安全风险的时间分布特征, 从而为动态风险评估或控制奠定必要的基础.

假定信息系统可以用线性时不变状态空间模型描述风险状态和风险输出的时间特性, 即

$$X(t+1) = AX(t) + BU(t) \tag{4.1}$$

$$Y(t) = CX(t) \tag{4.2}$$

式中, $X(t) \in R^n$, 为 n 维风险状态向量; $U(t) \in R^r$, 为 r 维控制输入向量; $Y(t) \in R^m$, 为 m 维风险输出向量; A, B, C 为具有相应维数的常值矩阵.

如前所述, 要实时量测 (识别) 系统的风险状态是困难的, 或者是不容许的, 但要实时量测 (识别) 系统的风险输出是做得到的, 也是容许的. 选择可实时量测 (识别) 的 m 个点作为信息系统风险输出的检测点, 将第 k 个检测点对应的资产记为 A_k, 其脆弱性、面临的威胁和资产价值都是时间 t 的函数, 分别记为 $V_k(t)$, $T_k(t)$ 和 $L_k(t)$. 因此, 对资产 A_k 而言, 安全事件发生的可能性、安全事件损失及由此导致的安全风险也是时间 t 的函数, 分别记为 $Q_k(t)$, $C_k(t)$ 和 $Y_k(t)$, 并有如下关系:

$$Q_k(t) = f\{T_k(t), V_k(t)\} \tag{4.3}$$

$$C_k(t) = g\{L_k(t), V_k(t)\} \tag{4.4}$$

$$Y_k(t) = R\{Q_k(t), C_k(t)\} \tag{4.5}$$

其中, 计算函数 f, g 和 R 可仍然采用矩阵法或相乘法.

适当选取量测 (识别) 周期, 并将每次量测 (识别) 得到的 $V_k(t)$, $T_k(t)$ 和 $L_k(t)$ 值代入式 (4.3)~(4.5) 进行计算, 便可得到第 k 个检测点风险输出的时间序列值 $\{y_k(t)\}$. 当 $k = 1, 2, \cdots, m$ 时, 整个信息系统的风险输出向量序列 $\{Y(t)\}$ 也就确定了.

为了获得信息系统风险状态的动态特性, 可以根据风险输出的量测 (识别) 结果重构系统的风险状态, 并用这个重构的状态去代替真实状态, 用以描述信息系统风险状态的时间分布特性. 实现风险状态重构的装置 (系统) 称为风险状态观测器, 它以原系统的风险输出 $Y(t)$ 和控制输入 $U(t)$ 作为输入, 其输出 $\hat{X}(t)$ 在一定条件

下等价于原系统的风险状态 $X(t)$, 即 $\tilde{X}(t)$ 是 $X(t)$ 的重构值或称估计值. 风险状态观测器的原理如图 4.1 所示.

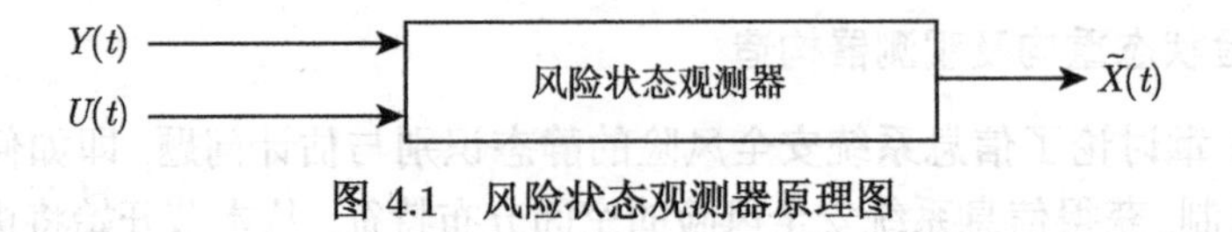

图 4.1 风险状态观测器原理图

为了使观测器的输出 $\tilde{X}(t)$ 尽量接近实际系统的风险状态 $X(t)$, 可以构造一个与式 (4.1) 等效的模型:

$$\tilde{X}(t+1) = A\tilde{X}(t) + BU(t) \tag{4.6}$$

在式 (4.1) 和式 (4.6) 中, A, B 和 $U(t)$ 相同, 如果初始条件和运行环境也是相同的, 那么状态 $\tilde{X}(t)$ 和 $X(t)$ 就是一样的. 但是实际系统和模型系统的初始条件及运行环境不可能完全相同, 故 $\tilde{X}(t)$ 和 $X(t)$ 之间必有误差, 即 $\tilde{X}(t) - X(t) \neq 0$.

用式 (4.6) 减去式 (4.1), 得

$$\tilde{X}(t+1) - X(t+1) = A\left[\tilde{X}(t) - X(t)\right] \tag{4.7}$$

记 $e(t) = \tilde{X}(t) - X(t)$, 得估计误差的动态方程为

$$e(t+1) = Ae(t) \tag{4.8}$$

若矩阵 A 是稳定的, 则 $e(t)$ 将趋于零, $\tilde{X}(t)$ 亦将趋于 $X(t)$. 不过, 误差向量 $e(t)$ 只依赖于矩阵 A, 其表现可能是无法接受的. 况且, 若矩阵 A 是不稳定的, 则误差 $e(t)$ 将不会趋于零向量, $\tilde{X}(t)$ 也就不会趋于 $X(t)$. 因此, 需要对式 (4.6) 定义的等效模型进行修改.

需要指出的是, 尽管信息系统的风险状态 $X(t)$ 不能实时量测 (识别), 但风险输出 $Y(t)$ 是可实时量测 (识别) 的, 而等效模型 (4.6) 并没有利用可量测的输出 $Y(t)$. 如果利用系统的实际输出和估计输出之间的差值来监视状态 $\tilde{X}(t)$, 那么动态模型的性能将得到改进. 为此, 令 $\tilde{Y}(t) = C\tilde{X}(t)$, 则输出向量间的误差方程为

$$\tilde{Y}(t) - Y(t) = C\left[\tilde{X}(t) - X(t)\right] \tag{4.9}$$

在等效模型的基础上, 利用输出误差构成负反馈, 从而得到风险状态观测器的基本结构, 如图 4.2 所示.

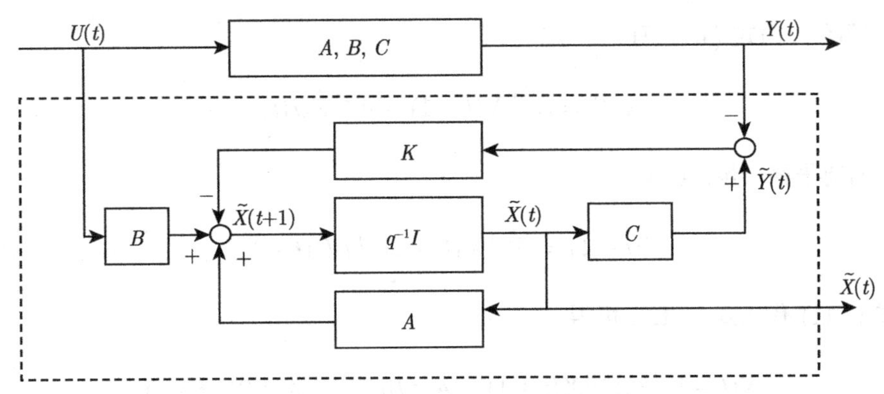

图 4.2 风险状态观测器结构图

图 4.2 中, q^{-1} 为滞后算符, I 为单位阵, K 为输出误差反馈矩阵. 从图可直接得到信息系统风险状态观测器的动态方程为

$$\tilde{X}(t+1) = A\tilde{X} + BU(t) - K(\,\tilde{Y}(t) - Y(t)\,)$$

亦即

$$\tilde{X}(t+1) = (A - KC)\tilde{X}(t) + BU(t) + KY(t) \tag{4.10}$$

由此可见, 风险状态观测器是在等效模型的基础上加以 KC 为反馈阵的从 $\tilde{X}(t)$ 到 $\tilde{X}(t+1)$ 的负反馈系统, 它以原信息系统的输入 $U(t)$ 和输出 $Y(t)$ 作为输入, 它的输出是原信息系统风险状态 $X(t)$ 的重构值或估计值.

4.2.2 状态观测器存在条件

前面我们讨论了如何利用控制输入和风险输出重构信息系统的风险状态, 以及为了实现状态重构所需要的观测器构造问题. 进一步的问题是, 在什么样的条件下观测器存在? 也就是说, 为了能通过输入输出信息重构信息系统的状态, 对原信息系统有什么要求? 下面的定理回答了这个问题[46].

定理 4.1 对于式 (4.1)、(4.2) 描述的信息系统 (A, B, C), 若此系统是完全可观测的, 亦即

$$\text{rank}\begin{bmatrix} C \\ CA \\ \vdots \\ CA^{n-1} \end{bmatrix} = n$$

则状态观测器存在, 即状态向量 $X(t)$ 可由输入 $U(t)$ 和输出 $Y(t)$ 的相应信息重构 (估计) 出来.

证明 由式 (4.1), 有

$$X(t) = A^{-1}X(t+1) - A^{-1}BU(t) \tag{4.11}$$

将 t 向前平移一步, 可得

$$X(t-1) = A^{-1}X(t) - A^{-1}BU(t-1) \tag{4.12}$$

将式 (4.11) 代入式 (4.12), 可得

$$X(t-1) = A^{-2}X(t+1) - A^{-2}BU(t) - A^{-1}BU(t-1)$$

同样地, 有

$$X(t-2) = A^{-3}X(t+1) - A^{-3}BU(t) - A^{-2}BU(t-1) - A^{-1}BU(t-2)$$

$$\cdots\cdots$$

$$X(t-n+1) = A^{-n}X(t+1) - A^{-n}BU(t) - A^{-n+1}BU(t-1) - \cdots - A^{-1}BU(t-n+1)$$

将式 (4.11) 代入式 (4.2), 可得

$$Y(t) = CX(t) = CA^{-1}X(t+1) - CA^{-1}BU(t)$$

同样地, 有

$$\begin{aligned}
Y(t-1) &= CX(t-1) \\
&= CA^{-2}X(t+1) - CA^{-2}BU(t) - CA^{-1}BU(t-1) \\
Y(t-2) &= CX(t-2) \\
&= CA^{-3}X(t+1) - CA^{-3}BU(t) - CA^{-2}BU(t-1) - CA^{-1}BU(t-2) \\
&\cdots\cdots \\
Y(t-n+1) &= CX(t-n+1) \\
&= CA^{-n}X(t+1) - CA^{-n}BU(t) - CA^{-n+1}BU(t-1) - \cdots \\
&\quad -CA^{-1}BU(t-n+1)
\end{aligned}$$

将上述的 n 个方程合并成一个矩阵方程, 经整理后得

$$\begin{bmatrix} CA^{-1} \\ CA^{-2} \\ \vdots \\ CA^{-n} \end{bmatrix} X(t+1) = \begin{bmatrix} Y(t) \\ Y(t-1) \\ \vdots \\ Y(t-n+1) \end{bmatrix}$$

$$
+\begin{bmatrix} CA^{-1}B & 0 & \cdots & 0 \\ CA^{-2}B & CA^{-1}B & \cdots & 0 \\ \vdots & \vdots & & \vdots \\ CA^{-n}B & CA^{-n+1}B & \cdots & CA^{-1}B \end{bmatrix} \begin{bmatrix} U(t) \\ U(t-1) \\ \vdots \\ U(t-n+1) \end{bmatrix}
$$

此矩阵方程右边完全已知, 故可求出 $X(t+1)$, 当且仅当

$$
\operatorname{rank}\begin{bmatrix} CA^{-1} \\ CA^{-2} \\ \vdots \\ CA^{-n} \end{bmatrix} = n \tag{4.13}
$$

由于矩阵 A 是非奇异的, 式 (4.13) 左边的每一行都乘以 A^n 不会改变其秩条件. 因此, 式 (4.13) 等价于

$$
\operatorname{rank}\begin{bmatrix} CA^{n-1} \\ CA^{n-2} \\ \vdots \\ C \end{bmatrix} = n
$$

也等价于

$$
\operatorname{rank}\begin{bmatrix} C \\ CA \\ \vdots \\ CA^{n-1} \end{bmatrix} = n \tag{4.14}
$$

由于式 (4.14) 是系统 (A, B, C) 完全可观测的充分必要条件, 因此只要此条件满足, 就可以通过输入和输出重构系统的状态, 即状态观测器存在. 定理得证.

4.3 风险状态观测器设计问题

4.3.1 全维状态观测器设计

由式 (4.1) 和 (4.2) 描述的信息系统有 n 个风险状态, 即 $X(t) \in R^n$, 如果设计的观测器需要重构 (估计) 出全部 n 个状态变量, 那么观测器的维数就必须和原信息系统的维数一致, 这样的观测器称为全维状态观测器.

事实上, 式 (4.10) 给出的就是一个全维状态观测器的动态方程. 用式 (4.10) 减去式 (4.1), 并利用式 (4.2), 可得全维状态观测器的误差动态方程为

$$
e(t+1) = (A-KC)\,e(t) \tag{4.15}
$$

其中 $e(t) = \tilde{X}(t) - X(t)$. 可见, 误差 $e(t)$ 的动态表现由 $(A - KC)$ 的特征值决定. 如果矩阵 $(A - KC)$ 是稳定的, 那么对于任何初始误差 $e(0)$, 误差向量 $e(t)$ 将收敛于零向量. 也就是说, 不管 $\tilde{X}(0)$ 和 $X(0)$ 取何值, $\tilde{X}(t)$ 都将收敛于 $X(t)$. 如果 $(A-KC)$ 的特征值按照这样的方式构造, 使得误差向量的动态过程足够快, 那么任何误差都将以足够快的速度趋于零. 获得快速响应的方法之一是采用无振荡响应. 如果将 $(A - KC)$ 的所有特征值选定为零, 则可以达到无振荡响应.

由于式 (4.1) 和 (4.2) 描述的信息系统 $(A,\ B,\ C)$ 是完全可观测的, 所以对 $(A - KC)$ 的特征值进行任意配置是能够做得到的.

综合以上所述, 可得如下定理.

定理 4.2 若式 (4.1) 和 (4.2) 描述的 n 维信息系统 (A, B, C) 是完全可观测的, 则能借助 n 维状态观测器.

$$\tilde{X}(t+1) = (A - KC)\tilde{X}(t) + BU(t) + KY(t)$$

来重构 (估计) 它的状态, 其重构 (估计) 误差由方程

$$e(t+1) = (A - KC)\ e(t)$$

确定, 并可通过选择矩阵 K 来任意配置 $(A - KC)$ 的特征值.

例 4.1 设信息系统 (A, B, C) 定义为

$$A = \begin{bmatrix} 0 & -0.16 \\ 1 & -1 \end{bmatrix}, \quad B = \begin{bmatrix} 0 \\ 1 \end{bmatrix}, \quad C \begin{bmatrix} 0 & 1 \end{bmatrix}$$

设计一个全维状态观测器, 要求观测器矩阵 $(A - KC)$ 的特征值是

$$Z = 0.5 + j0.5, \quad Z = 0.5 - j0.5$$

即期望的特征方程为

$$(Z - 0.5 - j0.5)(Z - 0.5 + j0.5) = Z^2 - Z + 0.5 = 0$$

状态观测器的设计问题, 实际上就是确定合适的反馈增益矩阵 K, 使得观测器矩阵 $(A - KC)$ 具有期望的特征值. 可以分为以下三个步骤:

(1) 检验可观测性矩阵 Q_o:

$$Q_o = \begin{bmatrix} C \\ CA \end{bmatrix} = \begin{bmatrix} 0 & 1 \\ 1 & -1 \end{bmatrix}$$

其秩为 2, 所以系统是完全可观测的, 由定理 4.2 知, 确定出满足要求的反馈增益矩阵 K 是可能的, 将 K 表示为

$$K = \begin{bmatrix} k_1 \\ k_2 \end{bmatrix}$$

(2) 求取状态观测器特征方程:

$$\det[ZI - A + KC] = 0$$

式中 det 表示取矩阵行列式. 将矩阵 A, B, C 代入, 有

$$\det\begin{bmatrix} Z & 0.16 + k_1 \\ -1 & Z + 1 + k_2 \end{bmatrix} = 0$$

即

$$Z^2 + (1 + k_2)Z + (k_1 + 0.16) = 0 \tag{4.16}$$

(3) 将观测器特征方程与期特征议程比较求取矩阵 K.

由于期望的特征方程是

$$Z^2 - Z + 0.5 = 0$$

将式 (4.16) 与上式比较, 有

$$1 + k_2 = -1$$
$$k_1 + 0.16 = 0.5$$

于是可得: $k_1 = 0.34$, $k_2 = -2$, 即

$$k = \begin{bmatrix} 0.34 \\ -2 \end{bmatrix}$$

4.3.2 最小维状态观测器设计

全维状态观测器是为重构所有状态变量而设计的, 而不论某些状态变量是否可以通过直接量测得到. 实际上, 信息系统的某些风险状态是可以直接量测 (识别) 的, 而不需要通过状态观测器重构 (估计). 对于一个 n 维系统, 用以重构 (估计) 状态变量个数小于 n 的观测器称为降维观测器. 如果降维观测器的维数是可能值中最小者, 那么此观测器称为最小维观测器.

对于式 (4.1) 和式 (4.2) 描述的信息系统, 假设其输出 $Y(t)$ 是可直接量测 (识别) 的 m 维向量. 由于有 m 个输出变量是状态变量的线性组合, 那么可考虑用这 m 个输出变量直接产生 m 个状态变量, 则这 m 个状态变量无须估计, 只需估计

$n-m$ 个状态变量即可. 这样, 降维观测器就为 $n-m$ 维观测器, 它是 n 维信息系统的最小维状态观测器.

在设计最小维观测器时, 可以先将状态向量 $X(t)$ 分解成两个部分, 即

$$X(t)=\begin{bmatrix} X_1(t) \\ X_2(t) \end{bmatrix}$$

其中, $X_1(t)$ 是状态向量中可直接量测的部分 (因而, $X_1(t)$ 是 m 维向量), $X_2(t)$ 是状态向量中不可直接量测的部分 (因而,$X_2(t)$ 是 $n-m$ 维向量). 然后, 分块形式的信息系统状态空间模型就可以表示成[45,46]：

$$\begin{bmatrix} X_1(t+1) \\ X_2(t+1) \end{bmatrix}=\begin{bmatrix} A_{11} & A_{12} \\ A_{21} & A_{22} \end{bmatrix}\begin{bmatrix} X_1(t) \\ X_2(t) \end{bmatrix}+\begin{bmatrix} B_1 \\ B_2 \end{bmatrix}U(t) \tag{4.17}$$

$$Y(t)=[\, I \quad 0\,]\begin{bmatrix} X_1(t) \\ X_2(t) \end{bmatrix} \tag{4.18}$$

式中, I 为 m 维单位阵, 其他分块矩阵的维数分别是

$$A_{11}\in R^{m\times m},\quad A_{12}\in R^{m\times(n-m)},\quad A_{21}\in R^{(n-m)\times m},\quad A_{22}\in R^{(n-m)\times(n-m)},$$
$$B_1\in R^{m\times r},\quad B_2\in R^{(n-m)\times r}.$$

由分块形式的状态方程 (4.17) 知, 可量测部分的状态方程为

$$X_1(t+1)=A_{11}X_1(t)+A_{12}X_2(t)+B_1U(t)$$

亦即

$$X_1(t+1)-A_{11}X_1(t)-B_1U(t)=A_{12}X_2(t) \tag{4.19}$$

方程 (4.19) 中, 其左边各项是可量测的, 它的作用相当于输出方程. 在设计最小维观测器时, 认为式 (4.19) 左边为已知量.

由分块形式的状态方程 (4.17), 状态不可量测部分的方程为

$$X_2(t+1)=A_{22}X_2(t)+A_{21}X_1(t)+B_2U(t) \tag{4.20}$$

式 (4.20) 描述了状态不可量测部分的动态过程. 其中, $A_{21}X_1(t)$ 和 $B_2U(t)$ 为已知量.

将式 (4.20) 作为状态方程, 式 (4.19) 作为输出方程, 然后比照全维状态观测器的设计方法, 就可以获得最小维观测器的动态方程. 下面比较与全维观测器相对应的系统状态方程和输出方程.

全维观测器的状态方程:

$$X(t+1) = AX(t) + BU(t)$$

最小维观测器的 "状态方程":

$$X_2(t+1) = A_{22}X_2(t) + [A_{21}X_1(t) + B_2U(t)]$$

全维观测器的输出方程:

$$Y(t) = CX(t)$$

最小维观测器的 "输出方程":

$$X_1(t+1) - A_{11}X_1(t) - B_1U(t) = A_{12}X_2(t)$$

再注意到输出误差反馈矩阵 K 的维数区别, 对比情况如表 4.1 所示.

表 4.1 全维状态观测器和最小维状态观测器 "参数" 对比列表

全维状态观测器	最小维状态观测器
$\tilde{X}(t)$	$\tilde{X}_2(t)$
A	A_{22}
$BU(t)$	$A_{21}X_1(t) + B_2U(t)$
$Y(t)$	$X_1(t+1) - A_{11}X_1(t) - B_1U(t)$
C	A_{12}
$K, n \times m$ 矩阵	$K, (n-m) \times m$ 矩阵

最小维观测器的设计可以这样来实现, 即将表 4.1 中最小维观测器的相应 "参数" 作为置换项代入全维状态观测器的动态方程, 该动态方程由式 (4.10) 给出. 重写如下:

$$\tilde{X}(t+1) = (A - KC)\tilde{X}(t) + BU(t) + KY(t) \tag{4.21}$$

将表 4.1 中的置换项代入式 (4.21), 可得

$$\begin{aligned}\tilde{X}_2(t+1) = {} & (A_{22} - KA_{12})\tilde{X}_2(t) + A_{21}X_1(t) + B_2U(t) \\ & + K[X_1(t+1) - A_{11}X_1(t) - B_1U(t)]\end{aligned} \tag{4.22}$$

其中, 反馈增益矩阵 K 是 $(n-m) \times m$ 维矩阵. 式 (4.22) 定义了最小维状态观测器.

根据式 (4.18), 有

$$Y(t) = X_1(t) \tag{4.23}$$

将式 (4.23) 代入式 (4.22), 可得

$$\begin{aligned}\tilde{X}_2(t+1) =& (A_{22} - KA_{12})\tilde{X}_2(t) + KY(t+1) \\ &+ (A_{21} - KA_{11})Y(t) + (B_2 - KB_1)U(t)\end{aligned} \tag{4.24}$$

可见, 为了估计 $\tilde{X}_2(t+1)$, 需要 $Y(t+1)$ 的量测值, 这样很不方便, 故需对式 (4.24) 作一些修正. 改写式 (4.24) 如下:

$$\begin{aligned}\tilde{X}_2(t+1) - KY(t+1) =& (A_{22} - KA_{12})\tilde{X}_2(t) \\ &+ (A_{21} - KA_{11})Y(t) + (B_2 - KB_1)U(t) \\ =& (A_{22} - KA_{12})\left[\tilde{X}_2(t) - KY(t)\right] + (A_{22} - KA_{12})KY(t) \\ &+ (A_{21} - KA_{11})Y(t) + (B_2 - KB_1)U(t)\end{aligned} \tag{4.25}$$

定义

$$X_2(t) - KY(t) = X_2(t) - KX_1(t) = \eta(t) \tag{4.26}$$

和

$$\tilde{X}_2(t) - KY(t) = \tilde{X}_2(t) - KX_1(t) = \tilde{\eta}(t) \tag{4.27}$$

式 (4.25) 可改写成如下形式:

$$\tilde{\eta}(t+1) = (A_{22} - KA_{12})\tilde{\eta}(t) + [(A_{22} - KA_{12})K + (A_{21} - KA_{11})]\,Y(t) + (B_2 - KB_1)U(t) \tag{4.28}$$

可见, 为了求得 $\tilde{\eta}(t+1)$, 并不需要 $Y(t+1)$ 的量测值. 式 (4.27) 又可以写成

$$\tilde{X}_2(t) = \tilde{\eta}(t) + KY(t) \tag{4.29}$$

式 (4.28) 和式 (4.29) 定义了最小维状态观测器的动态过程, 其基本结构如图 4.3 所示.

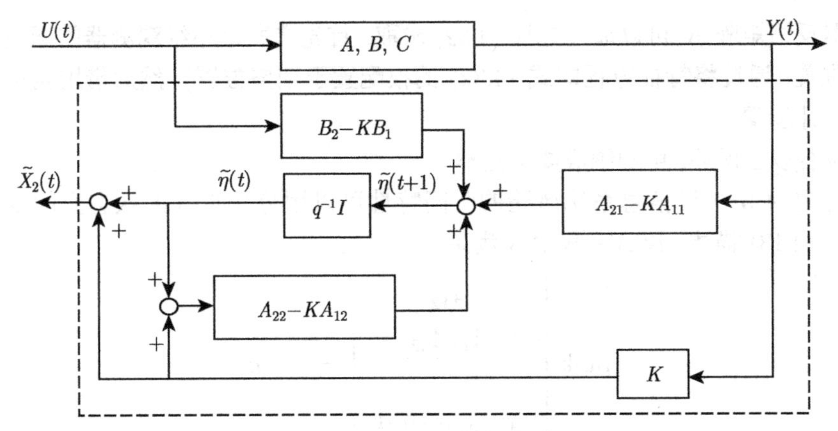

图 4.3 最小维风险状态观测器结构图

然后, 求取观测器的误差方程. 定义 $e(t) = \tilde{\eta}(t) - \eta(t)$, 注意到式 (4.26) 和式 (4.27), 有

$$e(t) = \tilde{\eta}(t) - \eta(t) = \tilde{X}_2(t) - X_2(t) \tag{4.30}$$

将式 (4.22) 减去式 (4.20), 可得

$$\begin{aligned}\tilde{X}_2(t+1) - X_2(t+1) = & A_{22}\left[\tilde{X}_2(t) - X_2(t)\right] - KA_{12}\tilde{X}_2(t) \\ & +K\left[X_1(t+1) - A_{11}X_1 - B_1U(t)\right]\end{aligned}$$

将式 (4.19) 代入上式, 可得

$$\tilde{X}_2(t+1) - X_2(t+1) = (A_{22} - KA_{12})\left[\tilde{X}_2(t) - X_2(t)\right]$$

于是可得观测器的误差动态方程为

$$e(t+1) = (A_{22} - KA_{12})e(t) \tag{4.31}$$

其中, $e(t)$ 是 $n-m$ 维向量, 倘若矩阵

$$Q_0 = \begin{bmatrix} A_{12} \\ A_{12}A_{22} \\ \vdots \\ A_{12}A_{22}^{(n-m)-1} \end{bmatrix}$$

的秩为 $n-m$(这是适用于最小维观测器的完全可观测性条件), 那么按照全维观测器的设计方法, 误差动态可按要求求得.

最小维观测器的特征方程可由式 (4.31) 求得

$$\det\left[ZI - A_{22} + KA_{12}\right] = 0 \tag{4.32}$$

观测器反馈矩阵 K 可以通过方程 (4.32) 求取. 首先选取最小维观测器的期望闭环极点位置 (通过将特征方程即式 (4.32) 的根配置于期望位置), 然后借用全维观测器的设计步骤.

综合以上所述, 可归纳成如下定理.

定理 4.3　设信息系统风险的时间特性可以用分块形式的状态空间表示式 (4.17)、(4.18) 描述, 若 A_{22} 和 A_{12} 满足

$$\operatorname{rank}\begin{bmatrix} A_{12} \\ A_{12}A_{22} \\ \vdots \\ A_{12}A_{22}^{(n-m)-1} \end{bmatrix} = n-m$$

则能借助 $n-m$ 维状态观测器

$$\begin{aligned} \tilde{\eta}(t+1) &= (A_{22}-KA_{12})\tilde{\eta}(t) + [(A_{22}-KA_{12})K + (A_{21}-KA_{11})]Y(t) \\ &\quad + (B_2 - KB_1)U(t) \\ \tilde{X}_2(t) &= \tilde{\eta}(t) + KY(t) \end{aligned}$$

来重构 (估计) 不可直接量测的状态 $X_2(t)$, 其重构 (估计) 值 $\tilde{X}_2(t)$ 的误差 $e(t)$ 由方程

$$e(t+1) = (A_{22}-KA_{12})e(t)$$

确定, 并可以通过选择 $(n-m)\times m$ 维矩阵 K 来任意配置 $(A_{22}-KA_{12})$ 的特征值.

例 4.2　设信息系统定义为

$$A = \begin{bmatrix} 0 & 1 & 0 \\ 0 & 0 & 1 \\ -0.5 & -0.2 & 1.1 \end{bmatrix}, \quad B = \begin{bmatrix} 0 \\ 0 \\ 1 \end{bmatrix}, \quad C = \begin{bmatrix} 0 & 1 & 0 \end{bmatrix}$$

假设只有输出 $Y(t)$ 和输入 $U(t)$ 是可直接量测的, 设计一个最小维状态观测器, 使得系统对于观测器误差的响应为无振荡的. 求解此问题可以分为以下步骤:

(1) 根据线性时不变系统的代数等价性, 将所给系统变换成由式 (4.17)、(4.18) 描述的标准形式.

在本例中, 就是要将状态向量 $X(t)$ 变换为一个新的状态向量 $\bar{X}(t)$, 使得输出矩阵 C 由 $[0\ \ 1\ \ 0]$ 变换成 $[1\ \ 0\ \ 0]$. 下面的矩阵 P 可以完成所要求的变换 (P 为非奇异阵, 在代数等价系统理论中有多种求取方法):

$$P = \begin{bmatrix} 0 & 1 & 0 \\ 1 & 0 & 0 \\ 0 & 0 & 1 \end{bmatrix}$$

定义

$$X(t) = P\bar{X}(t)$$

所给信息系统变为

$$\begin{aligned}\bar{X}(t+1) &= P^{-1}AP\bar{X}(t) + P^{-1}BU(t)\\ &= \bar{A}\bar{X}(t) + \bar{B}U(t)\\ Y(t) &= CP\bar{X}(t) = \bar{C}\bar{X}(t)\end{aligned}$$

其中

$$\bar{A} = P^{-1}AP = \begin{bmatrix} 0 & 1 & 0 \\ 1 & 0 & 0 \\ 0 & 0 & 1 \end{bmatrix}^{-1} \begin{bmatrix} 0 & 1 & 0 \\ 0 & 0 & 1 \\ -0.5 & -0.2 & 1.1 \end{bmatrix} \begin{bmatrix} 0 & 1 & 0 \\ 1 & 0 & 0 \\ 0 & 0 & 1 \end{bmatrix}$$

$$= \begin{bmatrix} 0 & 0 & 1 \\ 1 & 0 & 0 \\ -0.2 & -0.5 & 1.1 \end{bmatrix} = \begin{bmatrix} \bar{A}_{11} & \bar{A}_{12} \\ \bar{A}_{21} & \bar{A}_{22} \end{bmatrix}$$

$$\bar{B} = P^{-1}B = \begin{bmatrix} 0 & 1 & 0 \\ 1 & 0 & 0 \\ 0 & 0 & 1 \end{bmatrix}^{-1} \begin{bmatrix} 0 \\ 0 \\ 1 \end{bmatrix} = \begin{bmatrix} 0 \\ 0 \\ 1 \end{bmatrix}$$

$$\bar{C} = CP = \begin{bmatrix} 0 & 1 & 0 \end{bmatrix} \begin{bmatrix} 0 & 1 & 0 \\ 1 & 0 & 0 \\ 0 & 0 & 1 \end{bmatrix} = \begin{bmatrix} 1 & 0 & 0 \end{bmatrix}$$

将变换后的系统表示成分块矩阵的形式:

$$\begin{bmatrix} \bar{x}_1(t+1) \\ \hline \bar{x}_2(t+1) \\ \bar{x}_3(t+1) \end{bmatrix} = \left[\begin{array}{c|cc} 0 & 0 & 1 \\ \hline 1 & 0 & 0 \\ -0.2 & -0.5 & 1.1 \end{array}\right] \begin{bmatrix} \bar{x}_1(t) \\ \hline \bar{x}_2(t) \\ \bar{x}_3(t) \end{bmatrix} + \begin{bmatrix} 0 \\ \hline 0 \\ 1 \end{bmatrix} u(t)$$

$$Y(t) = \left[\begin{array}{c|cc} 1 & 0 & 0 \end{array}\right] \begin{bmatrix} \bar{x}_1(t) \\ \hline \bar{x}_2(t) \\ \bar{x}_3(t) \end{bmatrix}$$

由于只有一个状态变量 $\bar{x}_1(t)$ 是可直接测量的, 故还需重构 (估计) 两个状态变量 $\bar{x}_2(t)$ 和 $\bar{x}_3(t)$. 因此, 该最小维观测器的维数是 2.

(2) 检验可观测性矩阵 Q_o

$$Q_o = \begin{bmatrix} A_{12} \\ A_{12}A_{22} \end{bmatrix} = \begin{bmatrix} 0 & 1 \\ -0.5 & 1.1 \end{bmatrix}$$

其秩为 2, 故最小维观测器存在. 将观测器反馈增益矩阵 K 表示为

$$K = \begin{bmatrix} k_1 \\ k_2 \end{bmatrix}$$

(3) 求取最小维观测器特征方程.

特征方程为

$$\det\left[ZI - A_{22} + KA_{12}\right] = Z^2 + (k_2 - 1.1)Z - 0.5k_1 = 0$$

无振荡响应要求的特征方程是 $Z^2 = 0$, 可得

$$k_1 = 0, \quad k_2 = 1.1$$

即

$$K = \begin{bmatrix} 0 \\ 1.1 \end{bmatrix}$$

4.4 随机干扰情况下的安全风险状态估计

当必须考虑随机干扰噪声的影响时, 描述信息系统风险时间特性的数学模型应该是随机动态方程, 可以表示为

$$X(t+1) = A(t)X(t) + B(t)U(t) + W(t) \tag{4.33}$$

$$Y(t) = C(t)X(t) + \xi(t) \tag{4.34}$$

其中, $X(t) \in R^n$, $Y(t) \in R^m$, $U(t) \in R^r$; $A(t)$, $B(t)$, $C(t)$ 是适当维数的矩阵; $W(t) \in R^n$ 为策动噪声或称随机动态噪声; $\xi(t) \in R^m$ 为量测噪声, 是量测 (识别) 过程中附加的干扰噪声.

由于描述信息系统风险时间特性的数学模型是随机动态方程, 在用量测输出序列 $\{Y(t)\}$ 重构 (估计) 风险状态 $X(t)$ 的时候, 就不能简单地照搬状态观测器的设计方法, 而应该采用随机动态估计的方法对系统的风险状态进行估计. 随机动态估计方法有许多种, 例如最小均方误差估计方法、最小二乘估计方法、Wiener 滤波方法、Kalman 滤波方法等[47]. 这里我们选用 Kalman 滤波方法对信息系统的风险状态进行有效的估计 (重构).

4.4.1 基于 Kalman 滤波的安全风险状态估计

由于线性系统的叠加性, 在考虑信息系统安全风险的状态估计时, 可以不考虑控制项的影响, 这样做并不失去一般性. 于是方程 (4.33) 和 (4.34) 表示为

$$X(t+1) = A(t)X(t) + W(t) \tag{4.35}$$

$$Y(t) = C(t)X(t) + \xi(t) \tag{4.36}$$

在 n 维信息系统中, 选择可实时量测 (识别) 的 m 个点作为风险输出的检测点, 在资产识别、脆弱性识别和威胁识别的基础上, 通过计算可得 m 维风险输出向量 $Y(t)$. 适当选择量测 (识别) 周期, 对风险输出进行持续量测 (识别), 并设在 t 时刻得到量测 (识别) 数据集合 Y^t:

$$Y^t = \{\, Y(0), Y(1), \cdots, Y(t) \,\} \tag{4.37}$$

所要讨论的问题就是基于 Kalman 滤波方法, 用 Y^t 去估计风险状态 $X(t)$.

两条重要假定:

(1) $W(t) \in R^n$, $\xi(t) \in R^m$ 均为 Gauss 白噪声序列, 二者相互独立, 且

$$\left.\begin{array}{lll} W(t) \sim N(0, \Sigma_1(t)), & t = 0,1,2,\cdots; & \Sigma_1(t) \geqslant 0 \\ \xi(t) \sim N(0, \Sigma_2(t)), & t = 0,1,2,\cdots; & \Sigma_2(t) > 0 \end{array}\right\} \tag{4.38}$$

(2) 风险初始状态 $X(0)$ 与噪声独立, 且

$$X(0) \sim N(\bar{X}(0), P(0)) \tag{4.39}$$

其中 $\bar{X}(0)$, $P(0)$ 分别表示初始状态 $X(0)$ 的均值和协方差阵, 即

$$\left.\begin{array}{l} \bar{X}(0) = E\{X(0)\} \\ P(0) = E\left\{\left[X(0) - \bar{X}(0)\right]\left[X(0) - \bar{X}(0)\right]^{\mathrm{T}}\right\} \end{array}\right\} \tag{4.40}$$

用于状态估计的离散 Kalman 滤波方程是一组递推公式, 它可以由不同途径得到, 比如在最小均方误差估计的基础上直接导出、应用正交投影定理推导出来等[47], 最终结果是一样的. 满足上述假设条件的 Kalman 滤波方程为

$$\left.\begin{array}{r} \hat{X}(t) = \hat{X}(t/t-1) + K(t)\left[Y(t) - C(t)\hat{X}(t/t-1)\right] \\ \hat{X}(t/t-1) = A(t-1)\hat{X}(t-1) \\ K(t) = \hat{P}(t/t-1)C^{\mathrm{T}}(t)\left[C(t)\hat{P}(t/t-1)C^{\mathrm{T}}(t) + \Sigma_2(t)\right]^{-1} \\ \hat{P}(t/t-1) = A(t-1)\hat{P}(t-1)A^{\mathrm{T}}(t-1) + \Sigma_1(t-1) \\ \hat{P}(t) = \left[\hat{P}^{-1}(t/t-1) + C^{\mathrm{T}}(t)\Sigma_2^{-1}(t)C(t)\right]^{-1} \end{array}\right\} \tag{4.41}$$

于是, 用于风险状态估计的 Kalman 滤波系统由状态方程、量测 (识别) 方程及滤波方程组成, 分别对应于式 (4.35), (4.36) 和式 (4.41), 如图 4.4 所示.

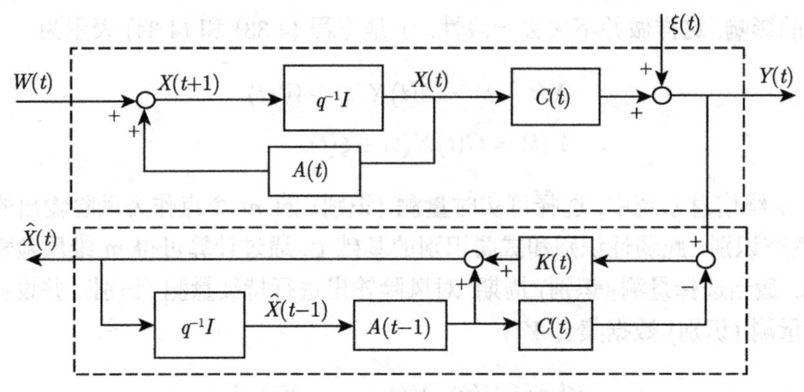

图 4.4 Kalman 滤波系统结构图

由图 4.4 可以看出, Kalman 滤波器在结构上与确定性系统的状态观测器类似, 可以认为是信息系统在随机情况下的风险状态重构. 图 4.5 给出了基于式 (4.41) 的递推算法流程图. 从状态估计的角度, 称 $\hat{X}(t/t-1)$ 为最佳一步预测, 称 $\hat{P}(t/t-1)$ 为一步预测误差协方差, 称 $K(t)$ 为最佳滤波增益, 称 $\hat{X}(t)$ 为最佳状态估计值, 称 $\hat{P}(t)$ 为估计误差协方差. 假定 $A(t)$, $C(t)$ 和 $\Sigma_1(t)$, $\Sigma_2(t)$ 均为时间 t 的已知函数, 并且 $\hat{X}(0)$, $\hat{P}(0)$ 为已知, 则按图 4.5 给出的计算流程, 并根据量测 (识别) 得到的数据集合 Y^t, 可以计算出信息系统在任意时刻的风险状态.

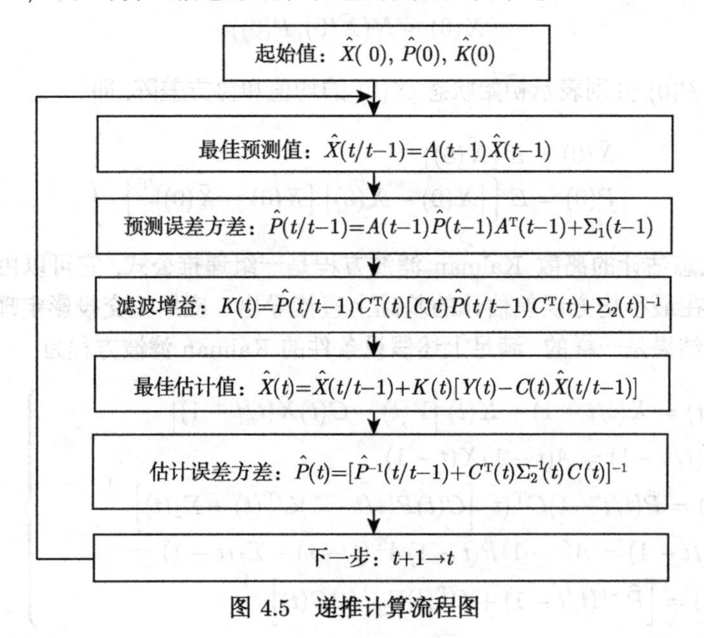

图 4.5 递推计算流程图

4.4.2 线性时不变系统情形

假定描述信息系统的随机动态模型是线性时不变的, 即

$$X(t+1) = AX(t) + W(t) \tag{4.42}$$

$$Y(t) = CX(t) + \xi(t) \tag{4.43}$$

其中 $W(t) \sim N(0, \Sigma_1)$, $\xi(t) \sim N(0, \Sigma_2)$, 为相互独立的 Gauss 白噪声过程, A, C, Σ_1, Σ_2 均为常值矩阵, 其他假设条件与前述基本 Kalman 滤波相同.

这里要讨论的, 实际上是稳态滤波问题, 即寻求某些条件, 当其满足时滤波器 (估计器) 达到稳定状态. 基于 Kalman 滤波的线性时不变系统风险状态估计只是前述基本 Kalman 滤波的一种特殊形式, 但它却是一种最常见的形式, 因此作进一步的讨论是必要的.

根据式 (4.41), 由式 (4.42), (4.43) 给出的线性时不变系统, 其风险状态的一步预测误差协方差阵满足

$$\begin{aligned}\hat{P}(t+1/t) &= A[\hat{P}^{-1}(t/t-1) + C^{\mathrm{T}}\Sigma_2^{-1}C]^{-1}A^{\mathrm{T}} + \Sigma_1 \\ &= A\left\{\hat{P}(t/t-1) - \hat{P}(t/t-1)C^{\mathrm{T}}[C\hat{P}(t/t-1)C^{\mathrm{T}} + \Sigma_2]^{-1}C\hat{P}(t/t-1)\right\} \\ &\quad \times A^{\mathrm{T}} + \Sigma_1\end{aligned} \tag{4.44}$$

在推导上式的第二步应用了矩阵反演公式.

附 矩阵反演公式.

若 A 为 $n \times n$ 维正定矩阵, 则可分解为

$$A = \begin{bmatrix} A_{11} & A_{12} \\ A_{12}^{\mathrm{T}} & A_{22} \end{bmatrix}$$

其中 A_{11}, A_{12} 都是可逆方阵. 若 $A_{11} - A_{12}A_{22}^{-1}A_{12}^{\mathrm{T}}$, $A_{22} - A_{12}^{\mathrm{T}}A_{11}^{-1}A_{12}$ 是正定的, 则

$$A^{-1} = \begin{bmatrix} (A_{11} - A_{12}A_{22}^{-1}A_{12}^{\mathrm{T}})^{-1} & -A_{11}^{-1}A_{12}(A_{22} - A_{12}^{\mathrm{T}}A_{11}^{-1}A_{12})^{-1} \\ -A_{22}^{-1}A_{12}^{\mathrm{T}}(A_{11} - A_{12}A_{22}^{-1}A_{12}^{\mathrm{T}})^{-1} & (A_{22} - A_{12}^{\mathrm{T}}A_{11}^{-1}A_{12})^{-1} \end{bmatrix}$$

成立, 并且有

$$(A_{11} - A_{12}A_{22}^{-1}A_{12}^{\mathrm{T}})^{-1} = A_{11}^{-1} + A_{11}^{-1}A_{12}(A_{22} - A_{12}^{\mathrm{T}}A_{11}^{-1}A_{12})^{-1}A_{12}^{\mathrm{T}}A_{11}^{-1}$$

$$A_{11}^{-1}A_{12}(A_{22} - A_{12}^{\mathrm{T}}A_{11}^{-1}A_{12})^{-1} = (A_{11} - A_{12}A_{22}^{-1}A_{12}^{\mathrm{T}})^{-1}A_{12}A_{22}^{-1}$$

关于线性时不变 Kalman 滤波器, 有下面的定义和定理[48].

定义 4.1 一个 Kalman 滤波器称为是时不变的, 如果存在一个 n 阶方阵 $\hat{P}$ 是式 (4.44) 的解; 称其是渐近时不变的, 如果

$$\hat{P}(t/t-1) \underset{t\to\infty}{\to} \hat{P}$$

定理 4.4 对于式 (4.42), (4.43) 描述的随机动态系统, 如果系统是渐近稳定的, 即 A 的特征值均在复平面的单位圆内, 则对于初态的任意协方差阵, Kalman 滤波器的一步预测误差协方差 $\hat{P}(t/t-1)$ 将收敛于一个常值矩阵 $\hat{P}$, $\hat{P}$ 满足如下代数 Riccati 方程:

$$\hat{P} = A\left[\hat{P} - \hat{P}C^{\mathrm{T}}(C\hat{P}C^{\mathrm{T}} + \Sigma_2)^{-1}C\hat{P}\right]A^{\mathrm{T}} + \Sigma_1 \tag{4.45}$$

而且滤波器本身是渐近稳定的. 如果系统不是渐近稳定的, 但 (A, C) 是完全可观测对, 即

$$\operatorname{rank}\begin{bmatrix} C \\ CA \\ \vdots \\ CA^{n-1} \end{bmatrix} = n$$

而且 Σ_1 可分解为

$$\Sigma_1 = HH^{\mathrm{T}}$$

(A, H) 又是完全可稳定对, 即存在一个矩阵 K_e, 使得 $(A - HK_e)$ 是稳定的, 则滤波器本身渐近稳定, 且 $\hat{P}(t/t-1)$ 收敛于 $\hat{P}, \hat{P}$ 满足于式 (4.45).

定理 4.4 的证明比较繁杂, 其基本证明过程可在韩崇昭等编著的《随机系统理论》等相关书籍中查到.

对于时不变 Kalman 滤波系统, 由于一步预测误差协方差趋于常值矩阵, 所以最佳滤波增益矩阵亦趋于常值矩阵, 即

$$K = \hat{P}C^{\mathrm{T}}[C\hat{P}C^{\mathrm{T}} + \Sigma_2]^{-1} \tag{4.46}$$

因此, 线性时不变系统安全风险状态估计的递推公式可以简化为

$$\left.\begin{aligned} \hat{X}(t) &= A\hat{X}(t-1) + K\left[Y(t) - CA\hat{X}(t-1)\right] \\ K &= \hat{P}C^{\mathrm{T}}[C\hat{P}C^{\mathrm{T}} + \Sigma_2]^{-1} \\ \hat{P} &= A[\hat{P} - \hat{P}C^{\mathrm{T}}(C\hat{P}C^{\mathrm{T}} + \Sigma_2)^{-1}C\hat{P}]A^{\mathrm{T}} + \Sigma_1 \end{aligned}\right\} \tag{4.47}$$

需要指出的是, 代数 Riccati 方程是一个非线性矩阵方程, 一般情况下它的解并不唯一, 但可以证明, 对于 $\hat{P}$ 来说, 其非负定解是唯一的. 此外, 由于 $\hat{P}$ 和 K 均

为常值矩阵, 当 A, C 及 Σ_1, Σ_2 为已知时, 可以离线一次性计算完毕, 所以线性时不变系统 Kalman 滤波器的在线计算量是很小的.

最后, 考虑一般线性时不变系统, 即考虑有控制项的情况:

$$X(t+1) = AX(t) + BU(t) + W(t) \tag{4.48}$$

$$Y(t) = CX(t) + \xi(t) \tag{4.49}$$

其中 $U(t)$ 为已知的确定性控制输入, 其他假设条件与前面完全相同. 在这种情况下, 仅仅是一步预测值发生变化, 即

$$\hat{X}(t/t-1) = A\hat{X}(t-1) + BU(t-1) \tag{4.50}$$

递推公式 (4.47) 中 $\hat{X}(t)$ 的算式变为

$$\hat{X}(t) = A\hat{X}(t-1) + BU(t-1) + K\left[Y(t) - CAX(t-1) - CBU(t-1)\right] \tag{4.51}$$

而其他算式不变.

第5章　信息系统安全风险的静态综合评估与风险熵判别方法

5.1　引　言

前面我们详细讨论了信息系统安全风险的识别与分析、确定性情况下的风险状态重构、随机情况下的风险状态估计等问题, 它们都是针对信息资产而言的, 其基本目标都是识别与估计各信息资产 (各风险点) 所面临的风险, 而没有考虑各风险域及系统整体的风险状况. 从现在开始, 我们将进一步讨论安全风险的综合评估问题, 即不但要评估各信息资产所面临的风险, 而且还要评估资产风险对各风险域及系统整体风险的影响.

本章讨论 "静态" 综合评估问题. 这里所谓的 "静态", 是指信息系统的风险状态或风险输出只与空间分布特性有关, 而不考虑随时间的动态变化情况. 在风险识别和各风险域及风险点数学描述的基础上, 重点讨论各资产要素的风险对系统各风险域及系统整体风险的影响问题. 内容包括导出安全风险的静态综合评估准则、建立随机情况下的资产要素风险概率模型、定义 "风险熵" 以揭示安全风险随系统的复杂程度而递增的客观规律等, 为分别从 "微观" "中观" "宏观" 等不同角度对信息系统的安全风险作出综合评价提供理论依据和工程实践方法.

5.2　确定性情况下的安全风险静态综合评估

5.2.1　各资产要素风险对风险域的影响

在讨论信息系统安全风险的状态模型描述时, 按照 "基于信息流保护的资源分布模型", 我们把信息系统风险的存在划分为 p 个区域: $\omega_1, \omega_2, \cdots, \omega_p$, 风险域集合族记为

$$\Omega = [\omega_1,\ \omega_2, \cdots, \omega_p] \tag{5.1}$$

并假定每个风险域均存在 n 个风险点 (对应 n 个信息资产), 其中第 i 个风险域的风险值向量用列阵 $Z(i)$ 表示:

$$Z(i) = [z_1(i),\ z_2(i), \cdots, z_n(i)]^{\mathrm{T}} \tag{5.2}$$

式中, $z_k(i)$ 为第 i 个风险域内第 k 个风险点 (对应信息资产 A_{ik}) 的风险量测 (识别) 值, 可按第 2 章给出的风险识别方法和计算步骤得到. 遍历各风险点, 即当 $k=1,2,\cdots,n$ 时, 风险值向量 $Z(i)$ 可完全确定. 如果某个风险域的风险点数小于 n, 则列阵里的一个或几个元素的值为零.

在这里, 我们假定信息资产的风险量测值 (识别值) 是确定性的, 即 $\{z_k(i)\}$ 是确定性的, 而不去考虑随机干扰噪声的影响, 因此要讨论的是确定性情况下安全风险的静态综合评估问题. 为了对风险量测 (识别) 值作归一化处理, 对每个风险点建立函数 $\chi_k(z_k(i))$, 它给出这一风险点风险的相对估值. 所有风险点相对估值的集合用列阵 $X(i)$ 表示:

$$X(i)=[\chi_1(z_1(i)),\chi_2(z_2(i)),\cdots,\chi_n(z_n(i))]^{\mathrm{T}} \tag{5.3}$$

函数 $\chi_k(z_k(i))$ 在风险变化有限范围内可取线性函数:

$$\chi_k(i)=\chi_k(z_k(i))=-p_k(i)+q_k(i)z_k(i) \tag{5.4}$$

式中, 系数

$$p_k(i)=\frac{z_{k\min}(i)}{z_{k\max}(i)-z_{k\min}(i)},\quad q_k(i)=\frac{1}{z_{k\max}(i)-z_{k\min}(i)} \tag{5.5}$$

这样, 上述函数 $\chi_k(i)$ 在 $0\leqslant\chi_k(i)\leqslant 1$ 范围内变化, 是一个下降函数, 函数下限对应着良好 (理想) 情况.

在同一风险域中各风险点 (对应的资产要素) 的风险值对该风险域总体风险的影响是不一样的, 假如每个风险点 (对应的资产要素) 风险的相对估值都给定自己的影响系数, 则这些系数可用一个行阵表示:

$$\alpha(i)=[\alpha_1(i),\ \alpha_2(i),\cdots,\alpha_n(i)] \tag{5.6}$$

第 i 个风险域风险的总相对估值记为 $r(i)$, 则有

$$r(i)=\alpha(i)X(i)=\sum_{k=1}^{n}\alpha_k(i)\chi_k(i) \tag{5.7}$$

影响系数的总和应满足条件

$$\sum_{k=1}^{n}\alpha_k(i)=1 \tag{5.8}$$

同一风险域中各风险点 (对应的资产要素) 的风险相对估值对该风险域总体风险影响的大小由影响系数 $\alpha_k(i)$ 确定, 若不能预先给出各风险点相对估值的影响系数, 可对所有风险点的影响系数取相等值:

$$\alpha_k(i)=\alpha=\frac{1}{n} \tag{5.9}$$

5.2.2 风险关联与风险合理性系数

遍历各个风险域, 当 $i=1,2,\cdots,p$ 时, 由式 (5.7) 可得整个信息系统的风险值向量 r, 它用一个列阵表示:

$$r=[\,r(1),\,r(2),\cdots,r(p)\,]^{\mathrm{T}} \tag{5.10}$$

一般说来, 同一风险特性在不同风险域中对系统总体风险的影响是不一样的; 在不同风险域中同一风险特性是相互关联的. 为了正确描述这种差异性和相互关联性, 定义风险特性在不同风险域中相对估值的影响系数, 记为 $\beta(i)$, 这些影响系数用一个行阵表示:

$$\beta=[\beta(1),\ \beta(2),\ \cdots,\ \beta(p)] \tag{5.11}$$

一般情况下, 风险族和个别风险集合都是无序的, 为了使集合有序化和确立风险特性的实现, 定义平均估值 R_j , 称为风险合理性系数 [31]:

$$R_j=\frac{\sum\limits_{i=1}^{j}[1-r(i)]\,\beta(i)}{\sum\limits_{i=1}^{j}\beta(i)}=\frac{\sum\limits_{i=1}^{j}\left[1-\sum\limits_{k=1}^{n}\alpha_k(i)\chi_k(i)\right]\beta(i)}{\sum\limits_{i=1}^{j}\beta(i)} \tag{5.12}$$

式中, $j=1,2,\cdots,p$. 平均估值 R_j 的变化范围为 $0\leqslant R_j\leqslant 1$, 系统越良好 (意味着风险越小), R_j 值越大.

如果不能预先给定任何一个风险域相对估值的影响系数和各风险点相对估值的影响系数, 则可取

$$\beta(1)=\beta(2)=\cdots=\beta(p)=1,\quad \alpha=\frac{1}{n}$$

此时风险合理性系数变为

$$R_j=\frac{\sum\limits_{i=1}^{j}\left[1-\frac{1}{n}\sum\limits_{k=1}^{n}\chi_k(i)\right]}{j} \tag{5.13}$$

为简明起见, 令

$$\nu(i)=1-r(i)=1-\sum_{k=1}^{n}\alpha_k(i)\chi_k(i) \tag{5.14}$$

则式 (5.12) 可简化为

$$R_j = \frac{\sum_{i=1}^{j} \nu(i)\beta(i)}{\sum_{i=1}^{j} \beta(i)} \tag{5.15}$$

当 $j=1,2,\cdots,p$ 时, 进一步有

$$\left.\begin{aligned} R_1 &= \nu(1) \\ R_2 &= \frac{\nu(1)\beta(1)+\nu(2)\beta(2)}{\beta(1)+\beta(2)} \\ &\cdots\cdots \\ R_p &= \frac{\nu(1)\beta(1)+\nu(2)\beta(2)+\cdots+\nu(p)\beta(p)}{\beta(1)+\beta(2)+\cdots+\beta(p)} \end{aligned}\right\} \tag{5.16}$$

上式表明, 由于 β 的引入, 将不同风险域的风险估值对系统整体风险的影响及其关联关系有机地联系在一起. 当 $j=1$ 时, 即只考虑一个风险域时, 无论 β 为何值, 都不存在任何关联关系; 当 $j \geqslant 2$ 时, 即考虑两个或两个以上风险域时, 这种关联关系就明显地反映出来.

5.2.3 基本风险集与风险评估准则

对不同的网络环境, 系统所面临的风险量是不一样的, 网络环境越复杂, 系统所面临的风险越大. 在工程实践中, 为了确定风险合理性系数, 可以根据系统所面临的最少风险量来确定, 也可以根据某一个对应的基本系统的风险量来确定.

假定系统存在最小风险 (对应基本系统), 那么基本系统的风险域集合可设为 Ω_{p_0}, 称为基本风险集:

$$\Omega_{p_0} = [\omega_1\ ,\ \omega_2\ ,\ \cdots\ ,\ \omega_{p_0}] \tag{5.17}$$

对于基本风险集, 系统风险的平均估值为

$$R_{p_0} = \frac{\sum_{i=1}^{p_0} \nu(i)\beta(i)}{\sum_{i=1}^{p_0} \beta(i)} \tag{5.18}$$

增加一个风险集, 即 $\Omega_{p_0+1} = [\omega_1,\cdots,\omega_{p_0},\omega_{p_0+1}]$ 时, 系统风险的平均估值变为

$$R_{p_0+1} = \frac{\sum_{i=1}^{p_0+1} \nu(i)\beta(i)}{\sum_{i=1}^{p_0+1} \beta(i)} = \frac{R_{p_0} + \nu(p_0+1)\beta(p_0+1)/\sum_{i=1}^{p_0}\beta(i)}{1+\beta(p_0+1)/\sum_{i=1}^{p_0}\beta(i)} \tag{5.19}$$

系统的风险指标增量为

$$\Delta R_1 = R_{p_0+1} - R_{p_0} = \frac{\beta(p_0+1)\left[\nu(p_0+1) - R_{p_0}\right]}{\beta(p_0+1) + \sum\limits_{i=1}^{p_0} \beta(i)} \tag{5.20}$$

下列不等式是满足技术上增加一个风险集的条件:

$$\left.\begin{aligned} &\Delta R_1 > 0 \\ &\nu(p_0+1) > R_{p_0} \end{aligned}\right\} \tag{5.21}$$

上述条件表明, 当增加一个风险集时, 若 $\nu(p_0+1)$ 取值很大, ΔR_1 取正值, 则系统良好, 面临的安全风险可接受; 若 $\nu(p_0+1)$ 取值很小 (意味着风险大), ΔR_1 取负值, 则系统变坏, 面临的风险不可接受, 必须增加风险控制措施.

在增加 ℓ 个风险集的一般情况下, 即 $\Omega_{p_0+\ell} = [\omega_1, \cdots, \omega_{p_0}, \cdots, \omega_{p_0+\ell}]$ 时, 系统风险平均估值的表达式为

$$R_{p_0+\ell} = \frac{R_{p_0} + \sum\limits_{i=p_0+1}^{p_0+\ell} \nu(i)\beta(i) \Big/ \sum\limits_{i=1}^{p_0} \beta(i)}{1 + \sum\limits_{i=p_0+1}^{p_0+\ell} \beta(i) \Big/ \sum\limits_{i=1}^{p_0} \beta(i)} \tag{5.22}$$

系统的风险指标增量为

$$\Delta R_\ell = R_{p_0+\ell} - R_{p_0} = \frac{\sum\limits_{i=p_0+1}^{p_0+\ell} \nu(i)\beta(i) - R_{p_0} \sum\limits_{i=p_0+1}^{p_0+\ell} \beta(i)}{\sum\limits_{i=p_0+1}^{p_0+\ell} \beta(i) + \sum\limits_{i=1}^{p_0} \beta(i)} \tag{5.23}$$

下列不等式是满足技术上增加 ℓ 个风险集的条件:

$$\left.\begin{aligned} &\Delta R_\ell > 0 \\ &\sum_{i=p_0+1}^{p_0+\ell} \left[\nu(i) - R_{p_0}\right] \beta(i) > 0 \end{aligned}\right\} \tag{5.24}$$

为了使每增加一个风险集时风险指标的增量均为正值, 不等式可采用更 “强” 的条件, 即

$$\nu(i) - R_{p_0} > 0, \quad i = p_0+1, \cdots, p_0+\ell \tag{5.25}$$

如果“强”条件不能满足, 可把风险指标增量相应地分为两类不等式 $(\nu(i)-R_{p_0})>0$ 和 $(\nu(i)-R_{p_0})<0$, 则满足技术上实现增加 ℓ 个风险集的条件将变成不等式:

$$\sum_{i=p_0+1}^{p_0+\ell_1}[\nu(i)-R_{p_0}]\beta(i)>\sum_{i=p_0+\ell_1+1}^{p_0+\ell}[R_{p_0}-\nu(i)]\beta(i) \tag{5.26}$$

根据式 (5.23), 风险指标增量可以用已实现的增加 ℓ 个风险值的线性函数来表示, 即

$$\Delta R_\ell=-K_\ell+k\sum_{i=p_0+1}^{p_0+\ell}\nu(i)\beta(i) \tag{5.27}$$

式中

$$K_\ell=R_{p_0}\sum_{i=p_0+1}^{p_0+\ell}\beta(i)\Bigg/\sum_{i=1}^{p_0+\ell}\beta(i),\quad k=1\Bigg/\sum_{i=1}^{p_0+\ell}\beta(i)$$

所有风险集的风险等值时, 系数变为

$$K_\ell=\frac{\ell}{p_0+\ell}R_{p_0},\quad k=\frac{1}{p_0+\ell}$$

在判断增加风险集对系统总体风险的影响时, 常常感到先验信息的不足, 对线性关系 (5.27) 来讲, 认为系数 K_ℓ 比 $\sum_{i=p_0+1}^{p_0+\ell}\nu(i)\beta(i)$ 具有更大的可信度, 在信息不确切的情况下, 对后者的估值往往是随机的.

5.2.4 静态综合评估算法步骤

前面通过引入风险域及风险点相对估值的影响系数, 对不同风险域中风险的关联性进行了探讨, 并通过定义“基本风险集”与“风险合理性系数”, 导出了信息系统安全风险的静态综合评估准则. 以此为基础, 下面通过一个示例, 进一步给出综合评估的具体计算步骤, 为信息安全风险评估的工程实践提供可参照的依据.

设信息系统风险的存在可以划分为六个区域, 即

$$\Omega=[\omega_1,\ \omega_2,\ \cdots,\ \omega_6]$$

按照第 2 章给出的风险识别方法和步骤, 对该信息系统进行风险识别与分析, 所得结果如表 5.1 所示.

表 5.1 风险识别结果一览表

k \ $z_k(i)$ \ i	1	2	3	4	5	6
1	4	9	3	11	5	7
2	3	0	5	8	2	0
3	1	7	2	0	6	12

其中, 每个风险域均有 3 个风险点; 前 4 个风险域代表基本系统, 所对应的风险为基本风险; 5 和 6 两个区域为增加的风险域. 系统的基本风险为可接受的风险. 现在的问题是, 当增加一个或两个风险域时, 系统所面临的总体风险是否仍然可接受? 回答和解决这个问题可以分为以下步骤:

(1) 参照式 (5.4) 和式 (5.5), 将表 5.1 的风险识别值 $z_k(i)$ 作归一化处理, 即计算 $x_k(i)$ 的值, 归一化处理的结果如表 5.2 所示;

表 5.2 归一化处理后的风险值

k \ $x_k(i)$ \ i	1	2	3	4	5	6
1	1	1	0.33	1	0.75	0.58
2	0.67	0	1	0.73	0	0
3	0	0.78	0	0	1	1

(2) 根据用户经验, 专家估计或其他权值确定方法确定风险域及各风险点相对估值的影响系数, 如表 5.3 所示;

表 5.3 风险域及风险点相对估值的影响系数

k \ $\alpha_k(i)$ \ i	1	2	3	4	5	6
1	0.5	0.6	0.3	0.6	0.4	0.5
2	0.4	0	0.5	0.4	0.2	0
3	0.1	0.4	0.2	0	0.4	0.5
$\beta(i)$	3	2	1	2	1	1

(3) 按式 (5.14) 计算各风险域风险的相对估计值 $\nu(i)$, 所得结果如表 5.4 所示;

表 5.4 各风险域风险的总相对估值

i	1	2	3	4	5	6
$\nu(i)$	0.23	0.09	0.40	0.11	0.30	0.21

(4) 按式 (5.18) 计算系统基本风险的平均估值 R_{p_0}:

$$R_{p_0} = R_4 = \sum_{i=1}^{4} \nu(i)\beta(i) \Big/ \sum_{i=1}^{4} \beta(i) = 0.19$$

(5) 按式 (5.19), (5.20) 以及式 (5.22), (5.23) 计算风险指标增量 ΔR_1 和 ΔR_2:

$$\Delta R_1 = R_{p_0+1} - R_{p_0} = R_5 - R_4 = 0.20 - 0.19 = 0.01$$

$$\Delta R_2 = R_{p_0+2} - R_{p_0} = R_6 - R_4 = 0.20 - 0.19 = 0.01$$

(6) 按不等式 (5.21), (5.24) 或式 (5.25), (5.26) 判断技术上是否满足增加风险集的条件. 由于 $\Delta R_1 > 0$, $\Delta R_2 > 0$, 且 $v(5) - \Delta R_4 > 0$, $\nu(6) - \Delta R_4 > 0$, 所以技术上满足增加一个或两个风险集的条件. 增加风险集后, 系统所面临的总体风险仍然可以接受.

5.3 风险评估中的概率模型与风险熵评判方法

在第 2 章讨论 "信息系统安全风险的识别与分析" 过程中, 大量引用了 "GB/T20984-2007 信息安全风险评估规范" 的内容[19]. 作为中华人民共和国国家标准, GB/T20984(以下简称 "标准") 提出了信息系统安全风险评估的基本概念、要素关系、分析原理、实施流程和评估方法, 以及风险评估在信息系统生命周期不同阶段的实施要点和工作形式, 为最大限度保障信息安全提供了可供实际操作的依据.

"标准" 在资产识别和分类的基础上, 按照机密性、完整性和可用性三个安全属性的达成程度对信息资产进行赋值, 并根据赋值大小划分资产重要性等级; 对资产面临的威胁状况和存在的脆弱性程度进行识别并赋值; 根据威胁频率和资产脆弱性程度计算安全事件发生的可能性; 根据资产价值和资产脆弱性程度计算安全事件发生造成的损失; 根据安全事件发生的可能性和安全事件损失计算资产的安全风险值, 并进行等级化处理. 其中的具体方法和计算步骤在前面的相关章节中已有详细讨论, 这里不再重述.

"标准" 给出的信息安全风险评估流程、评估方法和评估结果都是针对构成系统的各资产要素而言的, 缺乏对信息系统各风险域及系统整体风险的描述与评价. 5.2 节就是在 "标准" 的基础上进一步讨论了对信息系统各风险域及系统整体风险的综合评估问题, 其中假设条件是各信息资产的风险量测 (识别) 值$\{z_k(i)\}$是确定性的. 本节将继续在 "标准" 的基础上, 讨论各信息资产的风险量测 (识别) 值$\{z_k(i)\}$为随机变数时, 对信息系统各风险域及系统整体风险的综合评估问题. 先建立各信息资产安全风险的概率分布模型, 进而将熵的概念引入信息安全领域, 通过定义 "风险熵", 以定量描述各风险域及系统整体风险状态的不确定性程度, 揭示安全风险随系统的复杂程度而递增的规律, 对随机性情况下基于 "标准" 的安全风险评估和系统整体风险的评价进行理论归纳.

5.3.1 信息资产安全风险的概率模型

设信息系统风险的存在仍然划分为 p 个风险域, 每个风险域内均有 N 个风险点, 其中第 i 个风险域的第 k 个风险点所包含的资产要素记为 A_{ik}. 按照 "标准" 给出的风险识别方法和计算步骤, 得到资产 A_{ik} 的风险值 $z_k(i)$ 均取正整数, 且在 1~25, 即 $1 \leqslant z_k(i) \leqslant 25$; 根据 $z_k(i)$ 值的大小, 将资产面临的风险划分为五个等级,如表 5.5 所示.

表 5.5 信息资产风险等级对照表

风险值 $z_k(i)$	1～6	7～12	13～18	19～23	24～25
风险等级	1	2	3	4	5

由表 5.5 知, $z_k(i)$ 值越大, 资产 A_{ik} 面临的风险越大, 风险等级越高; $z_k(i)$ 值越小, 资产 A_{ik} 面临的风险越小, 风险等级越低.

由于网络环境的不确定性、各评估人员的认知差异、安全措施的合理性程度等因素, 按照 "标准" 要求对信息系统安全风险进行周期性自评估或委托评估时, 对同一风险点 (对应资产 A_{ik}) 的不同评估周期所得到的风险值是不可能完全一样的, 会有差异性. 这种差异性事先不能完全确定, 因此 $z_k(i)$ 归根到底是一个随机变数, 需要用概率或随机的方法对它的特性进行描述与分析.

对资产 A_{ik} 进行第 n 次评估所得的风险值记为 $z_k^{(n)}(i)$, 当 $n=1,2,\cdots$ 时, 得到风险值数列 $\{z_k^{(n)}(i)\}$, 它是一个随机数列, 具有如下特点:

(1) $z_k^{(n)}(i)\in R, R=\{1,2,\cdots,25\}$, 都取正整数为值, 并且与评估的时间间隔 (周期长度) 有关;

(2) $z_k^{(n)}(i)$ 取值的频率, 只与评估周期长度有关, 而与从哪个时刻算起没有什么关系, 即 $z_k^{(n)}(i)$ 取值的概率分布具有平稳性, 不会因时间的推移而发生改变;

(3) 在任意一个不相重叠的评估周期上, 所获得的 $z_k^{(n)}(i)$ 值均落在集合 $\mathbf{R}$ 上, 且数列 $\{z_k^{(n)}(i)\}$ 是相互独立的.

根据概率统计的一般知识, 具有上述特点的随机数列 $\{z_k^{(n)}(i)\}$ 可以用 Poisson 分布进行研究与处理[39].

综合以上所述, 可以归纳成如下定理.

定理 5.1 当资产 A_{ik} 安全风险的评估次数 $n=1,2,\cdots,25,\cdots$ 时, 所得到的风险值数列 $\{z_k^{(n)}(i)\}$ 的概率分布可以用 Poisson 分布予以描述, 即

$$P_{ik}(z_k^{(n)}(i)=R_n)=\frac{\lambda^{R_n}}{R_n!}e^{-\lambda} \tag{5.28}$$

式中, $R_n\in\mathbf{R}$, 为第 n 次评估时 $z_k^{(n)}(i)$ 的取值; $\mathbf{R}=\{1,2,\cdots,25\}$, λ 是常数, P_{ik} 为 $z_k^{(n)}(i)$ 取值为 R_n 的概率.

下面计算 $z_k^{(n)}(i)$ 的数学期望值. 由于 $z_k^{(n)}(i)$ 是服从 Poisson 分布的离散型随机变数, 因此其数学期望应满足下式:

$$E(z_k^{(n)}(i))=\sum_{R_n=1}^{25}R_nP_{ik}=\lambda \tag{5.29}$$

其中 P_{ik} 满足

$$P_{ik} \geqslant 0, \quad \sum_{R_n=1}^{25} P_{ik}(R_n) = 1 \tag{5.30}$$

假定 $z_k^{(n)}(i)$ 的取值是等概率的, 即 $P_{ik}(R_n) = \dfrac{1}{25}$, 当 $R_n = 1, 2, \cdots, 25$ 时, 由式 (5.29) 可得

$$Ez_k^{(n)}(i) = \lambda = 13 \tag{5.31}$$

实际情况等概率的假设并不成立, 因为 $z_k^{(n)}(i)$ 的取值的概率应满足式 (5.28). 但无论何种情况, 就其数学期望而言均应满足式 (5.29) 和式 (5.30), 因此 $\lambda = 13$ 是确定的.

当 $\lambda = 13$, $R_n = 1, 2, \cdots, 25$ 时, 由式 (5.28) 可得 $z_k^{(n)}(i)$ 分布的概率函数图如图 5.1 所示.

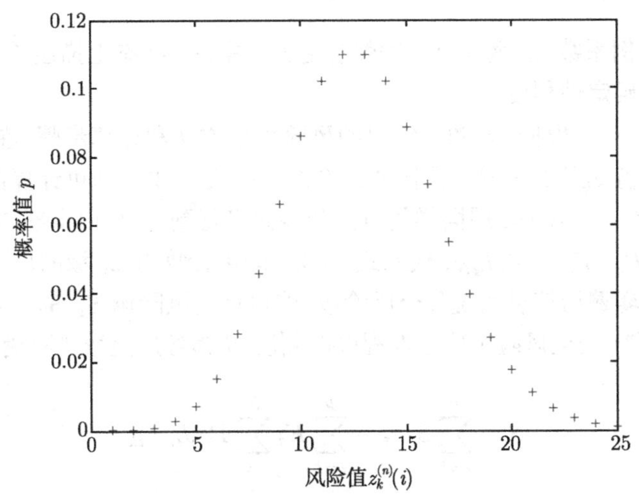

图 5.1 $z_k^{(n)}(i)$ 分布概率函数图

可以看出, 对资产 A_{ik} 而言, 发生安全风险的最大可能性在 $z_k^{(n)}(i)$ 的数学期望值 λ 附近, 发生低等级风险和发生高等级风险的可能性都比较小. 这符合自然界和人类社会大多数风险事件产生的客观规律.

5.3.2 风险熵: 信息系统安全风险递增规律

熵的概念最早是由 Clausius (1865 年) 提出的, 以后 Boltzmann 从热力学和统计物理学相联系的角度, 讨论了熵的统计物理形式; 再以后 Shannon (1948 年) 将熵的概念引入信息领域, 用 "信息熵" 作为衡量信息紊乱程度的测度. 随着科学技术的发展, 熵的概念被广泛应用到其他领域, 成为一个基本的科学概念[50].

可以认为熵的概念是从整体 (“宏观”) 上反映系统在 “微观” 状态上的不确定性程度. 信息系统是一个复杂的巨系统, 始终工作在不确定的风险状态之中. 显然, 系统整体 (“宏观”) 安全风险的不确定性取决于构成系统的各资产要素风险状态的不确定性. 因此, 将熵的概念引入信息安全领域, 通过定义 “风险熵”, 作为从整体 (“宏观”) 上定量描述系统在 “微观” 风险状态上不确定性程度的测度, 从而揭示安全风险随信息系统复杂程度而递增的规律, 就成为信息安全风险评估面临的重要研究课题.

设信息系统风险域集合族为 $\Omega = [\omega_1, \omega_2, \cdots, \omega_p]$, 每个风险域均有 N 个风险点, 其中第 i 个风险域 ω_i 内第 k 个风险点 (对应资产 A_{ik}) 发生风险的概率为 P_{ik}, 则系统在 ω_i 域 (“中观”) 风险状态的不确定性可以用如下熵函数描述:

$$S_i = -K_i \sum_{k=1}^{N} P_{ik} l_n P_{ik} \tag{5.32}$$

式中, K_i 为比例系数; S_i 称为 “风险熵”, 它从 “中观” 状态上描述了 N 个 “微观” 风险状态的不确定性程度.

对于资产 A_{ik}, 根据 “标准” 给出的风险识别方法和计算步骤, 在第 n 次评估中得到的风险值 $z_k^{(n)}(i) = R_n$, 再根据式 (5.28) 和式 (5.31), 即可计算出风险概率值 P_{ik}; 当 $k = 1, 2, \cdots, N$ 时, 用同样的方法和步骤可得到 ω_i 域内全部 N 个风险点的风险概率值: $P_{i1}, P_{i2}, \cdots, P_{iN}$, 代入式 (5.32) 即可计算出 ω_i 域的风险熵 S_i. 按照上述方法和步骤遍历信息系统各个风险域, 即可得到风险熵 $S_1, S_2, \cdots, S_p$. 信息系统整体 (“宏观”) 安全风险不确定性程度的测度 S 为各风险域风险熵之和, 即

$$S = \sum_{i=1}^{p} S_i = -\sum_{i=1}^{p} K_i \sum_{k=1}^{N} P_{ik} L_n P_{ik} \tag{5.33}$$

假定各风险点 (对应的资产要素) 的风险是在相互独立的情况下产生的, 对各风险域及系统整体风险的影响也是相互独立的, 那么风险熵就描述了各风险域以及整个信息系统所面临的平均风险量的大小. 由于 $0 \leqslant P_{ik} \leqslant 1$, 根据熵的定义式 (5.32), 始终有 $S_i \geqslant 0$. 对于风险熵, 有下面的最大熵定理.

定理 5.2 当各风险点发生风险的概率相等, 且

$$P_{ik} = \frac{1}{e} \tag{5.34}$$

时, S_i 和 S 达到最大值, 并且有

$$S_{i\max} = \frac{K_i N}{e} \tag{5.35}$$

$$S_{\max} = \frac{N}{e}\sum_{i=1}^{p} K_i \tag{5.36}$$

证明 令 $S_{ik} = P_{ik}L_nP_{ik}$, 由于函数 S_{ik} 的最小值点在 $\left(\frac{1}{e}, -\frac{1}{e}\right)$ 处, 所以当 $P_{ik} = \frac{1}{e}$ 时, $-S_{ik}$ 有最大值 $\frac{1}{e}$, 即

$$\left.\begin{aligned} &P_{ik} = \frac{1}{e} \\ &-S_{ik\max} = -P_{ik}L_nP_{ik} = \frac{1}{e} \end{aligned}\right\} \tag{5.37}$$

当信息系统各风险点发生风险的概率相等时, 将式 (5.37) 代入式 (5.32) 即可得式 (5.35), 再根据式 (5.33) 即可得到式 (5.36). 定理得证.

由式 (5.33), (5.36) 可知, 比例系数 K_i 刚好描述了不同风险域的平均风险量对系统整体风险的影响程度, 需要在评估过程中予以确定. 显然有不等式

$$S_i \leqslant \frac{K_iN}{e} \tag{5.38}$$

$$S \leqslant \frac{N}{e}\sum_{i=1}^{p} K_i \tag{5.39}$$

当且仅当 $k = 1, 2, \cdots, N$ 均满足 (5.34) 时等号成立.

信息系统的复杂程度是随风险域数的增多以及各风险域资产要素的增多而增加的. 由式 (5.32), (5.33) 以及式 (5.35), (5.36) 知, 系统越复杂, 即 N 和 p 越大, 则 S_i 和 S 的值越大, 亦即系统所面临的风险越大. 也就是说, 信息系统的安全风险是随系统复杂程度的增加而递增的.

例 5.1 考察表 5.1 所给出的某信息系统风险识别与分析的结果, 该系统一共划分为六个风险域：$(\omega_1, \omega_2, \omega_3, \omega_4, \omega_5, \omega_6)$, 每个风险域均有三个风险点, 其中 $(\omega_1, \omega_2, \omega_3, \omega_4)$ 代表基本系统, 所对应的风险为基本风险, (ω_5, ω_6) 为增加的两个风险域. 现在, 考虑到不确定性因素的影响, 假定表 5.1 中所列 $z_k(i)$ 均为随机变数, 它们取值的概率为 p_{ik}, 可由式 (5.28), (5.31) 计算, 所得结果如表 5.6 所示.

表 5.6 风险识别结果概率分布一览表

k \ p_{ik} \ i	1	2	3	4	5	6
1	2.69×10^{-3}	6.61×10^{-2}	8.28×10^{-4}	10.15×10^{-2}	6.69×10^{-3}	2.81×10^{-2}
2	8.28×10^{-4}	2.26×10^{-6}	6.99×10^{-3}	4.57×10^{-2}	1.91×10^{-4}	2.26×10^{-6}
3	2.94×10^{-5}	2.81×10^{-2}	1.91×10^{-4}	2.26×10^{-6}	1.52×10^{-2}	10.99×10^{-2}
K_i	3	2	1	2	1	1

在表 5.6 中, 最后一行 K_i 为定义式 (5.32) 中的比例系数, 等同于各风险域相对估值的影响系数 $\beta(i)$. 由式 (5.32) 可以计算出各个风险域的风险熵为

$$(S_1, S_2, S_3, S_4, S_5, S_6) = (0.066, 0.560, 0.042, 0.746, 0.100, 0.343)$$

基本系统的总体熵值记为 S_{4o}, 即

$$S_{4o} = \sum_{i=1}^{4} S_i \; = \; 1.414$$

根据信息系统业务应用的安全需求, 假定基本系统所面临的基本风险是可接受的风险, 并且只要系统的风险熵 $S \leqslant 2$, 信息系统所面临的总体风险就可以接受. 当增加风险集 ω_5 和 ω_6 时, 系统的风险熵将增加, 变为

$$S = S_{4o} + S_5 + S_6 = 1.857$$

由于 $S = 1.857 < 2$, 所以增加两个风险集以后, 系统所面临的总体风险仍然可以接受.

5.3.3 几条重要结论

综合前面所述, 可以得出以下几条重要结论:

(1) 按照 "标准" 给出的信息安全风险评估方法和计算步骤, 得到信息系统的各风险点 (对应的资产要素) 的风险评估值, 其概率分布可以用 Poisson 分布予以描述, 风险概率值由式 (5.28), (5.31) 计算得到.

(2) 将计算得到的各风险域每个风险点的风险概率值代入 (5.32)、(5.33) 便可得到各个风险域以及整个信息系统的风险熵. 熵值越大, 系统的风险等级越高; 熵值越小, 系统的风险等级越低.

(3) 信息系统的风险域数越多, 各风险域资产要素越多, 系统越复杂; 信息系统的风险熵恰好揭示了安全风险随系统的复杂程度而递增的规律.

(4) 通过建立基于 "标准" 的风险概率模型和定义风险熵, 可以分别从 "微观"、"中观" 和 "宏观" 的角度对信息系统的安全风险做出综合评价.

第 6 章　信息系统安全风险的动态综合评估与最大熵判别准则

6.1　引　言

在第 5 章讨论了信息系统安全风险的静态综合评估问题, 并在 “确定性” 和 “随机性” 两种不同情况下的安全风险静态综合评估问题进行了详细的分析和讨论. 本章将进一步讨论信息系统安全风险的 “动态” 综合评估问题. 这里所说的 “动态评估”, 是指在对信息系统的安全风险进行评估的时候, 除了考虑安全风险的空间分布特性以外, 还要考虑安全风险的时间分布特性, 重点讨论安全风险随时间的变化规律问题.

首先, 从整体 (“宏观”) 角度考虑, 通过定义 “风险强度”, 建立 “基于安全属性” 的信息系统安全风险时间分布模型, 并给出风险概率的理论分布; 接着建立 “基于信息资产” 的信息系统安全风险的时间分布模型, 以定量描述安全风险在系统 “微观” 层次上的时间分布特性, 并通过定义 “安全熵”, 从 “宏观” 层次上定量描述系统在 “微观” 安全状态上的不确定性程度, 揭示信息系统安全性随时间而递减的规律; 最后在详细分析安全性递减规律的基础上, 导出基于安全熵的安全风险综合评估准则: “最大熵判别准则”, 并给出信息系统安全工作时间的计算方法.

6.2　基于安全属性的信息系统风险概率模型及基本特征

6.2.1　基于安全属性的信息系统安全风险概率描述

在工程实践中, 人们很难预料风险在什么时间、什么部位发生, 也就是说, 安全风险的产生是随机的、不确定的. 因此, 用概率的或随机的方法描述系统的风险特征, 就成为研究信息系统安全风险的一种重要手段 [40].

从安全保护的角度考虑, 信息系统的安全性概率定义为 [51]：在所要求的工作时间内, 系统在获取、存储、处理、集散和传输过程中保持信息完整、真实、可用、不可否认和不被泄露的概率.

针对信息内容本身而言, 一般采用三项具体指标, 即机密性、完整性和可用性三项安全属性指标. 它们分别定义如下:

机密性. 在所要求的时间内, 数据信息仅仅被授权者使用的概率.

完整性. 数据信息在存储、处理、集散和传输过程中不被修改、删除、破坏和丢失的概率.

可用性. 合法用户能够访问并按权限使用数据信息资源的概率.

设信息系统的机密性概率为 P_1, 完整性概率为 P_2, 可用性概率为 P_3, 则信息系统总的安全性概率 P 可以表示为

$$P = f(P_1,\ P_2,\ P_3) \tag{6.1}$$

再设系统总的风险概率为 q, 则有关系

$$q = 1 - P = 1 - f(P_1,\ P_2,\ P_3) \tag{6.2}$$

信息系统安全保护的目标, 是在所要求的工作时间内, 将风险控制在人们可接受的范围之内, 以保证系统工作在正常状态. 系统的工作时间越短, 发生风险的可能性越小; 系统的工作时间越长, 发生风险的可能性越大. 系统的安全工作时间是一个随机量, 随机量较全面的特征是它的分布律. 安全工作时间的分布函数以及统计矩就是安全性的时间特性. 安全性是分布 (分布律) 的积分函数, 也就是概率 $P(t)$, t 的变化范围限制在 $0 \leqslant t \leqslant \infty$ 之内. 通常认为, 在 $t = 0$ 时, 系统是安全的, 所以初值 $P(0) = 1$. 在研究信息系统安全风险的理论规律时, 应该考虑到安全性概率的极限值等于零, 即 $P(\infty) = 0, P(t)$ 是一个降函数.

风险概率同样是分布的积分函数, 也就是概率 $q(t)$. 初始值 $q(0) = 0$, 这意味着在 $t = 0$ 时刻, 系统安全地处于正常工作状态. 风险概率的极限值等于 1, 即 $q(\infty) = 1, q(t)$ 是一个非降函数.

函数 $q(t)$ 的导数给出分布的微分函数或风险概率密度

$$\mu(t) = \frac{dq(t)}{dt} \tag{6.3}$$

假如风险概率密度 $\mu(t)$ 为已知, 就可以按照众所周知的概率理论, 即分布律与密度函数之间的关系式确定风险概率 $q(t)$ 和安全性概率 $P(t)$:

$$q(t) = \int_0^t \mu(\tau)d\tau \tag{6.4}$$

$$P(t) = 1 - \int_0^t \mu(\tau)d\tau = \int_t^\infty \mu(\tau)\ d\tau \tag{6.5}$$

定义风险强度:

$$\eta(t) = \frac{\mu(t)}{P(t)} \tag{6.6}$$

式中, $\eta(t)$ 表示信息系统处于安全工作条件下, 在 t 时刻发生安全风险的“瞬时”频率. 由此容易导出 $\eta(t)$ 与 $q(t)$ 和 $P(t)$ 之间有如下一些关系:

$$\eta(t)=\frac{1}{1-q(t)}\frac{dq(t)}{dt}=-\frac{1}{P(t)}\frac{dP(t)}{dt} \tag{6.7}$$

$$P(t)=\exp\left[-\int_0^t \eta(\tau)d\tau\right],\quad \eta(\tau)\geqslant 0 \tag{6.8}$$

$$q(t)=1-\exp\left[-\int_0^t \eta(\tau)d\tau\right],\quad \eta(\tau)\geqslant 0 \tag{6.9}$$

式 (6.8), (6.9) 表明, 当风险强度 $\eta(t)=0$ 时, $P(t)=1, q(t)=0$, 系统始终安全地工作; 当风险强度 $\eta(t)>0$ 时, 系统发生风险的可能性将按指数规律增加, 安全性下降.

从工程应用的角度看, 风险强度是更为方便的特征. 知道了风险强度, 就可以计算出安全性概率, 从而也就知道了风险概率和风险概率密度函数.

上述对信息系统整体安全风险的概率描述方法, 完全可以引申到对系统安全属性指标的描述上, 设机密性风险概率为 q_1, 完整性风险概率为 q_2, 可用性风险概率为 q_3, 则它们的风险概率密度函数为

$$\mu_i(t)=\frac{dq_i}{dt}=-\frac{dP_i(t)}{dt},\quad i=1,2,3 \tag{6.10}$$

假如 $\mu_i(t)$ 为已知, 则有关系

$$q_i(t)=\int_0^t \mu_i(\tau)d\tau,\quad i=1,2,3 \tag{6.11}$$

$$P_i(t)=1-\int_0^t \mu_i(\tau)d\tau=\int_t^\infty \mu(\tau)d\tau,\quad i=1,2,3 \tag{6.12}$$

定义安全属性指标面临的风险强度:

$$\eta_i(t)=\frac{\mu_i(t)}{P_i(t)},\quad i=1,2,3 \tag{6.13}$$

则进一步有

$$P_i(t)=\exp\left[-\int_0^t \eta_i(\tau)d\tau\right],\quad i=1,2,3 \tag{6.14}$$

$$q_i(t)=1-\exp\left[-\int_0^t \eta_i(\tau)d\tau\right],\quad i=1,2,3 \tag{6.15}$$

上述关于机密性、完整性和可用性三个安全属性的概率描述, 是假定它们各自面临的风险是在相互独立的情况下产生的, 如果要考虑风险发生过程中的相互关

联, 则问题要复杂得多. 三个安全属性指标对系统总体风险的影响, 由式 (6.1), (6.2) 中的函数 f 予以确定. 如果各安全属性指标对系统总体风险的影响也是相互独立的, 则式 (6.1), (6.2) 变成

$$P = \prod_{i=1}^{3} P_i \tag{6.16}$$

$$q = 1 - P = 1 - \prod_{i=1}^{3} P_i \tag{6.17}$$

考虑到式 (6.14), (6.15), 上述式子可进一步写成

$$P(t) = \exp\left[-\int_0^t \sum_{i=1}^{3} \eta_i(\tau)\, d\tau\right] \tag{6.18}$$

$$q(t) = 1 - P(t) = 1 - \exp\left[-\int_0^t \sum_{i=1}^{3} \eta_i(\tau)\, d\tau\right] \tag{6.19}$$

系统面临的总风险强度 $\eta(t)$ 等于各安全属性面临的风险强度之和:

$$\eta(t) = \sum_{i=1}^{3} \eta_i(t) \tag{6.20}$$

6.2.2 安全风险概率的理论分布

信息系统的安全风险概率必须根据统计数据来评定. 利用这些数据, 在可接受的风险范围内确定系统安全工作时间的理论分布规律, 从而也就确定了系统的风险概率. 例如, 若系统安全时间间隔分布是指数函数, 则我们就说信息系统安全性概率分布服从指数分布. 也可以假定安全性概率服从 Poisson 分布、Gauss 分布、均匀分布、Weibull 分布等, 至于究竟使用何种分布, 要在工程实践中通过大量的试验数据, 用统计的方法加以确定.

由式 (6.6)~(6.9), 很容易导出服从指数分布的信息系统安全风险概率的基本特征是

安全性概率: $P(t) = e^{-\eta t}$, $\eta = \text{Const}$.

风险概率: $q(t) = 1 - e^{-\eta t}$.

风险概率密度: $\mu(t) = \eta e^{-\eta t}$.

风险强度: $\eta(t) = \eta = \text{Const}$.

对于指数分布, 初始值满足: $P(0) = 1$, $q(0) = 0$, 而平均安全工作时间 T 为风险强度的倒数

$$T = \int_0^\infty e^{-\eta t} dt = \frac{1}{\eta} \tag{6.21}$$

需要注意的是, T 和 η 之间的这种简单关系仅对指数分布是正确的.

服从 Weibull 分布的信息系统安全风险概率的基本特征如下：

安全性概率：$P(t)=e^{-t^{\nu}/T_1}$, ν 和 T_1 是该分布的参数.

风险概率：$q(t)=1-e^{-t^{\nu}/T_1}$.

风险概率密度：$\mu(t)=\dfrac{\nu t^{\nu-1}}{T_1}e^{-t^{\nu}/T_1}$.

风险强度：$\eta(t)=\dfrac{\nu t^{\nu-1}}{T_1}$.

在 $\nu=1$ 的特殊情况下, Weibull 分布转变成指数分布, 此时 $T_1=T$, 为平均安全工作时间. 当 $\nu>1$ 时, 风险强度为上升函数. 风险强度的变化与 ν 值有关.

服从 Weibull 分布的信息系统, 平均安全工作时间可按一般概率规则计算或按下面的公式计算：

$$T=\int_0^{\infty}\frac{vt^{v}}{T_1}e^{-t^{v}/T_1}dt$$

这一积分的计算可变为表达式

$$T=T_1^{\frac{1}{\nu}}\Gamma\left(\frac{1}{\nu}+1\right) \tag{6.22}$$

式中, $\Gamma\left(\dfrac{1}{\nu}+1\right)$ 为伽马函数.

以 Weibull 分布为基础的安全性概率, 按其特点来讲, 位于指数分布与 Gauss 分布之间. 参数 ν 和 T_1 的选择可按系统工作的物理过程用理论分析的方法加以确定, 也可以根据系统运行的试验数据用统计的方法确定.

从理论上讲, 对任何一种分布, 都可以根据式 (6.6) 式 ~ 式 (6.9) 导出信息系统安全风险概率的基本特征. 信息系统运行在极其复杂的网络环境之中, 加上系统拓扑结构和构成系统资产要素的多样性, 要得到一个实际系统安全风险的分布规律无疑是一件相当艰苦的工作, 但必须引起学术界和工程界的高度重视.

6.3 基于信息资产的动态评估模型与最大熵判别准则

6.3.1 信息资产安全风险的动态概率描述

为了便于研究, 在考虑安全风险的时间分布特性时, 总是将系统的风险域集合族 Ω 界定为某一特定区域, 或者根据系统边界的相对性, 把风险存在的区域作为一个特定区域进行整体研究.

分析信息系统所存在的安全风险总是从分析构成系统的各信息资产所面临的风险状态入手的, 为了对风险进行有效的管理, 将风险控制在人们可接受的范围之内, 科学地分析、描述和估计各信息资产的风险分布、风险强度及风险的增减趋势是其首要条件. 设 Ω 域内一共有 N 个风险点, 其中第 k 个风险点对应的信息资产记为 A_k, 资产 A_k 在 t 时刻发生风险的概率记为 $q_k(t)$, 则其安全性概率 $P_k(t)$ 可表示为

$$P_k(t) = 1 - q_k(t) \tag{6.23}$$

对资产 A_k 而言, 由于其脆弱性、面临的威胁和资产价值都随时间而变化, 从而安全事件发生的可能性、安全事件损失以及由此导致的安全风险也随时间而变化, 因此风险概率 q_k 和安全性概率 P_k 都是时间 t 的函数.

安全保护的目标, 就是采取恰当的 "容许控制策略" 和 "适度的安全措施" 将风险控制在可接受的范围之内, 以保证信息系统在要求的工作时间内处于正常的安全状态. 系统的工作时间越短, 发生风险的概率越小; 系统的工作时间越长, 发生风险的概率越大. 系统的安全工作时间取决于构成系统的资产 $A_k(k=1,2,\cdots,N)$ 的安全工作时间, 是一个随机量, 随机量较全面的特征是它的分布律. 风险概率和安全性概率都是分布 (分布律) 的积分函数, 也就是 $q_k(t)$ 和 $P_k(t)$, t 的变化范围限制在 $0 \leqslant t < \infty$ 之内. 通常认为, 在 $t=0$ 时, A_k 是安全的, 所以初值 $P_k(0)=1, q_k(0)=0$. 在研究安全风险的理论规律时, 应该考虑到资产 A_k 安全性概率的极限值等于 0, 即 $P_k(\infty)=0, P_k(t)$ 是一个降函数; 资产 A_k 风险概率的极限值等于 1, 即 $q_k(\infty)=1, q_k(t)$ 是一个非降函数.

函数 $q_k(t)$ 的导数给出分布的微分函数或风险概率密度

$$\mu_k(t) = \dot{q}_k(t) = \frac{d\,q_k(t)}{dt} \tag{6.24}$$

定义信息资产 A_k 面临的风险强度

$$\eta_k(t) = \frac{\mu_k(t)}{P_k(t)} \tag{6.25}$$

其中, $\eta_k(t)$ 表示 A_k 处于安全工作条件下, 在 t 时刻发生安全风险的 "瞬时" 频率. 由式 (6.23)~(6.25) 容易导出 $\eta_k(t)$ 与 $q_k(t)$, $P_k(t)$ 之间满足如下关系:

$$\dot{P}_k(t) = -\eta_k(t)\,P_k(t) \tag{6.26}$$

$$\dot{q}_k(t) = \eta_k(t)\,[1 - q_k(t)] \tag{6.27}$$

上述方程的解为

$$P_k(t) = \exp\left[-\int_0^t \eta_k(\tau)d\tau\right], \quad \eta_k(\tau) \geqslant 0 \tag{6.28}$$

$$q_k(t) = 1 - \exp\left[-\int_0^t \eta_k(\tau)d\tau\right], \quad \eta_k(\tau) \geqslant 0 \tag{6.29}$$

式 (6.28), (6.29) 表明, 当风险强度 $\eta_k(t) = 0$ 时, $P_k(t) = 1, q_k(t) = 0$, 资产 A_k 始终安全地工作; 当风险强度 $\eta_k(t) > 0$ 时, 资产 A_k 发生风险的概率将指数规律增加, 安全性下降.

从工程应用的角度看, 风险强度是更为方便的特征, 它与信息资产 A_k 面临的威胁频率和脆弱性程度等因素有关. 如果 Ω 域内所有风险点 (对应的信息资产) 面临的风险强度为已知, 则根据式 (6.28), (6.29) 可以计算出各个风险点的安全性概率 $P_k(t)$ 和风险概率 $q_k(t)$, 而信息系统总的安全性概率 $P(t)$ 和风险概率 $q(t)$ 可分别表示为

$$P(t) = f\{P_1(t), P_2(t), \cdots, P_N(t)\} \tag{6.30}$$

$$q(t) = 1 - P(t) = 1 - f\{P_1(t), P_2(t), \cdots, P_N(t)\} \tag{6.31}$$

假定各风险点 (对应的信息资产) 的风险是在相互独立的情况下产生的, 对系统总体风险的影响也是相互独立的, 则式 (6.30), (6.31) 变成

$$P(t) = \prod_{k=1}^{N} P_k(t) = \exp\left[-\int_0^t \sum_{k=1}^{N} \eta_k(\tau) d\tau\right] \tag{6.32}$$

$$q(t) = 1 - P(t) = 1 - \exp\left[-\int_0^t \sum_{k=1}^{N} \eta_k(\tau) d\tau\right] \tag{6.33}$$

系统面临的总的风险强度等于各风险点 (对应的信息资产) 面临的风险强度之和:

$$\eta(t) = \sum_{k=1}^{N} \eta_k(t) \tag{6.34}$$

6.3.2 安全熵: 信息系统安全性递减规律

开放互联网络环境下的信息系统始终运行在不确定性的风险状态之中, 系统整体 (“宏观”) 安全状态的不确定性取决于构成系统的各资产要素 (“微观”) 安全状态的不确定性. 设第 k 个风险点 (对应资产 A_k) 的安全性概率为 $P_k(t)$, 则系统整体 (“宏观”) 安全状态的不确定性可以用如下熵函数描述:

$$S(t) = -K_s \sum_{k=1}^{N} P_k(t) L_n P_k(t) \tag{6.35}$$

式中, K_s 为比例常数, $S(t)$ 称为 “安全熵”, 它是信息系统 “宏观” 安全状态不确定性程度的测度, 或者说它从 “宏观” 状态上描述了 N 个 “微观” 安全状态的不确定性程度.

将式 (6.28) 代入式 (6.35), 可得

$$
\begin{aligned}
S(t) &= K_s \sum_{k=1}^{N} P_k(t) \int_0^t \eta_k(\tau)\, d\tau \\
&= K_s \sum_{k=1}^{N} \frac{\int_0^t \eta_k(\tau)\, d\tau}{\exp\left[\int_0^t \eta_k(\tau)\, d\tau\right]}, \quad \eta_k(\tau) \geqslant 0
\end{aligned} \tag{6.36}
$$

记

$$
S_k(t) = P_k(t) \int_0^t \eta_k(\tau)\, d\tau = \frac{\int_0^t \eta_k(\tau)\, d\tau}{\exp\left[\int_0^t \eta_k(\tau)\, d\tau\right]} \tag{6.37}
$$

由一般数学理论知, 当式 (6.37) 中的积分值满足

$$
\int_0^t \eta_k(\tau)\, d\tau = 1 \tag{6.38}
$$

时, $S_k(t)$ 达到最大值, 这时有

$$
S_k(t) = P_k(t) = \frac{1}{e} \tag{6.39}
$$

当各风险点的风险强度等值, 且对时间的积分在 t 时刻均满足式 (6.38) 时, 根据式 (6.36), (6.39) 可得信息系统安全熵的最大值 (最大熵) 为

$$
S_{\max}(t) = K_s \sum_{k=1}^{N} S_k(t) = \frac{K_s N}{e} \tag{6.40}
$$

分析式 (6.28) 以及式 (6.35)~式 (6.40) 知, 在 $t=0$ 时, $P_k(0)=1$, $S(0)=0$, 资产 A_k 及整个信息系统工作在确定性的安全状态; 时间从 0 变到 t 时, $P_k(t)$ 逐渐减小, $S(t)$ 逐渐增大, 即资产 A_k 的安全性下降而导致系统 "宏观" 安全状态的不确定性逐渐增加, 风险也就随之上升; 当满足式 (6.38) 时, 资产 A_k 的安全性概率从 1 降至 $\frac{1}{e}$, 风险概率从 0 上升至 $\frac{e-1}{e}$, 整个系统的安全熵达到最大值. 随着时间的推移, $\eta_k(t)$ 对时间的积分值由小变大, 当 $\int_0^t \eta_k(\tau)\, d\tau > 1$ 时, 安全熵 $S(t)$ 将从最大值开始逐渐变小, 资产 A_k 的安全性概率 $P_k(t)$ 继续减小, 风险概率继续上升, 当 $t \to \infty$ 时, $S(t) \to 0$, $P_k(t) \to 0$, $q_k(t) \to 1$.

上述变化过程的物理含义是: 由于信息系统运行在开放互联的网络环境之中, 不断和外界进行 "信息能" 的交换, 复杂网络环境产生的 "负熵流"("风险熵") 必然

抵消安全熵. 在系统运行的初始阶段, 负熵流很小, 抵消作用不明显; $S(t)$ 达到最大值时, 出现暂时的不稳定平衡; 在系统运行的以后阶段, 负熵流不断增大, 抵消作用越来越明显, 使得安全熵从最大值逐渐减小到零, 最终导致各信息资产和整个信息系统趋于安全风险必然发生的确定性状态.

6.3.3 最大熵判别准则

假定各信息资产所面临的风险强度 $\eta_k(t)$ 为已知, 则可根据式 (6.36), 可以计算出信息系统安全熵在任意时刻的值. 定义安全熵增量 $\Delta S(t)$:

$$\Delta S(t) = S(t+T) - S(t) \tag{6.41}$$

式中, T 为量测 (识别、计算) 周期. 以最大熵为分界线, 将系统运行的生命周期分为两个阶段: 在第一阶段, $S(t)$ 由小变大, 当满足式 (6.38) 时, $S(t)$ 达到最大值, 在这一阶段 $\Delta S(t) > 0$; 在第二阶段, $S(t)$ 由大变小, 最后趋于零值, 在这一阶段 $\Delta S(t) < 0$. 虽然在第一阶段信息系统安全状态的不确定性不断增加,风险不断上升, 但可以认为系统在这一阶段的安全风险是可以接受的, 而系统运行到第二阶段的安全风险是不可接受的. 于是有如下的安全风险判别准则, 称为最大熵判别准则:

$$\left.\begin{array}{l} S(t) \leqslant \dfrac{K_s N}{e} \\ \Delta S(t) > 0 \end{array}\right\} \tag{6.42}$$

以及

$$\left.\begin{array}{l} S(t) < \dfrac{K_s N}{e} \\ \Delta S(t) < 0 \end{array}\right\} \tag{6.43}$$

根据以上判别准则, 可以方便地对信息系统的安全风险作出整体的定量评价: 当计算出的安全熵值满足不等式 (6.42) 时, 系统存在的安全风险可接受, $S(t)$ 的值越小, 系统的安全等级越高; 当计算出的安全熵值满足不等式 (6.43) 时, 系统存在的安全风险不可接受, $S(t)$ 的值越小, 系统面临的风险越大 (风险等级越高), 必须采取强制性的安全措施.

在安全风险的动态综合评估中, 信息系统的安全工作时间是一个重要参数. 设构成系统的各信息资产的安全工作时间为 T_k, 系统 "整体" 安全工作时间为 T_s, 则可定义:

$$T_s = \frac{1}{N}\sum_{k=1}^{N} T_k \tag{6.44}$$

即信息系统安全工作时间为各信息资产安全工作时间的平均值. 其中, 各信息资产

的安全工作时间 $T_k(k=1,2,\cdots,N)$ 可根据积分式 (6.38) 进行计算, 即满足

$$\int_0^{T_k} \eta_k(t)\,dt = 1, \quad k=1,2,\cdots,N \tag{6.45}$$

例如, 当 $\eta_k(t)=\eta_k=\text{Const.}$ 时, 可得

$$\left.\begin{aligned} T_k &= \frac{1}{\eta_k} \\ T_s &= \frac{1}{N}\sum_{k=1}^{N}\frac{1}{\eta_k} \end{aligned}\right\} \tag{6.46}$$

在工程实践中, 如何正确地识别和估计各信息资产 (面临) 的风险强度, 是信息安全风险评估工作的关键环节之一.

例 6.1 设某信息系统一共有 5 个风险点, 其中第 k 个风险点涵盖的资产记为 $A_k, k=1,2,3,4,5$. 根据以往安全事件报告和实际观测统计的结果, 各资产发生风险的频率大致如下: 资产 A_1, A_2 每半年发生 1 次; 资产 A_3, A_4 每半年发生 2 次; 资产 A_5 每两个月发生 1 次. 若以月为时间计量单位, 根据风险强度的定义及内涵, 信息系统各资产面临的风险强度可粗略估计为

$$\eta_1=\eta_2=\frac{1}{6};\quad \eta_3=\eta_4=\frac{1}{3};\quad \eta_5=\frac{1}{2}$$

由式 (6.28) 可得各信息资产的安全性概率为

$$p_1(t)=p_2(t)=e^{-\frac{1}{6}t}$$

$$p_3(t)=p_4(t)=e^{-\frac{1}{3}t}$$

$$p_5(t)=e^{-\frac{1}{2}t}$$

令式 (6.35) 中的比例常数 $K_s=1$, 得信息系统的安全熵为

$$S(t)=\frac{1}{3}te^{-\frac{1}{6}t}+\frac{2}{3}te^{-\frac{1}{3}t}+\frac{1}{2}te^{-\frac{1}{2}t} \tag{6.47}$$

最大熵为

$$S_{\max}(t)=\frac{5}{e}=1.839$$

取 1 个月为一个量测 (识别、计算) 周期, 即令式 (6.41) 中的 $T=1$(个月), 由式 (6.47) 可计算出信息系统任意时段的安全熵.

当 $t=0$ 时, $S(0)=0$; 当 t 从 0 变到 1(个月) 时, 由式 (6.47) 计算得到

$$S(1)=1.063<1.839$$

安全熵增量为

$$\Delta S(0) = S(1) - S(0) = 1.063 > 0$$

由判别准则 (6.42) 知, 系统增加的安全风险可接受.

当 t 从 1(个月) 变到 2(个月) 时, 安全熵变为

$$S(2) = 1.531 < 1.839$$

安全熵增量为

$$\Delta S(1) = S(2) - S(1) = 0.468 > 0$$

根据判别准则 (6.42), 系统增加的安全风险仍可接受.

当 t 从 2(个月) 变到 3(个月) 时, 安全熵进一步增加, 变为

$$S(3) = 1.677 < 1.839$$

安全熵增量为

$$\Delta S(2) = S(3) - S(2) = 0.146 > 0$$

根据判别准则 (6.42), 此时系统的安全风险还可接受.

当 t 从 3(个月) 变到 4(个月) 时, 安全熵将由大变小, 变为

$$S(4) = 1.658 < 1.839$$

安全熵增量为

$$\Delta S(3) = S(4) - S(3) = -0.019 < 0$$

由判别准则 (6.43) 知, 此时系统存在的安全风险不可接受.

综上, 随着时间的推移, 所给信息系统的安全风险逐渐增大, 安全等级逐渐降低, 当运行时间超过 3 个月时, 系统存在的安全风险就不可接受, 需要采取强制性的安全措施. 事实上, 由式 (6.46) 可以计算出所给系统的安全工作时间为

$$T_s = \frac{1}{5}\sum_{k=1}^{5}\frac{1}{\eta_k} = 4(\text{个月})$$

这是一个理想的极限时间, 实际情况并不可能达到, 这从上述例子的分析和计算过程中已经明显地感觉到.

第7章 信息系统安全风险的状态控制

7.1 引　言

我们的最终目标, 不仅是对信息系统的安全风险进行识别、分析与评估, 更重要的是要采取恰当的安全策略和适度的安全措施, 将安全风险控制在人们可接受的范围之内, 这就是信息系统的风险控制 (安全保护) 研究的主要问题.

前面在讨论信息系统的风险识别、风险状态观测 (重构) 和风险状态估计 (随机情况下的风险状态重构) 等问题时, 都是围绕构成系统的各信息资产进行的, 基本目标都是要弄清楚各风险点 (对应的信息资产) 所面临的风险状态. 风险控制 (安全保护), 就是针对各风险点 (对应的信息资产) 面临的安全风险, 采取恰当的风险控制策略和适度的风险控制措施, 使得信息系统的风险状态按照人们预期的目标发展, 这就是安全风险的状态控制问题.

为了避免孤立地提出问题, 并且与前面几章讨论的内容相协调, 本章首先介绍最优化与极大值原理的基本概念, 然后着重讨论围绕信息资产的风险控制模型及风险控制算法, 包括: 基于线性二次模型的信息系统风险控制、基于概率模型的信息系统风险控制、基于 Logistic 模型的信息系统攻防控制等, 最后讨论信息系统风险控制与耗费成本之间的关系问题, 为信息系统风险控制 (安全保护) 的工程设计提供理论依据.

7.2 最优化与极大值原理

7.2.1 最优化的基本概念

最优化是现代控制理论中一个非常重要的概念. 人们在从事某项工作时, 总是希望采取最合理的措施或者方案, 从而得到最好的结果, 这就是 “最优化” 问题. 事实上, 最优化理论是现代控制理论的一个重要分支学科, 广泛应用于各个领域, 内容极其丰富. 按照描述系统的数学模型来划分, 最优化问题可以分为两大类, 一类称为静态最优化, 另一类称为动态最优化. 如果描述系统的数学模型是静态模型, 那么其优化问题就属于静态最优化范畴, 所依托的数学工具有线性规划、非线性规划、整数规划等; 如果描述系统的数学模型是动态模型, 那么其优化问题就属于动态最优化范畴, 所依托的数学工具有变分法、极大值原理、动态规划等.

无论是静态最优化问题还是动态最优化问题, 其数学模型都包括两个部分的内容, 一部分称为约束条件, 另一部分称为目标函数.

所谓约束, 就是对变量的某些限制. 例如, 要求变量为非负值或整数值, 这是一种限制; 可利用的资源, 诸如人力、物力、经费、时间等, 通常是有限的, 不能无限增加, 更不能浪费, 必须加以限制; 物理系统的设计必须满足基本定律或方程, 比如力学系统必须服从牛顿定律、电路设计必须服从基尔霍夫定律、控制系统的最优设计需要用状态方程描述其物理特性等, 这些都是限制, 即要受到约束. 约束有等式约束和不等式约束两种. 一个最优化问题究竟受何种约束或者两种约束兼而有之, 视具体问题而定. 在最优控制问题中, 描述系统的状态方程是一种微分等式约束.

所谓目标函数, 就是评价 "好""坏" 标准的一种数学描述. 因为 "优" 与 "不优" 总要有一个 "评价标准", 而且这个标准是相对的, 而不是绝对的, 对不同的问题、不同的系统、有不同的要求. 就是同一系统, 也可以因为各人强调的方面不同而有不同的要求. 例如, 在机床加工中, 可以要求成本最低为最优, 也可以要求加工精度最高为最优; 在导弹飞行控制中, 可要求燃料消耗最少为最优; 在截击 (拦截) 问题中, 可选择时间最短为最优; 等等.

总之, 由于问题不同, 强调的方面不同, 评价的标准即目标函数的含义也就不同. 一般说来, 它可以是两类函数, 一类称为效果函数, 另一类称为费用函数. 这里的效果和费用是广义的: 效果可以是产值、利润、精确度、灵敏度等; 费用可以是经费、时间、人力、原材料等. 当效果函数作为评价标准 (目标函数) 时, 最优化问题是求极大值, 而费用不得超过某个上界就成为约束条件; 当费用函数作为评价标准 (目标函数) 时, 最优化问题变成求极小值, 而效果不得低于某个下界就成为约束条件. 因此, 一个最优化问题必须同时考虑费用和效果两个方面的因素.

7.2.2 最优控制问题的数学描述

最优控制问题也就是动态最优化问题, 其典型特征是: 被控系统的描述变量除反映空间分布特性以外, 同时也是时间的函数, 因此描述最优控制问题的数学模型应该是反映系统状态随时间而变化的动力学方程. 为了避免孤立地提出问题, 下面以 "升降机问题" 作为例子, 归纳出最优控制问题的数学描述应该包括的内容.

设有一质量为 1 的升降机 W 做垂直升降运动, W 内有一台控制器产生作用力 $u(t)$, 以控制 W 上下运动, 如图 7.1 所示.

显然, $u(t)$ 的大小是有限的, 因此有不等式约束:

$$|u(t)| \leqslant M, \quad M \text{ 为某一常数}$$

同时升降机的上下运动受牛顿力学方程的约束:

$$\frac{d^2x(t)}{dt^2} = u(t) - g, \quad g \text{ 为 } W \text{ 所受重力} \tag{7.1}$$

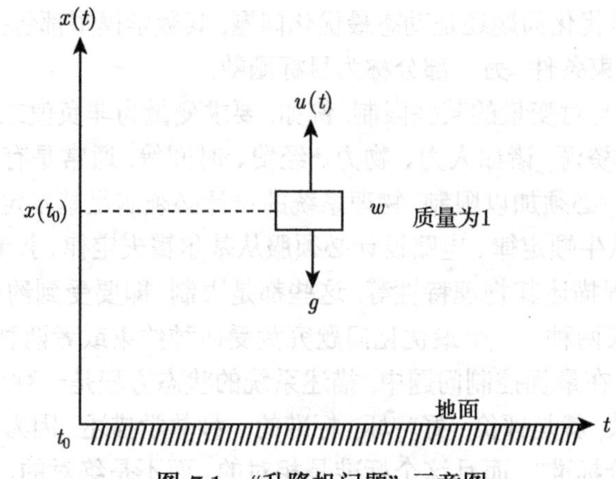

图 7.1 “升降机问题” 示意图

若令

$$x_1(t) = x(t) \quad 表示 W 离地面的高度$$

$$x_2(t) = \frac{dx(t)}{dt} \quad 表示 W 升降的速度$$

则约束方程 (7.1) 可写成

$$\left.\begin{aligned} \dot{x}_1(t) &= x_2(t) \\ \dot{x}_2(t) &= u(t) - g \end{aligned}\right\} \tag{7.2}$$

设 $t = t_0$ 时刻 W 离地面的高度为 $x(t_0)$, 则方程 (7.2) 的初始条件是

$$x_1(t_0) = x(t_0) \quad 表示初始高度$$

$$x_2(t_0) = \dot{x}(t_0) \quad 表示初始速度$$

设在 $t = t_f$ 时 W 到达地面, 则问题是:

寻找满足约束条件的控制输入 $u(t)$, 使得 W 最快到达地面, 且到达地面时的速度为零. 即使得

$$J(u) = \int_{t_0}^{t_f} dt = t_f - t_0 = \min \tag{7.3}$$

且满足

$$x_1(t_f) = 0, \quad x_2(t_f) = 0$$

从以上例子可以看出, 最优控制问题的数学描述即数学模型应该包括以下几个方面的内容:

(1) 系统的状态方程

$$\dot{x}(t) = f[x(t),\ u(t),\ t] \tag{7.4}$$

其中 $x(t) \in R^n, u(t) \in R^r, f \in R^n, f$ 是 x 和 u 的线性或非线性函数.

(2) 边界条件 (端点条件).

初始时间 t_0 和初始状态 $x(t_0)$, 通常预先给定; 终端时间 t_f 和终端状态 $x(t_f)$, 可以是固定的, 也可以是自由的, 视具体情况而定.

(3) 容许控制输入结合

$$U = \{u/\alpha_i \leqslant u_i \leqslant \beta_i,\ i = 1, 2, \cdots, r\}$$

其中 $U \subset R^r$, 即 U 是 R^r 中的一个子集. u 不能在 R^r 中随意取值, 而只能在子集 U 上取值, 即 $u \in U$.

以上三条是最优控制问题的约束条件.

(4) 目标函数 (目标泛函)

$$J(u) = \int_{t_0}^{t_f} L\left[\,x(t),\ u(t),\ t\right] dt \tag{7.5}$$

用以作为衡量控制策略好坏的评价标准. J 是一个泛函数, 称为积分型泛函, 是目标函数的常用形式. 当然还有其他形式, 视具体问题而定.

综上, 最优控制问题的提法可以叙述如下:

给定系统状态方程

$$\dot{x}(t) = f[\,x(t),\ u(t),\ t\,]$$

和边界条件

$$x(t_0) = x_0, \quad x(t_f) = x_f$$

求容许控制策略 $u = u^*(t)$, 将系统由初态 x_0 转移到终态 x_f, 且使

$$J(u^*) = \int_{t_0}^{t_f} L[x(t), u^*(t), t]dt = \min(\text{或 } \max)$$

其中 $u^*(t)$ 称为最优控制, 相应的轨线 $x = x^*(t)$ 称为系统运行的最优轨线.

求解最优控制问题可以借助极大值原理. 极大值原理是苏联数学家庞特里亚金于 1958 年最后创立的. 他受到力学中 Hamilton 原理的启发, 将古典的变分法加以推广, 先是推测出极大值原理, 随后又提出一种证明方法, 并在 1958 年的国际数学年会上首次宣读, 以后又发表了《最佳过程的数学理论》这本专著, 为最优控制理论的建立和完善奠定了基础.

7.2.3 极大值原理的叙述

设系统的状态方程和目标函数分别由式 (7.4), (7.5) 描述, 构造 Hamilton 函数

$$H[x(t), \lambda(t), u(t)] = L[x(t), u(t), t] + \lambda^{\mathrm{T}}(t) f[x(t), u(t), t]$$

其中 $\lambda(t) \in R^n$, 为 Lagrange 乘子向量, 称为协状态向量. 问题是求 $u(t) = u^*(t)$, 使得 $J(u^*) = \min_{u \in U} J(u)$.

极大值原理叙述如下:

$u^*(t)$ 为最优控制的必要条件是

(1) 存在协状态向量 $\lambda^*(t)$, 它和 $x^*(t)$ 满足

$$\frac{d\lambda(t)}{dt} = -\frac{\partial H}{\partial x} \tag{7.6}$$

$$\frac{dx(t)}{dt} = \frac{\partial H}{\partial \lambda} = f[x(t), u(t), t] \tag{7.7}$$

(2) Hamilton 函数

$$H[x^*(t), \lambda^*(t), u(t), t] = L[x^*(t), u(t), t] + \lambda^{*\mathrm{T}}(t) f[x^*(t), u(t), t]$$

作为 u 的函数在 $u = u^*(t)$ 处取极小值, 即

$$H[x^*(t), \lambda^*(t), u^*(t), t] = \min_{u \in U} H[x^*(t), \lambda^*(t), u(t), t] \tag{7.8}$$

(3) 边界条件.

(i) $x(t_0)$, t_f, $x(t_f)$ 给定时

$$x(t_0) = x_0, \quad x(t_f) = x_f$$

(ii) $x(t_0)$, t_f 给定, $x(t_f)$ 自由时

$$x(t_0) = x_0, \quad \lambda(t_f) = 0$$

(iii) $x(t_0)$ 给定, t_f, $x(t_f)$ 自由时

$$x(t_0) = x_0, \quad \lambda(t_f) = 0 \quad , H|_{t_f} = 0$$

(iv) 当目标泛函包含终端指标项, 即

$$J(u) = \theta[x(t_f), t_f] + \int_{t_0}^{t_f} L[x(t), u(t), t] dt$$

1° $x(t_0)$, t_f 给定, $x(t_f)$ 自由时

$$x(t_0) = x_0, \quad \lambda(t_f) = \frac{\partial \theta[x(t_f), t_f]}{\partial x(t_f)}$$

2° $x(t_0)$ 给定, t_f, $x(t_f)$ 自由时

$$x(t_0) = x_0, \quad \lambda(t_f) = \frac{\partial \theta[x(t_f), t_f]}{\partial x(t_f)}, \quad H|_{t_f} + \left.\frac{\partial \theta}{\partial t}\right|_{t_f} = 0$$

说明 (1) 极大值原理的边界条件和用古典变分法求解无约束 (对 u 不加限制) 最优控制问题的边界条件完全相同, 这里只列出了常用的几种.

(2) 原理第 1 条给出的两个方程 (7.6), (7.7) 称为正则方程组, 亦与变分法完全相同. 不同的只是第 2 条, 这就是求 H 的极值问题. 在变分法中可通过直接求解附加方程

$$\frac{\partial H}{\partial u}=0 \tag{7.9}$$

极小化 H, 但只能解决无约束最优控制问题. 因此, 极大值原理更具有广泛性和一般性, 无论是有约束最优控制还是无约束最优控制, 它都能很好地解决问题.

(3) 离散时间系统情形

$$x(t+1)=f[x(t),u(t),t] \tag{7.10}$$

$$J_N=\theta[x(N)]+\sum_{t=0}^{N-1}L[x(t),\ u(t),t] \tag{7.11}$$

Hamilton 函数为

$$H[x(t),\lambda(t+1),u(t),t]=L[x(t),u(t),t]+\lambda^{\mathrm{T}}(t+1)f[x(t),u(t),t] \tag{7.12}$$

离散的极大值原理叙述如下:

序列 $u^*(0),u^*(1),\cdots,u^*(N-1)$ 为最优控制的必要条件是

(1) 存在 $\lambda^*(t)$, 它和 $x^*(t)$ 满足

$$\left.\begin{aligned}\lambda(t)&=\frac{\partial H[x(t),\lambda(t+1),u(t),t]}{\partial x(t)}\\ x(t+1)&=f[x(t),u(t),t]\end{aligned}\right\} \tag{7.13}$$

(2) 对所有 $t=0,1,\cdots,N-1$, 均有

$$H[x^*(t),\lambda^*(t+1),u^*(t),t]=\min_{u(t)\in U}H[x^*(t),\lambda^*(t+1),u(t),t] \tag{7.14}$$

(3) 边界条件.

终端固定时: $x(t_0)=x_0,\ x(N)=x_N$;

终端自由时: $x(0)=x_0,\ \lambda(N)=\dfrac{\partial\theta[x(N),N]}{\partial x(N)}$.

7.3 基于线性二次模型的信息系统风险控制

7.3.1 离散线性二次问题

设信息系统一共有 n 个风险点 (对应 n 个信息资产), 在 t 时刻的风险状态为 $x(t)\in R^n$, 另有 r 个容许控制策略 (控制输入)$u(t)\in R^r$ 施加于信息系统, 假定信

息系统风险状态的时间特性可用如下一般离散线性状态空间模型描述:

$$x(t+1) = A(t)x(t) + B(t)u(t) \tag{7.15}$$

目标函数考虑成状态变量 $x(t)$ 和输入变量 $u(t)$ 的二次型函数, 即

$$J_N = x^{\mathrm{T}}(N)Fx(N) + \sum_{t=0}^{N-1}\{x^{\mathrm{T}}(t)Q(t)x(t) + u^{\mathrm{T}}(t)R(t)u(t)\} \tag{7.16}$$

其中权矩阵 $F, Q(t)$ 非负定, $R(t)$ 正定.

信息系统风险控制问题中边界条件包括初始时间和初始状态, 即 $t_0 = 0$ 和 $x(0) = x_0$, 通常预先给定; 终端时间和终端状态, 即 $t_f = N$ 和 $x(N) = x_{_N}$, 可以是固定的, 也可以是自由的.

所谓安全风险的状态控制, 就是在给定信息系统状态方程和边界条件的情况下, 求容许控制策略 $u(t) = u^*(t)$, 将系统的风险状态由初态 $x(0)$ 转移到终态 $x(N)$, 且使 $J_N(u^*) = \min$(或 max).

上述问题是一个动态最优化问题, 也是一个典型的泛函求极值的问题, 可以用变分法、极大值原理、动态规划等方法求解[45].

由于描述信息系统风险状态的数学模型是离散线性状态方程, 目标函数 J_N 由状态向量 $x(t)$ 和输入向量 $u(t)$ 的二次型函数定义, 所以这一控制问题称为 "离散线性二次问题". 在最优控制问题的理论研究和实际应用中, 线性二次问题 (包括离散线性二次问题) 研究得比较完善, 且数学处理简单, 工程上容易实现, 因此获得广泛的应用.

7.3.2 离散线性二次问题的解及控制算法步骤

求解 "离散线性二次问题" 最常用的工具是动态规划方法. 当用动态规划方法求解这一问题时, 那么极小化 J_N 应满足著名的 Bellman 方程

$$J^*_{N-t}\{x(t)\} = \min_{u(t)}\{x^{\mathrm{T}}(t)Q(t)x(t) + u^{\mathrm{T}}(t)R(t)u(t) + J^*_{N-(t+1)}[x(t+1)]\} \tag{7.17}$$

其中

$$\begin{aligned} &x(t+1) = A(t)x(t) + B(t)u(t), \quad t = N-1, N-2, \cdots, 1, 0 \\ &J^*_0\{x(N)\} = x^{\mathrm{T}}(N)\,F\,x(N) \end{aligned}$$

Bellman 方程 (7.17) 称为动态规划的基本方程, 它是一个递推公式. 通过 Bellman 方程, 可以将一个最优控制的一步决策问题转换为多步决策问题求解. 下面给出 "离散线性二次问题" 的求解过程. 为了讨论方便, 我们假定被控信息系统是时

不变的, 即矩阵 A, B 和权矩阵 Q, R, F 均为常值矩阵, 与时间无关. 所得结果对时变系统也是适用的.

从最后一步开始反推. 当 $t=N-1$ 时, 由动态规划的基本方程可得

$$\begin{aligned} J_1^*[x(N-1)] &= \min_{u(N-1)} \{x^{\mathrm{T}}(N-1)Qx(N-1)+u^{\mathrm{T}}(N-1)Ru(N-1)+J_0^*[x(N)]\} \\ &= \min_{u(N-1)} \{x^{\mathrm{T}}(N-1)Qx(N-1)+u^{\mathrm{T}}(N-1)Ru(N-1)+x^{\mathrm{T}}(N)Fx(N)\} \end{aligned}$$

令 $P(N)=F$, 则

$$\begin{aligned} J_0^*[x(N)] &= x^{\mathrm{T}}(N)P(N)x(N) \\ &= [Ax(N-1)+Bu(N-1)]^{\mathrm{T}}P(N)[Ax(N-1)+Bu(N-1)] \end{aligned}$$

于是有

$$\begin{aligned} J_1^*[x(N-1)] = \min_{u(t-1)} \{&x^{\mathrm{T}}(N-1)Qx(N-1)+u^{\mathrm{T}}(N-1)Ru(N-1) \\ &+[Ax(N-1)+Bu(N-1)]^{\mathrm{T}}P(N)[Ax(N-1)+Bu(N-1)]\} \end{aligned}$$

将上式花括号中各项对 $u(N-1)$ 求偏导数, 并令

$$\frac{\partial\{\ \cdot\ \}}{\partial u(N-1)}=0$$

得

$$2Ru(N-1)+2B^{\mathrm{T}}P(N)[Ax(N-1)+Bu(N-1)]=0$$

即

$$[R+B^{\mathrm{T}}P(N)B]u(N-1)+B^{\mathrm{T}}P(N)Ax(N-1)=0$$

由于有 $R>0, P(N)=F\geqslant 0$, 所以 $[R+B^{\mathrm{T}}P(N)B]>0$, 故可得

$$\begin{aligned} u^*(N-1) &= -[R+B^{\mathrm{T}}P(N)B]^{-1}B^{\mathrm{T}}P(N)Ax(N-1) \\ &= -K(N-1)x(N-1) \end{aligned}$$

其中

$$K(N-1)=[R+B^{\mathrm{T}}P(N)B]^{-1}B^{\mathrm{T}}P(N)A$$

将 $u^*(N-1)$ 代入 $J_1[x(N-1)]$ 得

$$\begin{aligned} J_1^*[x(N-1)] =&x^{\mathrm{T}}(N-1)Qx(N-1)+[-K(N-1)x(N-1)]^{\mathrm{T}}R[-K(N-1)x(N-1)] \\ &+[Ax(N-1)-BK(N-1)x(N-1)]^{\mathrm{T}}P(N)[Ax(N-1) \end{aligned}$$

$$
\begin{aligned}
& - BK(N-1)x(N-1)] \\
& = x^{\mathrm{T}}(N-1)P(N-1)x(N-1)
\end{aligned}
$$

其中

$$
P(N-1)=Q+K^{\mathrm{T}}(N-1)RK(N-1)+[A-BK(N-1)]^{\mathrm{T}}P(N)[A-BK(N-1)]
$$

以此类推, 可得任意步的最优控制为

$$
u^*(t) = -K(t)\,x(t) \tag{7.18}
$$

$$
\left.
\begin{aligned}
& K(t) = [R + B^{\mathrm{T}}P(t+1)B]^{-1}B^{\mathrm{T}}P(t+1)A \\
& P(t) = Q + K^{\mathrm{T}}(t)RK(t) + [A - BK(t)]^{\mathrm{T}}P(t+1)[A - BK(t)] \\
& \quad t = N-1, N-2, \cdots, 1, 0 \\
& P(N) = F
\end{aligned}
\right\} \tag{7.19}
$$

将 $K(t)$ 代入 $P(t)$, 进一步有

$$
\left.
\begin{aligned}
& P(t) = Q + A^{\mathrm{T}}M(t)A \\
& M(t) = P(t+1) - P(t+1)B[R + B^{\mathrm{T}}P(t+1)B]^{-1}B^{\mathrm{T}}P(t+1) \\
& P(N) = F, \quad t = N-1, N-2, \cdots, 1, 0
\end{aligned}
\right\} \tag{7.20}
$$

式 (7.20) 称为离散 Riccati 方程, 是关于 P 的矩阵差分方程. 逆向求解 $P(t)$, 从而可得 $K(t)$, 最优控制序列 $\{u^*(t)\}$ 即可求得.

在前面的推导过程中, 假定被控信息系统是时不变的, 即矩阵 A, B, Q, R 都是与时间 t 无关的常值矩阵. 在时变系统情形, 即当矩阵 A, B, Q, R 都是时间 t 的函数时, 上面所得到的结果仍然适用. 重新归纳如下:

基于 "离散线性二次问题" 的信息系统风险控制的最优策略为

$$
u^*(t) = -K(t)x(t), \quad t = N-1, N-2, \cdots, 1, 0 \tag{7.21}
$$

式中, $K(t)$ 满足方程

$$
K(t) = [R(t) + B^{\mathrm{T}}(t)P(t+1)B(t)]^{-1}B^{\mathrm{T}}(t)P(t+1)A(t) \tag{7.22}
$$

$$
\left.
\begin{aligned}
& P(t) = Q(t) + A^{\mathrm{T}}(t)M(t)A(t) \\
& M(t) = P(t+1) - P(t+1)B(t)[R(t) + B^{\mathrm{T}}(t)P(t+1)B(t)]^{-1}B^{\mathrm{T}}(t) \\
& P(N) = F, \quad t = N-1, N-2, \cdots, 1, 0
\end{aligned}
\right\} \tag{7.23}
$$

如果描述信息系统的状态方程为已知, 即矩阵 $A(t)$ 和 $B(t)$ 已知; 目标函数 J_N 中的权矩阵已知, 即 F, $Q(t)$, $R(t)$ 已知, 则由上述各式可以求出矩阵 $K(t)$, 从而得到风险控制的最优策略序列 $u^*(0), u^*(1), \cdots, u^*(N-1)$.

到此为止, 我们得到了基于线性二次模型的信息系统风险控制算法, 为了便于计算, 有必要将算法进一步简化. 为此, 引入记号 D_1, D_2, D_3:

$$D_1 = Q(t) + A^{\mathrm{T}}(t)P(t+1)A(t) \tag{7.24}$$

$$D_2 = B^{\mathrm{T}}(t)P(t+1)A(t) \tag{7.25}$$

$$D_3 = R(t) + B^{\mathrm{T}}(t)P(t+1)B(t) \tag{7.26}$$

则有

$$K(t) = D_3^{-1}D_2 \tag{7.27}$$

$$P(t) = D_1 - D_2^{\mathrm{T}}D_3^{-1}D_2 \tag{7.28}$$

于是可得风险控制算法的计算步骤如下:

(1) 设初值: $X(0)$, 令 $P(N) = F$, 置 $t = N-1$;

(2) 按式 (7.24)~式 (7.26) 计算 D_1, D_2, D_3;

(3) 按式 (7.27), (7.28) 计算 $K(t)$, $P(t)$;

(4) 按式 (7.21) 计算 $u^*(t)$;

(5) 令 $t = t-1$, 返回第 (2) 步, 直至 $t = 0$ 为止.

7.3.3 离散线性二次问题再解

设信息系统安全风险的状态控制问题可以用如下线性二次模型描述:

$$\begin{aligned}
&x(t+1) = Ax(t+1) + Bu(t)\\
&x(0) = x_0\\
&\min J_N = \min_{u(t)}\left\{\frac{1}{2}x^{\mathrm{T}}(N)Fx(N) + \frac{1}{2}\sum_{t=0}^{N-1}[x^{\mathrm{T}}(t)Qx(t) + u^{\mathrm{T}}(t)Ru(t)]\right\}\\
&\quad F \geqslant 0,\ Q \geqslant 0,\ R > 0
\end{aligned}$$

前面我们借助动态规划方法获得了这一问题的解析解, 下面进一步借助离散极大值原理再次求解这一问题.

构造 Hamilton 函数

$$H = \frac{1}{2}x^{\mathrm{T}}(t)Qx(t) + \frac{1}{2}u^{\mathrm{T}}(t)Ru(t) + \lambda^{\mathrm{T}}(t+1)[Ax(t) + Bu(t)] \tag{7.29}$$

由必要条件

$$\frac{\partial H}{\partial u(t)} = Ru(t) + B^{\mathrm{T}}\lambda(t+1) = 0$$

可得

$$u^*(t) = -R^{-1}B^{\mathrm{T}}\lambda(t+1) \tag{7.30}$$

协状态方程为

$$\lambda(t)=\frac{\partial H}{\partial x(t)}=Qx(t)+A^{\mathrm{T}}\lambda(t+1) \tag{7.31}$$

可以证明 $\lambda(t)$ 和 $x(t)$ 之间满足线性关系[49], 记为

$$\lambda(t)=P(t)x(t) \tag{7.32}$$

由式 (7.31), (7.32) 可得

$$P(t)x(t)=Qx(t)+A^{\mathrm{T}}P(t+1)x(t+1) \tag{7.33}$$

将式 (7.30) 代入状态方程并注意到式 (7.32), 有

$$x(t+1)=[I+BR^{-1}B^{\mathrm{T}}P(t+1)]^{-1}Ax(t) \tag{7.34}$$

将式 (7.34) 代入式 (7.33), 得

$$P(t)x(t)=Qx(t)+A^{\mathrm{T}}P(t+1)[I+BR^{-1}B^{\mathrm{T}}P(t+1)]^{-1}Ax(t)$$

上述等式对任意 $x(t)$ 均成立, 从而得到

$$P(t)=Q+A^{\mathrm{T}}P(t+1)[I+ABR^{-1}B^{\mathrm{T}}P(t+1)]^{-1}A \tag{7.35}$$

式 (7.35) 即为离散 Riccati 方程, 可以证明它与式 (7.20) 是等价的. 其边界条件可由

$$\begin{aligned}\lambda(N)&=P(N)x(N)\\&=\frac{\partial}{\partial x(N)}\left\{\frac{1}{2}x^{\mathrm{T}}(N)Fx(N)\right\}=Fx(N)\end{aligned}$$

得到, 即

$$P(N)=F \tag{7.36}$$

将式 (7.32) 代入式 (7.30), 并注意到状态方程, 可得

$$\begin{aligned}u^*(t)&=-[R+B^{\mathrm{T}}P(t+1)B]^{-1}B^{\mathrm{T}}P(t+1)Ax(t)\\&=-K(t)x(t)\end{aligned} \tag{7.37}$$

其中

$$K(t)=[R+B^{\mathrm{T}}P(t+1)B]^{-1}B^{\mathrm{T}}P(t+1)A$$

由此可见, 对于一个最优控制问题, 无论是用动态规划方法求解还是用极大值原理求解, 所得结果都是完全一样的.

最后需要指出的是, 本节给出的 "基于线性二次模型的信息系统风险控制" 算法用于风险控制 (安全保护) 的工程实践是可行的, 但必须具备两个前提条件: 一是被控信息系统安全风险的时间特性可以用线性状态空间模型描述, 并且模型参数矩阵 $A(t)$, $B(t)$ 已经确定; 二是 "容许控制策略" 与 "适度安全措施" 之间建立了一一对应的关系, 并且这种关系之间的相互映射已经建立在量化的基础之上. 到目前为止, 这两个问题, 特别是后一个问题, 无论是在理论上还是在工程实践上都没有得到很好的解决, 应该作为信息系统风险控制领域重要的研究课题之一.

7.4 基于概率模型的信息系统风险控制

7.4.1 面向信息资产的风险控制模型及控制算法

信息系统的安全风险是针对构成系统的各信息资产而言的, 为了对风险进行有效的管理, 将风险控制人们接受的范围之内, 恰当地分析和建立面向信息资产的风险控制模型是其首要条件.

考察方程 (6.26), (6.27), 它们描述的是在没有 "外力" 作用的情况之下, 资产 A_k 的安全风险概率随时间而变化的规律. 由于有关系 $P_k(t) + q_k(t) = 1$, 所以在分析和建立风险控制模型时, 只需取其中之一进行讨论即可. 这里取方程 (6.26) 进行讨论.

方程 (6.26) 是一个齐次微分方程, 描述的是自治系统; 随着时间的推移, 系统 (资产 A_k) 安全状态的运行轨线完全由参数 $\eta_k(t)$ 和系统 (资产 A_k) 的初始安全状态确定. 为了实现对资产 A_k 的安全风险实施有效的控制, 需要在方程 (6.26) 的基础上进行拓展. 基本做法就是在齐次方程的右端外加一个控制项, 借助 "外力" 按一定的控制规则强制改变系统 (资产 A_k) 安全状态的运行轨线, 从而达到对系统的安全风险进行有效控制之目的. 拓展后的模型方程为

$$\dot{P}_k(t) = -\eta_k(t)P_k(t) + b_k u_k(t) \tag{7.38}$$

式中, b_k 为常值, $u_k(t)$ 表示控制输入.

为了对资产 A_k 的安全风险进行 "适度" 而 "有效" 的控制, 需要设立一个性能指标 (目标泛函), 以定量描述控制质量的优劣. 因为描述资产 A_k 安全状态的动态模型 (7.38) 是一个线性状态方程, 所以目标泛函可以设定为如下线性二次型函数:

$$J_k = \frac{1}{2} f_k P_k^2(t_f) + \frac{1}{2}\int_{t_0}^{t_f} \left[g_k P_k^2(t) + r_k u_k^2(t)\right] dt \tag{7.39}$$

其中 $f_k \geqslant 0, g_k \geqslant 0, r_k > 0$ 为加权常值, 可根据实际需要进行设置和调整; t_0 表示初始时间, t_f 表示终端时间.

假定资产 A_k 的初始安全状态为 $P_k(t_0)$, 终端安全状态 (目标状态) 为 $P_k(t_f)$, 则资产 A_k 安全风险的控制问题可以归结为如下动态最优化问题:

给定资产 A_k 安全风险的状态方程 (7.38) 和边界条件 $P_k(t_0), P_k(t_f)$, 求满足目标泛函 (7.39) 的容许控制策略 $u_k(t)=u_k^*(t)$, 使 A_k 的安全状态由初态 $P_k(t_0)$ 转移到终态 $P_k(t_f)$, 且使 $J_k(u_k^*)=\min$.

这是一个求泛函极值的问题, 可以借助极大值原理获得其解析解的表达式, 从而得到面向信息资产 A_k 安全风险的最优控制算法.

构造 Hamilton 函数

$$H_k=\frac{1}{2}g_kP_k^2(t)+\frac{1}{2}r_ku_k^2(t)+\lambda_k(t)\left[-\eta_k(t)P_k(t)+b_ku_k(t)\right] \tag{7.40}$$

得协状态方程及边界条件

$$\dot{\lambda}_k(t)=-\frac{\partial H_k}{\partial p_k}=\eta_k(t)\lambda_k(t)-g_kp_k(t) \tag{7.41}$$

$$\lambda_k(t_f)=f_kP_k(t_f) \tag{7.42}$$

最优控制 $u_k^*(t)$ 应满足附加方程

$$\frac{\partial H_k}{\partial U_k}=r_ku_k(t)+b_k\lambda_k(t)=0 \tag{7.43}$$

由于 $r_k>0$, 于是有

$$u_k^*(t)=-\frac{b_k}{r_k}\lambda_k(t) \tag{7.44}$$

将 $u^*(t)$ 代入状态方程 (7.38), 得

$$P_k^*(t)=-\eta_k(t)P_k(t)-\frac{b_k^2}{r_k}\lambda_k(t) \tag{7.45}$$

因为我们所面对的是一个 “线性二次问题”, 在这种情形下 $\lambda_k(t)$ 和 $P_k(t)$ 之间满足线性关系:

$$\lambda_k(t)=\Gamma_k(t)P_k(t) \tag{7.46}$$

将式 (7.46) 对 t 求导, 并注意协状态方程 (7.41) 及其边界条件 (7.42), 即可推导出函数 $\Gamma_k(t)$ 满足如下微分方程

$$\dot{\Gamma}_k(t)=2\eta_k(t)\Gamma_k(t)+\frac{b_k^2}{r_k}\Gamma_k^2(t)-g_k \tag{7.47}$$

其边界条件为

$$\Gamma_k(t_f)=f_k \tag{7.48}$$

式 (7.47) 是关于 $\Gamma_k(t)$ 的非线性常微分方程, 称为连续 Riccati 方程, 存在满足边界条件 (7.48) 的唯一解. 这样, 最优控制 $u_k^*(t)$ 可以表示为

$$u_k^*(t) = -\frac{b_k}{r_k}\Gamma_k(t)P_k(t) \tag{7.49}$$

令

$$K_k(t) = \frac{b_k}{r_k}\Gamma_k(t) \tag{7.50}$$

则有

$$u_k^*(t) = -K_k(t)P_k(t) \tag{7.51}$$

当按式 (7.51) 取最优控制时, 控制过程结束后目标泛函取最小值, 且为

$$J_k^* = \frac{1}{2}P_k^2(t_0)\Gamma_k(t_0, t_f) \tag{7.52}$$

而安全状态运行的最优轨线 $P_k^*(t)$ 是下列方程的解

$$\dot{P}_k(t) = -[\eta_k(t) + b_k K_k(t)]P_k(t) \tag{7.53}$$

$$P_k(t_0) = P_{k_0} \tag{7.54}$$

综上, 面向信息资产 A_k 安全风险的最优控制策略 $u_k^*(t)$ 是其安全性概率的线性函数, 借助 $P_k(t)$ 的线性反馈可实现对信息资产 A_k 安全风险的最优控制; 在给定 $\eta_k(t)$, b_k, g_k, r_k, f_k 以及边界条件 $P_k(t_0)$, $P_k(t_f)$ 的情况下, 求最优控制策略 $u_k^*(t)$ 的问题, 最终归结为求 Riccati 方程 (7.47) 满足边界条件 (7.48) 的解的问题; 资产 A_k 安全状态运行的最优轨线 $P_k^*(t)$ 由齐次微分方程 (7.53) 及边界条件 (7.54) 确定.

7.4.2 信息系统的安全熵及控制效能综合评价

假设信息系统一共有 N 个风险点, 各个风险点 (对应资产 A_k) 的安全风险是在相互独立的情况下产生的, 对系统总体风险的影响也是相互独立的, 当 $k = 1, 2, \cdots, N$ 时, 反复应用前面给出的控制算法和计算步骤, 可得整个信息系统安全风险的最优控制策略 $u_1^*(t), u_2^*(t), \cdots, u_N^*(t)$, 而各风险点安全状态运行的最优轨线 $P_k^*(t)$ 是方程 (7.53) 满足边界条件 (7.54) 的解. 解为

$$P_k^*(t) = \exp\left\{-\int_{t_0}^{t}[\eta_k(\tau) + b_k K_k(\tau)]d\tau\right\}P_k(t_0) \quad k = 1, 2, \cdots, N; \quad t_0 \leqslant t \leqslant t_f \tag{7.55}$$

由于各风险点涵盖的资产面临的风险强度不同, 在安全保护中重要性程度不同, 以及模型参数随时间变化等因素, 即使在最优策略控制的条件之下, 各风险点

信息资产的安全运行状况仍然具有不确定性. 为了从整体 (“宏观”) 上描述信息资产 (“微观”) 安全状态的不确定性程度, 这里借用 “安全熵” 的概念.

设第 k 个风险点 (对应信息资产 A_k) 在最优策略 $u_k^*(t)$ 控制下的安全性概率为 $P_k^*(t)$, 当 $k=1,2,\cdots,N$ 时, 则系统整体 (“宏观”) 安全状态的不确定性可以用如下熵函数描述

$$S(t)=-K_s\sum_{k=1}^{N}P_k^*(t)\ln P_k^*(t) \tag{7.56}$$

式中, K_s 为比例常数, $S(t)$ 称为 “安全熵”, 它是信息系统 “宏观” 安全状态不确定性程度的测度 (参见 6.3 节). 由于 $P_k^*(t)$ $(k=1,2,\cdots,N)$ 是各信息资产在最优策略控制下的安全性概率, 所以 $S(t)$ 也是信息系统安全风险整体控制效能的评价函数.

由于 $0\leqslant P_k(t_0)\leqslant 1$, 由式 (7.55) 知 $0\leqslant P_k^*(t)\leqslant 1$, 所以 $S(t)\geqslant 0$, $S(t)$ 越小, 意味着 $P_k^*(t)$ 越大, 控制效能越明显; 反之, $S(t)$ 越大, 意味着 $P_k^*(t)$ 越小, 控制效能越差.

注意到 $t_0\leqslant t\leqslant t_f$, 一旦 t_0, t_f 给定, 控制过程结束之后, 各信息资产的安全状态 (安全性概率) 也就确定了, 这时整个信息系统的安全熵为一定值, 记为 $S(t_0,t_f)$.

由于 $S(t)$ 的最大值为 $\dfrac{K_sN}{e}$, 所以为了便于量化比较, 定义控制效能综合评价指数 $E(t_0,t_f)$:

$$E(t_0,t_f)=\frac{K_sN}{e}-S(t_0,t_f) \tag{7.57}$$

最优控制的结果是使得 $E(t_0,t_f)$ 越大越好, 亦即 $S(t_0,t_f)$ 越小越好. 因此, 可将实际计算出的 $E(t_0,t_f)$ 值的大小作为综合评价控制效能的定量指标.

最后强调指出, 本节给出的基本思想和具体算法应用于信息系统风险控制 (安全保护) 的工程实践是可行的, 但至少应具备两个前提条件. 一是各信息资产风险强度的识别方法和量化标准已经建立; 二是 “容许控制策略” 与 “适度安全措施” 之间建立了一一对应的关系, 这种关系之间的相互映衬已建立在量化的基础上. 其中第二个前提条件在 7.3 节就已涉及, 只要是讨论信息系统的风险控制 (安全保护), 在任何情况下都是一个无法回避的问题, 必须引起理论界和工程界的高度重视.

7.5 基于 Logistic 模型的信息系统攻防控制

7.5.1 攻防控制的意义与内涵

信息系统攻防是信息对抗的重要方面, 研究与发展信息系统攻防能力, 是制信息权的竞争焦点, 也是获得信息优势的必要手段和途径. 我们知道, 运行在开放互

联网络环境下的信息系统不仅构成复杂、不确定性因素特别多, 而且组成系统的各信息资产本身存在固有的脆弱性和缺陷, 因此信息系统始终面临各种各样的潜在威胁. 这一方面给信息系统的安全保护 (防御控制) 提出了严峻的挑战, 另一方面也为攻击者 (攻击控制) 提供了机会和攻击可能成功的条件.

所谓攻防控制, 就是采取恰当的攻防策略和适度的攻防措施以降低或者提高目标信息系统的安全性概率, 从而达到攻击对方信息系统或者保护己方信息系统之目的.

无论是攻击控制还是防御控制, 都是围绕组成系统的各信息资产而展开的. 根据信息系统边界的相对性, 我们以信息资产为基本对象, 将信息系统划分为若干个攻防点, 攻防的效果以各攻防点信息资产安全性概率 (从而风险概率) 的增减趋势予以判定.

Logistic 方程始于 20 世纪上半叶作昆虫养殖实验提出的 "虫口方程", 围绕它的理论与应用研究至今方兴未艾, 原因是该方程提出了描述一切客观系统发展过程的一个最简单、最基本、最广泛且最有用的数学模型[22,23]. 这里我们借鉴它先建立信息系统各攻防点的动态竞争模型, 并由此引出攻防因子 (博弈因子) 的概念, 并借助极大值原理导出面向信息资产的攻防控制算法; 然后, 通过定义 "状态熵", 揭示信息系统攻防控制的实质, 并导出攻防控制效能测度指标, 为信息系统攻防控制效能的综合评价提供量化依据, 并提出需要进一步研究的问题.

7.5.2 基于信息资产的动态竞争模型

设目标信息系统可以划分为 N 个攻防点, 其中第 k 个攻防点对应的信息资产记为 A_k, 资产 A_k 在 t 时刻被攻击而发生风险的概率为 $q_k(t)$, 则其安全性概率 $P_k(t)$ 可以表示为

$$P_k(t) = 1 - q_k(t) \tag{7.58}$$

为了针对信息资产 A_k 讨论攻防双方的竞争关系和竞争结果, 需要弄清楚 P_k 和 q_k 之间随时间 t 的变化关系及其增减趋势. 由于 P_k 和 q_k 之间满足方程 (7.58), 为提出它们之间的时变 (函数) 关系, 宜先找出其中之一 (比如 P_k) 对时间变化率的表达式. P_k 对 t 的变化率的表达式可记为

$$\dot{P}_k = \frac{dP_k}{dt} = f\{P_k, q_k\} = f\{P_k, 1 - P_k\} \tag{7.59}$$

根据攻防 (竞争) 的特点, P_k 和 q_k 之间一般不是线性关系, 这里借鉴 Logistic 方程, 其非线性关系可以简要地表示为

$$\dot{P}_k = \alpha P_k q_k = \alpha P_k (1 - P_k) \tag{7.60}$$

式中, α 为保持等式平衡的 "调节系数". 由于 $P_k=0$ 和 $P_k=1$ 都是极端情形, 认为在攻防实践中它是不可能的, 只有在 $t\to\infty$ 时才产生 (这时 $\dot{P}_k=0$). 也就是说, 曲线 $P_k=P_k(t)$ 将以 $P_k=0$ 和 $P_k=1$ 两水平直线为其渐近线, 所以只需取 $\alpha=1$ 进行讨论即可.

将式 (7.60) 直接积分可得

$$P_k=\frac{1}{1+\beta_k^{-1}e^{-t}},\quad \beta_k \text{ 为积分常数} \tag{7.61}$$

显然, 由式 (7.61) 描述的函数曲线就是 P_k 随时间的变动曲线, 如图 7.2 所示. 这是一类 Logistic 曲线, 它反映了 P_k 随时间 t 的增减规律及参数 β_k 对 P_k 的制约作用.

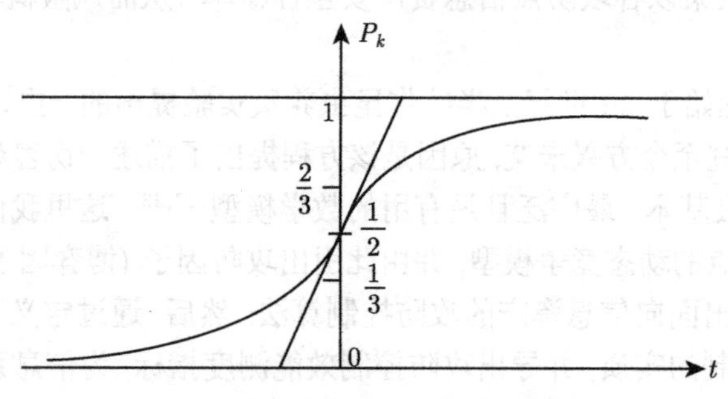

图 7.2　P_k 随时间 t 的变动曲线图

同时, 可得 P_k 的对偶曲线即 q_k 随时间 t 的变动曲线为

$$q_k=1-P_k=\frac{1}{1+\beta_k e^t} \tag{7.62}$$

由式 (7.60)~式 (7.62) 可知, 当 $P_k=\frac{1}{2}$ 时, $\dot{P}_k$ 达到最大, 这时 P_k 的变化最急, 此时对应于 $\beta_k=1$; 当 $P_k=\frac{1}{3}$ 或 $P_k=\frac{2}{3}$ 时, P_k 随时间的变化急剧转缓, 此时对应于 $\beta_k=\frac{1}{2}$ 或 $\beta_k=2$, 从而 $q_k=\frac{2}{3}$ 或 $q_k=\frac{1}{3}$.

由此可见, P_k 和 q_k 之间在 [0, 1] 区间的中点处竞争最激烈, 变化最快, 远离中点而接近 $\frac{1}{3}$ 和 $\frac{2}{3}$ 点时竞争转缓, 但真正实现 0:1 或 1:0 的状态又是不可能的, 所以在攻防实践中可以以 $\frac{1}{3}$ 或 $\frac{2}{3}$ 邻域作为竞争的相持状态.

很显然, 在信息系统攻防控制中, 攻击方是千方百计使得资产 A_k 的安全性概率 P_k 进入 $\frac{1}{3}$ 邻域状态 $\left(\text{从而风险概率 } q_k \text{ 进入 } \frac{2}{3} \text{ 邻域状态}\right)$, 即使得参数 $\beta_k\leqslant\frac{1}{2}$; 防御方是千方百计使得资产 A_k 的安全性概率 P_k 进入 $\frac{2}{3}$ 邻域状态 (从而风险概

率进入 $\frac{1}{3}$ 邻域状态 $\Big)$, 即使得参数 $\beta_k \geqslant 2$. 攻防双方无论采取何种措施, 都可以通过改变参数 β_k 来达到攻防的目的, 因此我们把 β_k 称为攻防因子或博弈因子.

7.5.3 围绕信息资产的攻防控制模型及控制算法

式 (7.60) 是一个齐次非线性微分方程, 它描述的是一个自治系统, 即在没有"外力"作用的情况之下, 资产 A_k 的安全性概率 P_k(从而风险概率 q_k) 随时间而变化的规律. 随着时间的推移, P_k 和 q_k 的运行轨线完全由资产 A_k 的初始安全状态确定, 即由参数 β_k 完全确定. 而 β_k 值的大小直接与资产 A_k 的脆弱性严重程度、安全保护强度等因素有关. 在攻防控制中, 攻防双方作为信息系统的有机组成部分, 可以通过改变参数 β_k 以获得竞争优势, 但 β_k 是由构成系统的资产 A_k 的结构、功能、安全措施等诸多因素决定的, 不可能每次攻防都去改变它, 因此需要寻求另外的途径. 基本方法之一就是在动态竞争模型的基础之上外加一个控制项, 借助"外力"去改变资产 A_k 的安全状态 (即改变 P_k 和 q_k), 其作用相当于改变了参数 β_k. 基本模型为

$$\dot{P}_k(t) = P_k(t)[1 - P_k(t)] + b_k u_k(t) \tag{7.63}$$

式中, b_k 为常值, $u_k(t)$ 表示控制输入.

为了实现对资产 A_k 的安全状态实施有效的攻防控制, 需要设定一个性能指标 (目标泛函), 以定量描述控制质量的优劣. 无论是攻击控制还是防御控制, 都是力图以最小的控制代价将资产 A_k 的安全状态移动到所希望的位置上, 因此目标泛函可设定为

$$J_k = \frac{1}{2} f_k P_k^2(t_f) + \frac{1}{2}\int_{t_0}^{t_f} r_k u_k^2(t) dt \tag{7.64}$$

其中, $f_k \geqslant 0$, $r_k > 0$, 为加权常值, 可根据实际需要进行设置和调整; $P_k(t_f)$ 为终端状态, 根据攻击或防御的需要预先设置, 也称为目标状态; t_0, t_f 分别表示初始时间和终端时间.

假定 A_k 的初始安全状态为 $P_k(t_0)$(任意初态), 终端安全状态为 $P_k(t_f)$(目标状态), 则围绕 A_k 安全状态的攻防控制问题, 可归结为如下动态最优化问题:

给定资产 A_k 安全状态的动态方程 (7.63) 和边界条件 $P_k(t_0)$, $P_k(t_f)$, 求满足目标泛函 (7.64) 的容许控制策略 $u_k = u_k^*(t)$, 使 A_k 的安全状态由初态 $P_k(t_0)$ 转移到终态 $P_k(t_f)$, 且使 $J_k(u_k^*) = \min$.

由前面分析可知, 无论是攻击控制还是防御控制, 都可以通过求解上述动态最优化问题获得最优控制策略 $u_k^*(t)$, 差别只是在边界条件的终端目标上. 若终端目标 $P_k(t_f)$ 取值为 $\frac{1}{3}$ 或更小, 则为攻击控制; 若终端目标取值为 $\frac{2}{3}$ 或更大, 则为防御控制.

上述求攻防控制最优策略的问题, 是一个典型的求泛函极值的问题, 有多种求解方法可供采用. 这里借助极大值原理获得其解的表达式, 从而得到围绕资产 A_k 安全状态为目标的攻防控制算法.

构造 Hamilton 函数

$$H_k = \frac{1}{2} r_k u_k^2(t) + \lambda_k(t) \{P_k(t)[1 - P_k(t)] + b_k u_k(t)\} \tag{7.65}$$

得协状态方程及边界条件

$$\dot{\lambda}_k(t) = -\frac{\partial H_k}{\partial P_k} = -[1 - 2P_k(t)]\lambda_k(t) \tag{7.66}$$

$$\lambda_k(t_f) = f_k P_k(t_f) \tag{7.67}$$

攻防控制最优策略应满足附加方程

$$\frac{\partial H_k}{\partial u_k} = r_k u_k(t) + b_k \lambda_k(t) = 0 \tag{7.68}$$

由于 $r_k > 0$, 于是有

$$u_k^*(t) = -\frac{b_k}{r_k}\lambda_k(t) \tag{7.69}$$

由协状态方程 (7.66) 及边界条件 (7.67) 可得协状态轨线为

$$\lambda_k(t) = f_k\ P_k(t_f) \exp\left\{-\int_t^{t_f} [1 - 2P_k(\tau)]d\tau\right\} \tag{7.70}$$

这样, 最优控制策略为

$$u_k^*(t) = -\frac{b_k f_k P_k(t_f)}{r_k} \exp\left\{-\int_t^{t_f} [1 - 2P_k(\tau)]d\tau\right\} \tag{7.71}$$

记

$$K_k = \frac{b_k}{r_k} f_k P_k(t_f) \tag{7.72}$$

进一步有

$$u_k^*(t) = -K_k \exp\left\{-\int_t^{t_f} [1 - 2P_k(\tau)]d\tau\right\} \tag{7.73}$$

将式 (7.73) 代入状态方程 (7.63), 可得

$$\dot{P}_k(t) = P_k(t)[1 - P_k(t)] - b_k K_k \exp\left\{-\int_t^{t_f} [1 - 2P_k(\tau)]d\tau\right\} \tag{7.74}$$

初始条件为

$$P_k(t_0) = P_{k_0} \tag{7.75}$$

资产 A_k 安全状态运行的最优轨线 $P_k^*(t)$ 是方程 (7.74) 满足边界条件 (7.75) 的解.

由于方程 (7.74) 是一个复杂的非线性动态方程, 很难获得其解析解. 可以借助数值求解方法, 在时间区间 $t_0 \leqslant t \leqslant t_f$ 内计算出各个时刻 P_k^* 的值, 从而获得序列值 $\{P_k^*(t)\}$, 也就得到了 P_k 运行的最优轨线. 将序列值 $\{P_k^*(t)\}$ 代入式 (7.73), 即可得到攻防控制最优策略的时间序列值 $\{u_k^*(t)\}$, $t_0 \leqslant t \leqslant t_f$.

综合以上所述, 围绕信息资产 A_k 的安全状态为目标的攻防控制策略 $\{u_k^*(t)\}$ 是其安全性概率 $P_k(t)$ 的非线性函数, 借助 $P_k(t)$ 的非线性反馈可以使攻防控制双方均能实现最优控制; 在给定 b_k, f_k, r_k 以及边界条件 $P_k(t_0)$, $P_k(t_f)$ 的情况下, 求最优攻防控制策略 $u_k^*(t)$ 的问题, 最终归结为求非线性动态方程 (7.74) 满足边界条件 (7.75) 的数值解的问题.

7.5.4 信息系统的状态熵及攻防控制效能综合评价

假设信息系统各个攻防点 (对应资产 A_k) 的攻防控制是在相互独立的情况下进行的, 对系统总体攻防效果的影响也是相互独立的. 当 $k = 1, 2, \cdots, N$ 时, 反复应用前面给出的控制算法和计算步骤, 可得信息系统各攻防点攻防控制的最优策略序列 $\{u_1^*(t)\}, \{u_2^*(t)\}, \cdots, \{u_N^*(t)\}$; 各攻防点信息资产安全状态运行的最优轨线是方程 (7.74) 满足边界条件 (7.75) 的数值解: $\{P_1^*(t)\}, \{P_2^*(t)\}, \cdots, \{P_N^*(t)\}$.

由于各攻防点涵盖的资产要素构成不同, 在攻防控制中重要性程度不同, 以及资产脆弱性随时间变化等因素, 即使在攻防最优策略控制的条件之下, 各攻防点信息资产的安全运行状态仍然具有不确定性. 为了从整体 ("宏观") 上描述信息资产 ("微观") 安全状态的不确定性程度, 这里引入 "状态熵" 的概念.

设第 k 个攻防点 (对应资产 A_k) 在最优攻防策略 $u_k^*(t)$ 控制下的安全性概率为 $P_k^*(t)$, 则系统整体 ("宏观") 安全状态的不确定性可以用如下熵函数描述

$$S(t) = -K_s \sum_{k=1}^{N} P_k^*(t) \ln P_k^*(t) \tag{7.76}$$

式中, K_s 为比例常数, $S(t)$ 称为 "状态熵", 它是信息系统 "宏观" 安全状态不确定性程度的测度.

实际上, $S(t)$ 就是前面已经定义过的 "安全熵", 这里之所以把它称为 "状态熵", 是为了强调攻防双方在以信息资产安全状态为攻防目标的情形之下, 即使是采用最优攻防控制策略, 目标安全状态仍然具有不确定性, 这种不确定性可以用熵函数 $S(t)$ 予以度量. 由于 $P_k^*(t)\,(k = 1, 2, \cdots, N)$ 是各信息资产在最优攻防策略控制下的安全性概率, 所以 $S(t)$ 也是信息系统整体攻防控制效能的评价函数.

由于 $0 \leqslant P_k^*(t) \leqslant 1$, 所以 $S(t) \geqslant 0$, 并且 $S(t)$ 越小, 意味着 $P_k^*(t)$ 越大, 即防御控制效能越明显, 而攻击控制效能越差; 反之, $S(t)$ 越大, 意味着 $P_k^*(t)$ 越小, 即攻

击控制效能越明显, 而防御控制效能越差. 因此, **攻防控制的实质是: 攻击方总是尽可能增大目标信息系统的状态熵, 弱化防御方对系统的控制能力; 防御方则是尽可能减小目标信息系统的状态熵, 弱化攻击方对系统的控制能力.**

注意到 $t_0 \leqslant t \leqslant t_f$, 一旦 t_0, t_f 给定, 攻防控制过程结束后, 各信息资产的安全状态 (安全性概率) 也就确定了, 这时目标信息系统的状态熵为一定值, 记为 $S(t_0, t_f)$.

因为 $S(t)$ 的最大值 (最大熵) 为 $\dfrac{K_s N}{e}$, 并且 $S(t_0, t_f)$ 的值始终小于 $\dfrac{K_s N}{e}$, 所以为了便于比较, 定义攻防控制效能综合评价指数 $E(t_0, t_f)$:

$$E(t_0, t_f) = \frac{K_s N}{e} - S(t_0, t_f) \tag{7.77}$$

攻击控制的结果使得 $S(t_0, t_f)$ 越大越好, 亦即 $E(t_0, t_f)$ 越小越好; 防御控制的结果是使得 $S(t_0, t_f)$ 越小越好, 亦即 $E(t_0, t_f)$ 越大越好. 因此, 可以将实际计算出的 $E(t_0, t_f)$ 值的大小作为综合评价攻防控制效能的定量指标.

最后需要强调两点:

(1) 前面我们根据信息系统攻防竞争的特点, 将攻击控制和防御控制归纳在一类统一的算法之中, 区别只是终端条件 (目标状态) 的不同. 但要特别注意, 按照攻击策略所采用的控制措施 (工具) 和按照防御策略所采用的控制措施 (工具) 是完全不一样的. 若是攻击控制, 所采用的是威胁性措施 (工具), 如木马技术、篡改、冒充、陷阱门、拒绝服务等; 若是防御控制, 所采用的是保护性措施 (工具), 如防火墙、入侵检测、身份鉴别、加密技术、防病毒等.

(2) 前面给出的基本思想和具体算法应用于信息系统的攻防控制实践是可行的, 其前提条件是: “攻击控制策略” 与 “攻击措施” 之间、“防御控制策略” 与 “防御措施” 之间建立了一一对应的关系, 这种关系之间的相互映射已经建立在量化的基础之上. 正如本章前两节所述, 这类问题无论在理论上还是工程实践上, 到目前为止都还没有得到很好地解决, 应该作为信息系统攻防控制领域需要进一步研究的重要问题之一.

7.6 信息系统的风险控制与耗费成本

信息系统风险控制的基本任务, 就是采取恰当的风险控制策略和适度的风险控制措施将系统的安全风险控制在人们可接受的范围之内, 这就是适度安全的概念. 为了确保信息系统达到基本的安全需求, 存在着耗费的最小容许值, 也就是说, 耗费更小的安全方案在技术上不可能实现.

对应于耗费最小的风险控制系统, 称为基本系统, 相应的安全性称为初始安全性, 对应的风险称为基本风险. 以此为基础, 要进一步提高系统的安全性就必须增加安全措施, 以降低系统的风险, 从而提高整个信息系统的安全等级和抗风险能力, 这就必然增加耗费成本.

下面, 我们以初始安全性概率和初始耗费成本为基础, 建立安全性概率与耗费成本之间的定量关系; 以安全性增量为评价准则选取最优风险控制方案; 借助 Lagrange 乘子法, 对成本增量进行尽可能的合理分配, 使得信息系统的安全性概率达到最大.

7.6.1 关系方程

设信息系统初始安全性概率为 P_0, 初始耗费为 C_0, $\varphi(\Delta C)$ 为耗费函数, 则安全性概率 P 与耗费函数 $\varphi(\Delta C)$ 之间有如下关系[51]:

$$P = P_0 + k_p \varphi(\Delta C) \tag{7.78}$$

式中, $\Delta C = C - C_0$, C 为增加安全措施后的耗费, ΔC 为耗费增量; k_p 为比例系数.

式 (7.78) 称为关系方程, 当初始安全性概率 P_0 和初始耗费 C_0 为已知时, 建立关系方程的问题就变成了选择系数 k_p 和耗费函数 $\varphi(\Delta C)$ 的问题. 当 $k_p = 1 - P_0$ 时, 往往觉得是较为理想的情况, 这时关系方程有如下的形式:

$$P = P_0 + (1 - P_0)\varphi(\Delta C) \tag{7.79}$$

从安全性角度考虑, 耗费函数 $\varphi(\Delta C)$ 应满足下列条件:

$$\left.\begin{array}{ll} P = P_0, & \text{当 } \Delta C = 0 \text{ 时, 即 } \varphi(0) = 0 \\ P = 1, & \text{当 } \Delta C \to \infty \text{ 时, 即 } \lim\limits_{\Delta C \to \infty} \varphi(\Delta C) = 1 \end{array}\right\} \tag{7.80}$$

满足条件 (7.80) 的 $\varphi(\Delta C)$ 应具有如下形式:

$$\varphi(\Delta C) = 1 - e^{-\frac{1}{\alpha}\Delta C^{\beta}} \tag{7.81}$$

在这种情况下, 耗费函数完全取决于参数 α 和 β, 而它们的确定与信息系统的初始安全性、耗费成本增量、安全措施等诸多因素有关, 需要在工程实践中通过统计的办法或者经验积累加以解决.

下面进一步讨论安全性增量与耗费增量之间的关系表达式, 即推导出安全性增量方程.

设信息系统的基本风险概率为 q_0, 以 ΔP 表示安全性增量与基本风险概率之比, 即

$$\Delta P = \frac{P - P_0}{q_0} = \frac{P - P_0}{1 - P_0} \tag{7.82}$$

则由式 (7.79), (7.81) 可得

$$\Delta P = \varphi(\Delta C) = 1 - e^{-\frac{1}{\alpha}\Delta C^{\beta}} \tag{7.83}$$

安全性增加, 意味着风险下降, 若以 Δq 表示风险下降的程度, 则下面的关系是正确的:

$$\Delta P + \Delta q = 1 \tag{7.84}$$

由式 (7.82)~式 (7.84) 可得

$$\Delta q = \frac{1-P}{1-P_0} = e^{-\frac{1}{\alpha}\Delta C^{\beta}} \tag{7.85}$$

显而易见, ΔP 和 Δq 的变化范围与概率的变化范围相适应, 即

$$0 \leqslant \Delta P \leqslant 1; \quad 0 \leqslant \Delta q \leqslant 1 \tag{7.86}$$

式 (7.83) 又可以写成

$$\frac{1}{1-\Delta P} = e^{\frac{1}{\alpha}\Delta C^{\beta}} \tag{7.87}$$

为了获得安全性增量与耗费之间的线性关系, 对式 (7.87) 两次取对数:

$$\ln\ln\frac{1}{1-\Delta P} = -\ln\alpha + \beta\ln\Delta C$$

可得

$$\Delta\bar{P} = K + \beta Z \tag{7.88}$$

其中

$$\Delta\bar{P} = \ln\ln\frac{1}{1-\Delta P}$$

$$K = -\ln\alpha$$

$$Z = \ln\Delta C$$

式 (7.88) 称为信息系统安全性增量方程, 它描述了安全性增量与耗费增量之间的线性关系.

7.6.2 风险控制方案的选择

在选择风险控制方案时, 最直观的办法就是将安全性增量作为评价准则, 认为耗费固定时, 具有最大安全性增量的方案是最优的.

为了评价各种方案, 我们采用安全性增量方程, 它具有式 (7.88) 的形式, 并可写成

$$\Delta\bar{P}_i = K_i + \beta_i Z \tag{7.89}$$

其中脚标 i 表示第 i 个方案, 对不同的方案, K_i, β_i 取不同的值.

在分析和比较两个风险控制方案时, 安全性增量联立方程为

$$\Delta\bar{P}_1 = K_1 + \beta_1 Z \tag{7.90}$$

$$\Delta\bar{P}_2 = K_2 + \beta_2 Z \tag{7.91}$$

假定系数 K_i, β_i 已知, 且满足不等式

$$\left.\begin{array}{l} K_1 > K_2 \\ \beta_1 < \beta_2 \end{array}\right\} \tag{7.92}$$

对于方程组 (7.90), (7.91) 的实根, 可以证明存在交点 Z_k(称为耗费临界点), 它把可能存在的解分成两个区域 (临界点以上和临界点以下), 临界点 Z_k 由方程组 (7.90), (7.91) 确定:

$$Z_k = \frac{K_1 - K_2}{\beta_2 - \beta_1} \tag{7.93}$$

其中每个区域都存在最优解, 在对两个控制方案进行比较时, 应遵循以下规则:

当 $Z < Z_k$ 时, 选第一方案;

当 $Z > Z_k$ 时, 选第二方案.

现在, 假设有 n 个方案可供选择, 那么存在 $n-1$ 个耗费临界点, 它们由下面的方程确定:

$$Z_{k,i} = \frac{K_i - K_{i+1}}{\beta_{i+1} - \beta_i}, \quad i = 1, 2, \cdots, n-1 \tag{7.94}$$

如果耗费满足条件

$$Z_{k,i-1} < Z < Z_{k,i} \tag{7.95}$$

那么第 i 个方案是最优的.

例 7.1 针对某信息系统有三个风险控制方案, 它们的安全性增量方程分别为

$$\Delta\bar{P}_1 = 1.53 + 0.13Z$$

$$\Delta\bar{P}_2 = 1.16 + 0.5Z$$

$$\Delta\bar{P}_3 = 0.83 + 0.67Z$$

根据式 (7.94), 可计算出耗费增量的临界点有两个, 分别为 $Z_{k,1} = 1$ 和 $Z_{k,2} = 1.94$, 如果耗费 Z 满足条件

$$Z_{k,1} < Z < Z_{k,2}$$

那么第二个方案是最优的.

7.6.3　耗费成本增量的分配

风险控制方案选定之后, 接下来就是要解决耗费成本增量的分配问题, 这种分配应使信息系统的整体安全性达到最高. 这是一个最优化问题, 其中限制条件为耗费总成本.

无论采用何种风险控制方案, 其目的都是要提高信息系统的机密性、完整性、可用性、可控性、可审查性等项安全属性指标的概率, 从而提高系统的整体安全性概率.

设第 i 项安全属性指标的概率为 p_i, 耗费成本为 C_i, 则信息系统的整体安全性概率 P 可以表示为

$$P = f\{p_1(C_1), p_2(C_2), \cdots, p_n(C_n)\} \tag{7.96}$$

限制条件为

$$C = \psi(C_1, C_2, \cdots, C_n) \tag{7.97}$$

其中, n 为所考虑的安全属性指标数. 如果各项安全属性指标对系统整体安全风险的影响是相互独立的, 那么信息系统的整体安全性概率可按下式计算:

$$P = \prod_{i=1}^{n} p_i \tag{7.98}$$

假定第 i 项属性指标的初始概率为 p_{0i}, 初始耗费为 C_{0i}, 那么在考虑最优化问题时可以不考虑限制条件的绝对值, 而仅仅考虑相对于初始值的增量. 信息系统整体风险控制成本增量与各项属性指标的控制成本增量之间应遵从如下关系:

$$\Delta C = \sum_{i=1}^{n} \Delta C_i \tag{7.99}$$

式中

$$\Delta C_i = C_i - C_{0i}$$

成本增量必须满足如下限制方程:

$$\theta = \sum_{i=1}^{n} \Delta C_i - \Delta C_{\max} = 0 \tag{7.100}$$

其中, $\Delta C_{\max}$ 为成本增量的最大允许值.

第 i 项安全属性指标的概率与其成本增量之间的关系, 可以参照式 (7.79) 和式 (7.81) 得到如下公式:

$$p_i = 1 - (1 - p_{0i})e^{-\frac{1}{\alpha_i}\Delta C_i^{\beta_i}} \tag{7.101}$$

或者写成

$$p_i = p_{0i} + (1 - p_{0i})\Delta p_i \tag{7.102}$$

式中

$$\Delta p_i = \frac{p_i - p_{0\,i}}{1 - p_{0\,i}} = 1 - e^{-\frac{1}{\alpha_i}\Delta C_i^{\beta_i}} \tag{7.103}$$

引入 Lagrange 乘以 ε, 这样, 计算 ΔC_i 的最优值 (耗费成本增量的最优分配) 使得信息系统整体安全性最高的问题, 就归结为求解如下方程组:

$$\frac{\partial P}{\partial \Delta C_i} - \varepsilon \frac{\partial \theta}{\partial \Delta C_i} = 0, \quad i = 1, 2, \cdots, n \tag{7.104}$$

因为 θ 对 ΔC_i 的偏导数对所有 i 值均等于 1, 所以有

$$\frac{\partial P}{\partial \Delta C_i} = \varepsilon, \quad i = 1, 2, \cdots, n \tag{7.105}$$

假设安全性概率满足式 (7.98), 则偏导数具有下面的形式:

$$\frac{\partial P}{\partial \Delta C_i} = \frac{\partial P}{\partial p_i}\frac{\partial p_i}{\partial \Delta C_i} = \frac{P}{p_i}\frac{\partial p_i}{\partial \Delta C_i} \tag{7.106}$$

进一步有

$$\frac{P}{p_i}\frac{\partial p_i}{\partial \Delta C_i} = \varepsilon, \quad i = 1, 2, \cdots, n \tag{7.107}$$

由式 (7.101), 对 P_i 求偏导数得

$$\frac{\partial p_i}{\partial \Delta C_i} = (1 - p_{0i})\beta_i \frac{\Delta C_i^{\beta_i - 1}}{\alpha_i} e^{-\frac{1}{\alpha_i}\Delta C_i^{\beta_i}} \tag{7.108}$$

注意到

$$e^{-\frac{1}{\alpha_i}\Delta C_i^{\beta_i}} = \frac{1 - p_i}{1 - p_{0i}} \tag{7.109}$$

$$\frac{\Delta C_i^{\beta_i - 1}}{\alpha_i} = \frac{1}{\Delta C_i} \ln \frac{1 - p_{0i}}{1 - p_i} \tag{7.110}$$

将式 (7.108)~ 式 (7.110) 代入式 (7.107), 得到优化成本增量分配的方程组为

$$\frac{P\beta_i}{\Delta C_i}\left(\frac{1}{p_i} - 1\right) \ln \frac{1 - p_{0i}}{1 - p_i} = \varepsilon, \quad i = 1, 2, \cdots, n \tag{7.111}$$

从而得到计算 ΔC_i 和 ε 的公式:

$$\Delta C_i = \frac{P\beta_i}{\varepsilon}\left(\frac{1}{p_i} - 1\right) \ln \frac{1 - p_{0i}}{1 - p_i}, \quad i - 1, 2, \cdots, n \tag{7.112}$$

$$\varepsilon = \frac{P}{\Delta C_{\max}} \sum_{i=1}^{n} \beta_i \left(\frac{1}{p_i} - 1 \right) \ln \frac{1 - p_{0i}}{1 - p_i} \tag{7.113}$$

根据以上各式, 各项安全属性指标的允许值和成本增量的最优分配可用逐步逼近法予以实现. 作为启动, 可以把成本增量的最大允许值等量分配, 然后按公式确定下一步要用到的 p_i, P 和 ε 的值.

已知 p_{0i}, α_i, β_i 的条件下, 逐步逼近法计算步骤如下:

(1) 计算启动值: $\Delta C_i = \dfrac{\Delta C \max}{n}, i = 1, 2, \cdots, n$;

(2) 按式 (7.101) 计算 $p_i, i = 1, 2, \cdots, n$;

(3) 按式 (7.98) 计算 P;

(4) 按式 (7.113) 计算 ε;

(5) 按式 (7.112) 计算 $\Delta C_i, i = 1, 2, \cdots, n$;

(6) 返回第二步.

第8章　博弈论与网络攻防概述

8.1 引　言

随着互联网技术的快速发展与普及, 网络空间的安全已经从一系列的技术问题发展成为一种战略概念. 全球化和互联网已经赋予个人、组织和国家基于连续发展互联网技术的惊人新能力, 信息收集、通信、筹款和公共关系都已实现数字化. 于是, 所有政治、经济和军事冲突现在都有了网络维度, 其范围和影响难以预测, 网络空间发生的战斗可能比地面发生的任何战斗都更为重要, 最终结果主要取决于作战双方的网络攻击和网络防御能力与水平. 总之, 网络化拉近了世界的距离, 网络攻防成为一个严峻的战略问题呈现在世界各国面前.

到目前为止, 网络攻防方面的书籍或文章已经不少, 但都是侧重工程性或技术性的, 对于攻防过程中带有一般性和普遍意义的研究还很缺乏, 在攻防效能评估方面还缺乏科学严谨的评判理论与可操作的工程数学方法. 本书后半部分的基本思考, 就是力图将网络攻防引导到 "策略博弈" 的数学理论上, 这一理论就是博弈论.

博弈论衍生于古老的棋类游戏, 典型的有围棋和象棋, 是古人展现智慧、运筹争胜的重要方式. 但博弈论作为一门学科而确立的重要标志是美国数学家 Von Neumann 和经济学家 Oskar Morgenstern 在 1944 年出版的名著 *Theory of Games and Economic Behavior* (《博弈论与经济行为》) 一书[58]. 在这部里程碑式的巨著中, 他们主要研究了矩阵博弈, 并提出了博弈论两个经典框架: 非合作博弈和合作博弈.

经典的矩阵博弈属于零和博弈的范畴 (局中人的支付和为零), 1950 年, Nash 在其开创性论文《n 人博弈中的均衡点》中给出了 Nash 均衡的概念和均衡存在性定理, 将博弈论的分析扩展到非零和的博弈, 从而奠定了非合作博弈研究的基石.

到了 20 世纪 60 年代, 博弈论的研究继续深入, Selten 证明了非合作博弈中不是所有 Nash 均衡都是同样合理的, 进一步将非合作博弈从静态发展到非合作动态博弈, 并提出了子博弈完美均衡的概念; Harsanyi 针对非合作博弈中不完全信息提出了 Harsanyi 转衡, 将不完全信息的非合作博弈转化为不完美信息博弈, 从而奠定了现在对非合作博弈所称的完全信息博弈和不完全信息博弈的基础.

半个多世纪以来, 博弈论的理论研究逐步成熟 (特别是非合作博弈), 并且在经济学、生物学、社会学、国际关系、军事战略等领域都得到了广泛的应用.

在博弈论研究与发展过程中, 涌现了众多著名的学者, 其中有两个人必须记住,那就是 Nash 和 Von Neumann, 他们是博弈论发展史上所起作用最大的两位学者, 是极富创新性的人物.

Nash 是 Von Neumann 的学生, 当他向老师介绍自己对均衡存在性证明的思路时, 老师作为纯数字与应用数学两方面的世界性权威竟然打断学生, 不耐烦地说: "这是平凡的事, 这只不过是不动点定理". Von Neumann 看不准 Nash 研究成果的价值, 但是经济科学、社会科学乃至生物学的发展都使人们充分认识冠以 Nash 名字的 Nash 均衡在认识上的深刻性. 这充分证明了科学的真理检验是多么需要时间与实践的投入!

在充满矛盾和竞争的信息网络空间, 信息利用和信息对抗无处不在、无时不有, 而网络攻防是信息利用和信息对抗的重要方面. 研究与发展网络攻防能力, 是制信息权的竞争焦点, 也是获得信息优势的必要手段和途径. 根据博弈论研究问题的特点和网络攻防竞争与对抗的基本现实, 将博弈论的基本原理和方法用于研究网络信息系统的攻防控制, 不仅是可行的, 而且是顺理成章的事.

在 7.5 节中, 已经讨论过信息系统攻防控制的意义、内涵及实质, 并从安全风险状态控制的角度, 讨论了基于 Logistic 模型的信息系统攻防控制问题. 从本章开始, 我们将按照博弈论研究问题的基本思路, 把信息系统的攻防控制问题抽象为攻防双方的策略依存性: 防御方所采取的防御策略是否有效, 不应该只取决于自身的行为, 还应该取决于攻击方的策略; 同样, 攻击方所采取的攻击策略是否有效, 也不应该只取决于自身的行为, 还应该取决于防御方的策略. 所以, 可以利用博弈论来研究攻防矛盾及其最优攻防策略等攻防对抗难题. 正如 Hamilton 所指出的, 博弈论将在网络攻防对抗领域发挥重要作用, 是未来信息安全很有前途的研究方向[59].

在这里, 我们以信息系统构成要素 (信息资产) 的安全性概率和风险概率为博弈参数, 借助博弈论的基本原理和方法, 先建立围绕信息资产安全风险的攻防控制模型, 将信息系统的攻防控制问题, 归结为围绕信息资产安全风险的策略博弈问题. 在此基础上, 分别就基于策略式描述的网络攻防博弈、基于 Bayes-Nash 均衡的网络攻防博弈、基于扩展式描述的网络攻防博弈、网络攻防效能评估等问题进行讨论, 并通过工程示例与仿真分析说明所建模型的可行性及应用背景.

8.2 理性行为的定性分析

8.2.1 理性行为模型及其组成要素

博弈论沿用了新古典经济学的基本观点, 认为博弈过程中的行为主体是理性的, 理性人在最大化自己的目标函数时, 冲突在所难免, 即使合作也是完全出于自己的利益.

根据诺贝尔经济学奖历年获奖者有关行为研究的理论, 理性行为的特征概括起来有以下四个方面[61]:

(1) 行为主体遵循最大化原则. 假设行为主体会合理利用自己所收集到的信息来估算将来不同结果的概率和价值, 并且能够选择其中期望效用最大的行为. 效用最大化对于不同的行为主体来说有不同的表现: 消费者追求满足最大化, 生产要素拥有者追求收益最大化, 生产者追求利润最大化, 政府则实现目标最大化;

(2) 行为主体所处的信息环境是一种完全信息的情形. 假设参与市场活动的所有经济人都具备有关行为的完全对称信息. 信息充分假设是行为主体对未来做出无偏预测的基础;

(3) 行为主体具有明确的目的, 而且能够独立思考做出自己的决策, 不受其他人的行为影响. 理性行为强调决策者经过自身缜密的思考后才采取行动, 他们有能力对不确定性的市场信号进行去伪存真的筛选、识别, 而且精于判断和计算, 其行为决策符合始终如一的偏好原则.

(4) 行为主体具有明显的利己动机, 尽管多数经济学家都承认人类经济行为的目标并非全部都是自利的, 还有利他成分的存在, 但现代主流经济学仍采用了“新古典经济人”假设, 将利己或自利看作人类行为的最主要和最核心的目标.

在网络攻防实战过程中, 攻防参与人作为攻防行为的主体, 可以是计算机个人用户、计算机黑客, 也可以是组织、机构和国家. 无论是哪种情况, 行为主体都是根据所处的信息环境, 利用所掌握的信息和目标信息网络的脆弱性知识, 选择攻防行动以最小的代价获取最优的结果, 以达到个人的, 或者机构的, 或者组织的, 乃至国家的网络攻防控制目标. 由此可见, 网络攻防的参与人应该是理性人, 网络攻防控制行为具有理性行为的典型特征.

在具有对抗性质的各种博弈情形中, 各种行为主体的理性人假设是建立在这样的意义之上的: 即决策人知道他的选择内容, 对未知的事情形成预期, 具有明确的偏好, 并在经过一些优化过程后审慎地选择他的行为. 排除不确定性因素后, 下面的一些要素便组成了一个理性行为模型[62]:

(1) 一个行为 (action) 集合 $\mathbf{A}$, 决策主体从 $\mathbf{A}$ 中做出一个选择;

(2) 一个上述行为的可能结果 (consequence) 集合 $\mathbf{C}$;

(3) 一个结果函数 $g: \mathbf{A} \to \mathbf{C}$, g 使每个行为与一个结果相对应;

(4) 一个集合 $\mathbf{C}$ 上的偏好关系 $\succeq$ (一个完全的、可传递的、自反的和二元的关系).

有时专门给定一个效用函数 (utility function)$u: \mathbf{C} \to R$ 来表示决策主体的偏好, 其中 R 为随机变量.

在我们所研究的模型描述中, 行为主体往往要在不确定条件下加以决策. 在对抗博弈中, 局中人可能:

(1) 不能确定环境的客观参数;

(2) 对博弈中发生的事件不很清楚;

(3) 不能确定其他局中人的行为;

(4) 不能确定其他局中人的推理.

为了对不确定情形下的决策建模, 几乎所有关于博弈的讨论都使用了 Von Neumann 和 Morgenstern[58] 以及 Savage[63] 的理论. 也就是说, 如果结果函数是随机的并被决策主体已知, 亦即对每一个 $a \in \mathbf{A}$, 如果 $g(a)$ 是集合 $\mathbf{C}$ 上的一个不确定性事件 (概率分布), 那么决策主体就被认为是为最大化一个函数期望值 (效用) 去行为, 这个函数给每个结果赋一个值. 如果行为与结果间的随机联系是给定的, 那么决策主体就被认为是按其心目中的一个概率分布去行为, 这个分布决定了任何行为的结果. 在这种情况下, 决策主体被认为将这样行为：即其心目中有一个 "状态空间"Ω, 一个 Ω 上的概率测度 P, 一个函数 $g: \mathbf{A} \times \Omega \to \mathbf{C}$, 以及一个效用函数 $u: \mathbf{C} \to R$; 他被假定为考虑到概率测度去选择一个行为来最大化期望值 $u(g(a, P))$.

8.2.2　黑客与黑客攻击

黑客 (Hacker) 一词最初指的是使用软件或硬件的高手, 他们可以使计算机系统做出超乎意料的事情. 然而, 现在该术语一般用来指那些利用编程技巧和技术知识对计算机或网络进行未授权访问的人. 这个词也可以作为一个动词, "去黑" 意味着闯入非授权计算机系统, 也就是黑客攻击.

黑客攻击是计算机网络系统面临的主要安全威胁之一, 也是网络攻防对抗中经常采用的手段和途径. 所谓 "网络空间战"("网络战"), 就是指一个国家通过入侵另一个国家的电脑或网络从而对其造成扰乱或破坏的行为[64]. 这种行为无论是成功还是失败, 其行为主体通常都是以黑客的面目出现的, 至少在行为过程的开始阶段是如此.

随着计算机的普及和互联网技术的迅速发展, 黑客也大量涌现. 在人们赖以生存的网络空间, 黑客和黑客攻击行为已经成为新常态, 可以说是无处不在、无时不有. 按行为划分, 黑客可以分为白帽、灰帽及黑帽三种[65]. 白帽黑客是指有能力破坏计算机安全但不具恶意目的的黑客. 白帽黑客一般遵守道德规范, 并常常同机构或企业合作去改善被发现的安全弱点. 灰帽黑客是指对于伦理和法律暧昧不清的黑客. 黑帽黑客通常是指骇客 (Cracker), 就是 "破解者" 的意思, 从事恶意破解商业软件, 恶意入侵别人的电脑或网络等的一些计算机高手.

黑客的动机大致可以分为以下六类[66].

好奇心　计算机爱好者出于对计算机和网络的好奇, 对计算机和网络进行无恶意的攻击.

虚荣心　一些人通过攻击价值比较高的目标, 来炫耀自己的黑客技能, 提高在黑客中的知名度.

技术挑战 想要追求更高的计算机和网络技能, 从而进入他人的计算机系统, 但不做任何破坏活动. 这些人在发现系统漏洞后会向网络管理人员提出问题所在或是帮助修补漏洞.

报复 利用黑客技能入侵他人系统获取情报, 造成被入侵者经济或名誉损失, 来达到报复的目的.

金钱 一些黑客以获得金钱为目的来进行网络入侵, 通过窃取商业或个人信息来敛财.

政治目的 任何政治因素都会反映到网络空间, 主要表现为: 敌对国之间入侵他国军事情报网窃取情报、篡改局势战略部署等干扰国防军事系统; 个人或组织对政府不满, 入侵政府网站进行破坏活动.

一般说来, 一个完整的黑客攻击过程首先需要隐藏自己, 而后进行踩点、扫描和查点, 当检测到计算机的各种属性和具备攻击条件后, 就会采取一定的攻击方法进行攻击, 之后攻击者会删除或修改系统日志来掩盖踪迹, 最后还会在受害者系统上创建一些后门, 以便入侵者以后再次控制整个系统.

黑客的攻击流程大体可以归纳为以下 9 个步骤: 踩点、扫描、查点、获取访问权、权限提升、窃取、掩盖痕迹、创建后门和拒绝服务攻击, 攻击流程如图 8.1 所示.

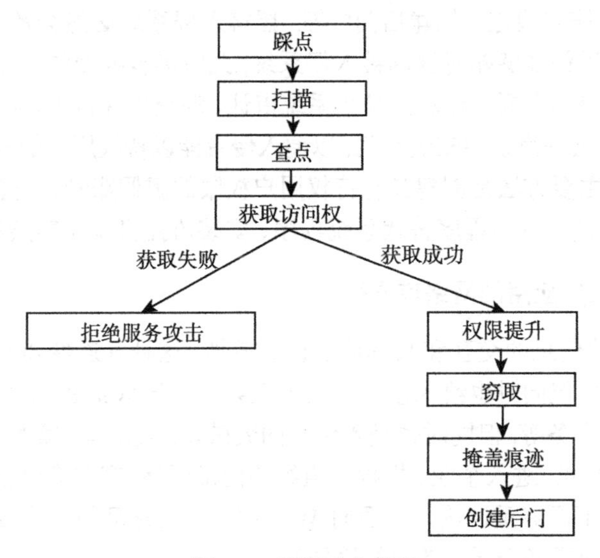

图 8.1 黑客攻击流程

黑客攻击的上述步骤可以归纳为攻击前奏—实施攻击—巩固控制几个过程.

攻击前奏 攻击者在发动攻击前, 需要了解目标网络的结构, 收集目标系统的各种信息. 一般通过三个步骤, 即 "踩点、扫描、查点" 来进行. 踩点就是通过各种工具和技巧对攻击目标的情况进行探测, 进而对其安全情况进行分析; 扫描就是应用 ping 扫描、端口扫描、安全漏洞扫描等扫描技术获取活动主机、开放服务、操作系统、安全漏洞等关键信息; 查点就是从目标系统中获取有效账号或导出系统资源目录. 查点技术通常和操作系统有关, 收集的信息包括用户名和组名信息、系统类型信息、路由表信息和 SNMP(简单网络管理协议) 信息等.

实施攻击 当攻击者探测到足够的系统信息, 掌握了系统的安全弱点之后, 就要开始发动攻击. 攻击的最终目的是控制目标系统, 从而可以远程操作目标主机, 窃取机密信息. 对于不同的网络结构、不同的系统情况, 可以采用不同的攻击手段, 但就其攻击步骤来讲, 可以分为 "获取访问权、权限提升、窃取" 等几个步骤. 获取访问权就利用密码猜测、密码攻击、密码窃听等技术获取对目标系统的访问权限; 权限提升就是攻击者试图将获得的普通用户权限提升为超级用户权限, 也就是管理员权限, 从而达到可以做诸如网络监听、打扫痕迹之类的事情; 窃取就是攻击者得到了系统的完全控制权之后, 进行诸如敏感数据的篡改、添加、删除和复制等工作. 如果攻击者未能成功获取访问权限, 那么他们可以进行拒绝服务攻击, 以达到使目标计算机或网络无法提供正常服务的目的.

巩固控制 获得目标系统的控制权后, 攻击者为了方便下次进入目标系统, 通常会采取相应的措施来清除攻击留下的痕迹, 同时还会尽量保留隐蔽的通道. 采用的方法通常有 "掩盖痕迹、创建后门" 等. 黑客入侵系统必然会留下痕迹, 为了避免被检测出来, 以便能够随时返回被入侵系统, 此时黑客要做的就是清除所有的入侵痕迹. 掩盖痕迹的主要工作就是禁止系统审计、清空事件日志、隐藏作案工具等. 黑客入侵系统后会在系统中安装后门, 以便入侵者能以特权用户的身份再次进入系统. 创建后门的主要方法是创建具有特权用户权限的虚假账号、安装批处理、安装远程控制工具、使用木马程序替代系统程序、安装监控机制及感染启动文件等.

8.2.3 基于 Web 应用的网络攻击行为

Web 应用使信息的交互和共享遍及世界各地, 这种互连性和开放性给人们带来了极大的方便, 但同时也给入侵者带来了机会. 基于 Web 的各种应用很受欢迎, 如聊天室、电子商务等, 但同时也是入侵者的突破口. 攻击者 (黑客) 可以通过各种手段闯入 Web 站点, 进入企业、机构或组织的内部网络, 窃取有价值的信息或者破坏他人的资源. 下面着重讨论一些面向 Web 服务的网络环境中容易出现的攻击类型, 这些攻击利用了多个层面的目标脆弱性[62].

1. 侦察攻击

侦察攻击 (reconnaissance attack) 是为了有效地开展某些类型的攻击, 攻击者通过侦察一些有关网络的拓扑结构或使用硬件知识收集信息, 它本身并不是威胁, 主要的威胁来自信息被利用后的攻击.

1) 强制浏览攻击 (forceful browsing attack)

强制浏览攻击尝试探测没有公开显示的 Web 服务. 一个典型的例子是, 攻击者不断对 Web 服务提出请求, 这些请求采用典型的 Web 应用组件 (如通用网关接口 CGI) 的 URL(统一资源定位符) 模式. 通过检测收到的错误信息, 可以用来收集未发布的 Web 服务信息.

2) 代码模板 (code template)

代码中的代码模板与注释可以提供后端系统或 Web 应用程序的开发环境信息. 特别地, 代码模板已被证明是危险的. 这种代码可以从很多地方得到, 会包含一些很容易被发现的错误. 这些信息可以用来探测脆弱性, 或缩小对系统的扫描范围.

3) WSDL 扫描 (WSDL scanning)

Web 服务描述语言 (Web Services Description Language, WSDL) 是一种发布机制, 当使用特定的方式连接时, Web 服务可以利用它动态地描述所使用的参数. WSDL 文件中包含的信息允许攻击者猜测其他的方式. 如果 Web 服务是利用通用的 Web 服务框架工具建立的, 那么所产生的 WSDL 包含所有的操作. 这时, 外部客户收集到内部操作信息, 并可以进行调用. 避免发生这种情形的第一步, 是为外部客户提供分离的、只包含外部操作的 WSDL. 但是, 由于 Web 服务终端仍然是外部可访问的, 因此, 攻击者可以猜测被省略的操作并调用它们. 这种攻击即称为 WSDL 扫描.

4) 目录遍历攻击 (directory traversal attack)

目录遍历攻击与强制浏览攻击有密切的关系. 目录遍历攻击是指攻击者尝试访问 Web 服务使用的受限文件. 通常情况下, 请求的文件不在 Web 服务主机的文件系统目录内, 但它们也可以包括服务主机的资源, 这些资源对攻击者来说是受限访问的. 针对 Web 服务的目录遍历攻击可以用访问主机的密码文件或可执行文件来执行任意的命令.

2. 会话攻击

多数会话攻击都是通过攻击者模拟另外一个用户发送数据来实现的. 对于攻击者而言, 决定性的信息是会话标识, 任何伪装的攻击都需要它.

重放攻击 (replay attack)

重放攻击是将以前获取的正确信息再次传输. 这些信息可以是整个路由数据包, 或仅仅是附在虚假信息后的认证信息. 后者可以被攻击者用来破坏设计不完善的安全方案, 这也是假冒攻击的第一步. 通过重放以前截获的数据包, 攻击者可以破坏不同路由域 (routing realms) 之间的同步. 已经过时的路径可以按新路径的方式出现, 对中继节点的路由表进行破坏.

3. 权限提升攻击

权限提升攻击是攻击者将自身的操作权限非法提升的攻击方式, 这是对目标实施深度操作和破坏的前提.

1) 字典攻击 (dictionary attack)

字典攻击是一种入侵受密码保护的计算机或服务器的方法, 它系统地把字典中的每个单词都作为密码输入系统中以尝试登录. 字典攻击也可以用来找出加密或解密消息与文档所必需的密钥.

2) 缓冲区溢出攻击 (buffer overflow attack)

攻击者可以通过 Web 服务在服务器上执行恶意代码, 造成已分配的缓冲区溢出. 这有可能导致 DOS 攻击. 这种攻击可以通过嵌入某些代码来实现, 当这些代码被加载到缓冲区时, 会变得十分巨大. 例如, 当使用 DOM(文档对象模型) 解析器时, 一个使用大 XML(extensible markup language, 可扩展标记语言) 文件的简单请求就可以使缓冲区溢出 (因为解析前要将整个 XML 文档调入缓冲区). 同样, 攻击者可以将恶意代码作为一个元素的值发送出去, 而这个元素没有最大值限制. 这段代码可以使用无限循环将请求消息加载到缓存中, 从而产生缓冲区溢出.

4. 针对机密性的攻击

嗅探, 或窃听, 是一种监控网络中 Web 服务流量的行为, 可以获取敏感的纯文本数据 (如未加密的密码) 和在 SOAP(简单对象访问协议)、UDDI(通用描述、发现与集成服务)、WSDL 等消息中携带的安全配置信息. 使用一个简单的数据包嗅探器, 攻击者可以很容易地读取到所有的纯文本数据. 攻击者也可以使用轻量级算法破解加密的数据包, 读取 Web 服务开发者认为是安全的加密信息. 对数据包的嗅探要求在服务到服务 (或是入口到服务) 之间的路径中安插一个数据包嗅探器.

5. 针对完整性的攻击

1) 参数篡改 (parameter tampering)

参数用来携带客户端描述信息到 Web 服务端, 以便执行一个指定的远程操作. 由于 WSDL 文档中显式地介绍了如何使用参数, 因此恶意用户可以使用不同的参数选项以检索未授权的信息. 例如, 通过给 Web 服务提交特殊字符或预料之外的内容, 就可以造成拒绝服务的条件或非法访问数据库的记录.

2) 模式污染 (schema poisoning)

XML 模式为解析器解释 XML 文档提供了格式指导. 模式应用于所有主要的 OASIS(结构化信息标准促进组织) 标准语法. 由于这些模式描述了必要的预处理

指导, 因此很容易被污染. 攻击者可能会尝试危害模式, 并将其替换为一个修改过的版本.

3) 元数据欺骗 (metadata spoofing)

Web 服务客户端检索所有有关 Web 服务调用的信息, 这些信息位于 Web 服务器提供的元数据文档中. 目前元数据通常使用如 HTTP(超文本传输协议) 或邮件通信协议部署. 这种环境为元数据欺骗攻击敞开了大门. 这类攻击中相关程度最高的是 WSDL 欺骗和安全策略欺骗. 大多数 WSDL 欺骗的前提有可能是对网络终端的修改以及对安全策略的参照. 被修改的网络终端可以使攻击者很容易地发起中间人攻击 (man-in-the-middle attack), 进而进行窃听或数据修改.

6. 拒绝服务攻击

拒绝服务攻击 (denial of service attack, DOS 攻击) 目的是使计算机或网络无法提供正常的服务. 最常见的 DOS 攻击有计算机网络带宽攻击和连通性攻击. 带宽攻击是指以极大的通信量冲击网络, 使得所有可用网络资源都被消耗殆尽, 最后导致合法的用户请求无法通过. 连通性攻击是指用大量的连接请求冲击计算机, 使得所有可用的操作系统资源都被消耗殆尽, 最后计算机无法再处理合法用户的请求.

1) 有效载荷过大 (oversize payload)

由于 SOAP 消息可以封装任何类型的数据, 消息长度可以非常大, 甚至根本不声明消息长度. 这种情况下, 攻击者就可以通过发送大 SOAP 消息类使得解析器超载. 对于可接收具有附件的 SOAP 消息来说, 这种攻击更为简单. 在 Web 服务的附件没有类型、数量及长度限制的情况下, 一个针对很多附件的请求会耗费大量的时间来处理. 若在处理消息的时候不进行内部检查, 那么垃圾或恶意内容就可以作为附件被发送出去.

2) 强制解析 (coercive parsing)

XML 已被公认是很多应用的标准文件格式. 作为经典 ASCII 的接任者与面向显示的 HTML(超文本标记语言), XML 的地位是无法撼动的. 强制解析攻击的基本前提是在已有的架构中探测经典的 bolt-on-XML-enabled 可执行组件. 即使没有特定的 Web 服务应用, 这些系统仍然易受到基于 XML 的攻击. 攻击的目的或者是倾覆系统的处理能力, 或者是安装远程恶意代码[67,68].

3) 迷惑攻击 (attack obfuscation)

在 Web 服务中应用 WS-Security(网络服务安全) 会引入新的有关服务可用性的问题. 通过对敏感信息提供机密性服务, XML 加密可以隐藏消息内容以防止监听. 问题在于这种类型的攻击很难被探测到. 为了分析消息结构, 解密是必要的. 目标系统可能会通过下述两种方式受到影响: 若解密是在消息验证之后进行, 则恶意消息内容会绕过消息验证; 若解密是在消息验证之前进行, 则在消息解密期间, 系统会被完全占用, 因为此时正在进行 XML 与密码处理. 所以, 即使系统具有防御非加密攻击的能力, 迷惑攻击仍然会影响目标系统[69].

7. 命令植入攻击

命令植入攻击的目的是在有漏洞的应用程序中植入并执行由攻击者指定的命令.

1) XML 注入 (XML injection)

XML 注入攻击尝试通过注入包含 XML 标记的内容 (如执行参数) 来修改 SOAP 消息 (或其他 XML 文档) 的 XML 结构. 若特殊字符 "<" 和 ">" 没有进行适当的屏蔽, 那么这种攻击就有可能发生[67]. 在 Web 服务器端, 这些内容会被视为 SOAP 消息结构的一部分, 导致非预期后果的产生[69].

2) SQL 注入 (SQL injection)

SQL(结构化查询语言) 可能容许攻击者通过本地命令分隔符 (如 ",") 或管道在输入域中执行多条指令. 这种能力会使攻击者可以执行本地存储的过程命令或非法的 SQL 命令. 与 SQL 注入方式一样, 数据库解析器针对的目标是本地数据库语言.

3) 跨站脚本 (cross-site scripting)

跨站脚本 (也称为 XSS/CSS) 的脆弱性, 是由站点在将结果返回到客户端浏览器之前验证用户输入出错时所导致的. 跨站脚本的本质, 是攻击者引起一个合法的 Web 服务器向受害者的浏览器发送包含攻击者选定的恶意脚本或 HTML. 例如, 一个 XSS 攻击可以在受害者浏览器中设立木马. 浏览器并不知道代码是非法的, 因为脚本代码是从一个信任站点下载的. 木马通常使用客户端语言, 如 JavaScript, Java, VBScript 和 Activex 等来编码, 并能够利用浏览器已知的脆弱性[70,71].

8. 服务过程攻击

1) BPEL 状态偏移 (BPEL state deviation)

正如 BPEL(业务流程执行语言) 进程需要外部通信者调用一样, BPEL 引擎提供了 Web 服务端点来接收任何可能的消息. 一个 BPEL 进程可以有许多进程实例同时运行, 这些通信端点一直处于打开状态、等待进入的链接. 因此, 恶意 Web 服务客户端能够利用具有正确格式的消息攻击这些打开的 Web 服务端点, 这些消息与任何现有的进程实例都无关. 这些非法相关的消息将会在 BPEL 引擎中被丢弃, 但是它们会引起巨大的冗余工作[72]. 在消息被安全丢弃之前, 每条消息都要进行完全的读取和处理, 搜寻所有的当前进程实例进行匹配. 这会耗尽 BPEL 引擎的计算资源.

2) 实例泛洪 (istantiation flooding)

每个基于 BPEL 的工作流定义都包含至少一个通信行为, 每当一个消息到达时, 就创建一个新的进程实例. 这个进程实例立即依照进程描述中的指令开始执行. 每当一个接受行为到达时, 执行过程就会被暂停, 当接受了期望的消息以后, 继续执行过程. 注意, 除了接受行为以外, 所有的执行行为都是通过 BPEL 引擎来驱动的. 在接受行为到达时, 外部消息即触发下一次执行. 考虑如下攻击情形: 不断地调用实例行为的端点. 对于每个 SOAP 消息, BPEL 引擎都会创建一个新的进程实例并发起其执行, 直至接收到一个接受行为或终节点为止. 最终, BPEL 引擎会由于无法接受消息解析、进程实例化与行为执行的重负, 从而导致 BPEL 引擎的可用性降低, 或者根本不可用.

3) 间接泛洪 (indirect flooding)

间接泛洪也使用前面实例泛洪一节中提到的方法, 但有所不同. 这种攻击的主要思想是将 BPEL 引擎作为中间节点, 对 BPEL 引擎后面的目标进行攻击. 试想架构是一种现在电子商务系统中通常使用的模式. 考虑如下情形: BPEL 进程重复地调用攻击目标系统提供的 Web 服务, 例如创建有细节信息的客户账号. 由于对 BPEL 引擎内的进程进行实例泛洪攻击, BPEL 引擎的负载将十分巨大, 但这仅仅会在目标系统上引起同样程度的负载压力. 因此, 如果目标系统没有 BPEL 引擎的能力强大, 则其可用性会降低, 最终会拒绝服务. 运用这种攻击方法, 攻击者可以绕过位于自己与目标系统间的所有防火墙. 即使目标系统没有与外网相连, 只与 BPEL 引擎通信, 它也仍然处于易被攻击的状态.

4) Web 服务地址欺骗 (Web-addressing spoofing)

在异步 Web 服务调用中使用 Web 服务地址会造成很多攻击的机会, 这些攻击的共同点是它们都使用修改过的回调终端引用. 最简单的方法就是使用任意非法的终端 URL 作为回调终端引用. 最终, BPEL 引擎会执行相关的进程, 然后尝试回调发起者. 这会导致出现直接错误或者超时 (具体的错误有赖于终端 URL 代表的内容). 因此, BPEL 引擎会发生执行错误, 并调用故障处理器和校正器. 总之, BPEL 引擎将把整个进程执行一遍, 然后完全回滚. 作为一种泛洪攻击, 这将会给 BPEL 引擎带来巨大的负载.

5) 工作流引擎劫持 (workflow engine hijacking)

这种攻击使用了 Web 服务地址欺骗攻击, 但它将攻击者终端的 URL 指向了一个存在的目标系统, 这个系统的确是在指定的 URL 运行着服务. BPEL 引擎会不断地尝试使用指定的 URL 去对攻击者的请求进行应答. 这样, 受到攻击的服务会接收到大量的包含非法 SOAP 消息的请求. 由于 BPEL 引擎通常运行在处理能力极强的服务器上, 因此目标系统极有可能会在 BPEL 引擎之前受到拒绝服务攻击. 攻击者利用工作流引擎系统的能力将目标系统摧毁. 值得注意的是, 目标服务不一定是 Web 服务, 因为任何基于 HTTP 的服务都会接收并处理 BPEL 引擎发出的消息[67].

8.2.4　基于 Web 应用的网络预防措施

针对 Web 服务的攻击依赖于各种大量的系统脆弱性, 因此相应的防御措施的种类很繁多. 下面介绍几种基于 Web 应用的通用的防御措施.

1. 模式验证

模式验证 (schema validation) 可以用来防御使用不遵循 Web 服务描述的消息所进行的攻击. 这种攻击称为协议消息语法偏移[26]. 通过验证进入的消息是否符合 WSDL 产生的 XML 模式, 可以探测到这种攻击, 如强制解析、XML 植入等. 但是当前的 Web 服务框架中能够做到却并没有使用模式验证, 或者是功能在默认配置下没有激活. 这主要是出于对性能方面的考虑, 因为模式验证非常耗费 CPU 与内存资源. 模式验证对一些其他的针对 Web 服务应用的攻击也很有效, 例如 SQL 植入或参数篡改, 这些攻击使用的均是非法消息.

2. 模式硬化

模式硬化 (schema hardening) 是通过分析一个模式 (如 Web 服务中对结构的描述) 来实现的, 模式中允许不受任何边界条件限制的、任意复杂的 XML 树. 对这些结构进行修改使其具有有限的边界. 对大多数服务来说, 这种限制是很容易定义的. 相比于对网络缓存大小的限制, 这种限制的好处在于它可以被包含在服务的 "官方" Web 服务描述中, 对客户端是可见的. 模式硬化的第二种应用是, 从 Web 服务描述中移除非公有操作 (参见侦察攻击中的 WSDL 扫描). 进一步对 Web 服务描述进行硬化处理仍有很大空间, 可以产生相应的 XML 模式[77].

3. 强制 Web 服务安全性策略

网络服务安全 (Web services security, WS-Security) 是能够体现出 Web 服务安全需求的最重要的标准. 它与 SOAP 标准互为补充, 为 Web 服务提供了完整性、机密性与认证. WS-Security policy 定义了用于执行策略在 SOAP 消息中必须包含的最小安全令牌数目, 但没有给出最大可以使用的数目标准. 因此, 攻击者可以添加任意多个令牌, 使目标系统进行大量消耗内存与计算资源的密码运算. 为了避免这种情况的发生, 可以将 WS-Security policy 文档中的限制同时作为最大与最小的边界. 这就意味着, SOAP 消息必须包含与安全策略描述中数目相同的令牌数, 不能多也不能少. 这个限制不但不会对功能造成影响, 还可以利用有效载荷过大, 探测攻击是否存在, 并减小攻击造成的影响[73].

4. SOAP 消息处理

前述各种防御措施的有效性与它们的实现方式有很大关系. SOAP 消息处理考察 SOAP 消息是否与消息模式和安全策略一致, 需要 XML 与 WS-Security 来加以处理. 这些操作在实现时必须注意要节约资源, 否则防护系统本身就会与 Web 服务一样, 容易受到相同的攻击. 对于利用大型 SOAP 消息的攻击, 使用基于树形的实现 (例如 DOM) 是不合适的. 这种实现需要读取整个消息, 在作进一步处理以前将消息并入文档树. 因此, 在开始检验以前就已经消耗了大量的内存. 一些基于树形的实现仅仅构造了文档树的一部分, 这样虽然可以稍微减轻一下内存消耗的负担, 但是不能完全解决问题; 每个 XML 文档必须完全读取并存储[74].

5. Web 服务安全性

WS-Security 是由通信协议提供安全的网络应用服务的一种手段, 对 WS-Security 的理解通常有误, 认为只要使用它就能够自动地保证 Web 服务完全安全. 如前所述, WS-Security 定义了 Web 服务消息完整性与机密性的机制. 但是, 如果相关的 WS-Security policy 定义的不正确, 那么针对完整性与机密性的所谓 XML 重写攻击仍然有可能发生[75]. 文献 [75] 中尤其强调, WS-Security 没有定义任何针对拒绝服务攻击的防御措施. 一种广为人知的服务可用性防御机制是接纳控制. 接纳控制只允许可信的用户访问, 这些用户被认为 "危险性" 较小. 而且, 接纳控制允许进行审计, 排除并惩罚攻击者. 最后, 使用 WS-Security 本身也会产生新型的 DOS 攻击, 因此必须执行 Web 服务的认证机制.

8.3 博弈问题的基本要素、分类和表示方法

8.3.1 博弈问题的基本要素

博弈论研究的典型问题是：若干个利益冲突者在同一环境中进行决策以求自己的利益得到满足. 例如, 不同企业在同一市场上为销售相同的产品而进行的竞争; 不同国家在同一问题上不同政治立场引起的外交纷争乃至军事冲突; 游戏各方为获胜而采取的行为组成的格局等, 都是博弈论要研究的. 一般说来, 博弈问题有五个基本要素：局中人、局中人的可行方案集、局中人决策的先后顺序、局中人的支付函数、信息.

(1) 局中人. 是指在问题中为自己的利益进行决策的各方. 它可以是个人、法人、组织或机构.

(2) 可行方案集. 又称策略集, 是局中人可以采取的行为方案的全体. 在博弈问题中, 局中人在其行为方案上的选择, 便是决策分析. 博弈论之所以又称对策论, 就

是由于在对抗冲突的条件下进行决策分析.

(3) 决策先后顺序. 局中人决策的先后顺序是实际问题动态性质的反映, 任何一种博弈都要明确局中人进行决策分析的时间先后. 如果局中人是同时进行决策, 问题便是静态博弈. 还有一种情形也是静态博弈, 那就是不同局中人决策时间有先后顺序, 但后决策的局中人并不知道前于其决策的局中人究竟选择了什么行为方案. 除开上述两种情形, 问题都是动态博弈.

(4) 支付函数. 又称收益函数, 是博弈最后结果中各局中人利益的表示. 支付 (收益) 的内涵因博弈问题而异. 在市场竞争博弈中, 他可以是企业的销售量、销售额、市场占有率、利润等; 在军事战争中它可以是有生力量被消灭的数量; 在游戏中它可以是局中人所得分数等. 在许多问题中, 效用函数起着支付 (收益) 函数的作用, 而效用是局中人偏好的量化, 反映局中人对博弈结果的价值. 博弈结果的价值是因人而异的, 例如在棋牌博弈中, 对于一个靠退休金过日子的老年人来说, 输 100 元钱可能都无法接受; 但对于一个富有的年轻人, 输 1000 元也无所谓. 在博弈决策分析中, 局中人把支付 (收益) 当作目标函数, 通常力求使其极大化. 但有的问题中则是使支付 (收益) 极小化, 例如上面提到的军事战争中各方力求有生力量损失尽可能少. 在问题中出现不确定性的, 支付 (收益) 通常是估计值, 比方说行为结果的数学期望.

(5) 信息. 指的是局中人在决策时对有关博弈局势的知识. 信息包括两类: 一类是有哪些局中人, 他们的可行方案集 (决策集) 是什么, 所有局中人的支付 (收益) 函数是怎样的这些知识; 另一类是局中人决策前已做过的决策的结果. 在博弈中, 如果所有局中人对前一类信息都有确切的了解, 就称为完全信息博弈, 否则称为不完全信息博弈. 在博弈中如果所有局中人不但具有完全信息, 而且对后一类信息也有完全的了解, 就称为完美信息博弈, 否则称为不完美信息博弈.

8.3.2 博弈问题的分类

按照经典著作《博弈论与经济行为》提出的理论框架, 博弈问题可分为两个大类: 非合作博弈和合作博弈. 非合作博弈与合作博弈的主要区别在于相互发生作用的局中人之间有没有一个具有约束力的协议, 如果有, 就是合作博弈, 如果没有, 就是非合作博弈.

根据基本要素的不同特点, 博弈问题可进一步划分成不同的类型, 例如, 按照局中人决策的先后顺序, 博弈问题可划分为静态博弈和动态博弈两种类型. 如果局中人同时进行决策或者决策时间虽然有先后但后决策者并不知道先决策者所选择的行为方案, 这样的博弈问题称为静态博弈, 如 "囚徒困境" 问题就是典型的静态博弈. 如果局中人的决策行动有先后顺序, 而且后行动者能够观察到先行动者所选择的决策行动, 这样的博弈问题称为动态博弈. 如各种棋牌类游戏就属于动态博弈问题.

按照局中人对博弈局势的知识即信息的了解程度, 博弈问题又可以分为完全信息博弈和不完全信息博弈. 如果每一个局中人对其他局中人的特征、可行方案集(策略集)、支付 (收益) 函数都有确切的信息, 这样的博弈就是完全信息博弈, 否则就是不完全信息博弈.

另外, 根据局中人的可行方案集合 (策略集合) 是有限集合还是无限集合, 可以划分为有限博弈和无限博弈两种类型; 根据所有局中人的支付总和是否为零又可以分为零和博弈和非零和博弈; 等等.

特别需要指出的是, 通常人们所说的博弈论, 或者说理论研究趋于成熟且广泛应用于实际的博弈论, 一般都是指非合作博弈. 将上述分类组合起来, 再考虑到 "所有局中人所选最优策略的集合", 亦即 "均衡" 的描述, 可以得到非合作博弈的四种类型和与其相对应的四种均衡的概念:

(1) 完全信息静态博弈 ——Nash 均衡;

(2) 完全信息动态博弈 —— 子博弈精炼 Nash 均衡;

(3) 不完全信息静态博弈 ——Bayes-Nash 均衡;

(4) 不完全信息动态博弈 —— 精炼 Bayes-Nash 均衡.

合作博弈是局中人谋划与对手共同取得尽可能大的利益的竞争决策分析模型. 我们在社会、经济分析中经常听到的互补性竞争、双赢结果, 都与合作博弈的概念有关. 竞争格局的各方, 既斗争, 又合作, 这样有利于各方取得更为实惠的结果, 有利于社会和经济的进步. 在合作博弈中, 有两类重要的模型: 一类是 Nash 的讨价还价模型, 另一类是联盟博弈模型. 其中, 讨价还价问题是 Nash 21 岁在 Princeton 大学念数学研究生时研究的, 他为此写出的论文后来成了现代经济学重要经典文献之一.

8.3.3 博弈问题的表示方法

博弈论研究理性参与人如何用智慧在竞争冲突的环境下进行决策行为, 所使用的基本工具是数学模型和逻辑推理, 通过数学模型的求解和分析, 探讨局中人的决策行为. 不同的博弈问题, 所采用的数学模型是不一样的. 对非合作博弈而言, 其基本表示法 (即数学模型) 分为两类: 标准式和扩展式.

1. 标准式

先看一个博弈的经典例子, 即囚徒困境问题.

例 8.1 囚徒困境 (prisoners' dilemma).

有两个小偷协同作案, 被警察抓住了, 分头对他们进行审讯. 为了获得所需口供, 警察将两人分别关押以防止他们串供, 并分别向他们指出两条路: 坦白和抵赖.

如果两人都坦白, 两人都将被判刑, 每人各判 5 个月. 如果两个人都不承认, 选择抵赖, 则由于证据不充分将作为犯小案处理, 分别判刑 1 个月. 如果其中一人坦白, 而另一个人抵赖, 则坦白者将视为立功获宽大处理, 不判刑而释放, 而抵赖者将受到严惩, 判刑 10 个月. 问: 这两个囚徒 (小偷) 他们各自将如何决策, 是坦白还是抵赖? 对这两个人都是一个两难的问题, 因此成为 "囚徒困境".

两个小偷分别以 "囚徒 A" 和 "囚徒 B" 表示, 他们都有选择坦白或抵赖的可能, 其行为结果如表 8.1 所示.

表 8.1　囚徒困境标准式表示

局中人	囚徒 B		
	策略选择	坦白	抵赖
囚徒 A	坦白	(−5, −5)	(0,10)
	抵赖	(−10, 0)	(−1, −1)

在这类博弈中, 有三个基本要素: 局中人集 $\underline{N}$、局中人 i 的策略集 S_i、局中人 i 的支付函数 u_i.

(1) 局中人集 $\underline{N}$. 局中人即博弈的参与人. 局中人的全体记为 $\underline{N}$. 一般 $\underline{N}=\{1,2,\cdots,n\}$, 即有 n 个局中人, 称为 n 人博弈. 例 8.1 中的 $\underline{N}=\{$ 囚徒 A, 囚徒 B$\}$.

(2) 局中人 i 的策略集 S_i. 局中人 $i(i\in\underline{N})$ 的策略集 S_i, 指局中人 i 可能采取的可行策略的全体. S_i 中所含的具体策略可以是有限个, 也可以是无限个. 当每个局中人 i 的策略集 S_i 为有限集时, 博弈为有限博弈, 否则为无限博弈. 在例 8.1 中局中人简记为 A 和 B, 则

$$S_{\mathrm{A}}=\{坦白, 抵赖\},\quad S_{\mathrm{B}}=\{坦白, 抵赖\}$$

局中人 A 和 B 都从他们的策略集中任取一个策略, 则可组成一个策略组合, 这种组合有以下四种: (坦白, 坦白)、(坦白, 抵赖)、(抵赖, 坦白)、(抵赖, 抵赖). 其中, 每一种策略组合的前一个策略是局中人 A 的选择, 后一个策略是局中人 B 的选择.

(3) 局中人 i 的支付函数 u_i. 对任意一个策略组合, 带给局中人的损益就是局中人 i 的支付函数 u_i. 根据不同问题研究的背景, 支付函数可以是损益函数, 也可以是效用函数. 在例 8.1 中, 局中人 A 和局中人 B 的支付函数分别为

$$u_{\mathrm{A}}=\begin{cases}-5 & (坦白, 坦白)\\ 0 & (坦白, 抵赖)\\ -10 & (抵赖, 坦白)\\ -1 & (抵赖, 抵赖)\end{cases}$$

$$u_{\mathrm{B}}=\begin{cases}-5 & (\text{坦白, 坦白})\\ 0 & (\text{坦白, 抵赖})\\ -10 & (\text{抵赖, 坦白})\\ -1 & (\text{抵赖, 抵赖})\end{cases}$$

具有上述三个基本要素并能明确地给定, 这时博弈称为标准式 (normal form) 或策略式 (strategic form) 表示, 并记为 $G=[\underline{N}, (S_i), (u_i)]$.

2. *扩展式*

先看两个例子[54].

例 8.2 有一个二人参加的取数游戏, 游戏分三步进行.

第一步, 局中人 A 在 $\{0,1\}$ 中取一个数记为 r_1, 并告知局中人 B;

第二步, 局中人 B 也在 $\{0,1\}$ 中取一个数记为 r_2, 但不告知局中人 A;

第三步, 又轮到局中人 A 取数: 若 A 在第一步中取 0, 则可在 $\{0,1\}$ 中取一个数; 若 A 在第一步中取 1, 则可在 $\{0,1,2\}$ 中取一个数, 记第三步局中人 A 取得数为 r_3.

三步后取数结束, 记 $s=r_1+r_2+r_3$. 若 s 为偶数, 则局中人 A 赢 s 记分点, 局中人 B 输 s 记分点; 若 s 为奇数, 则局中人 A 输 s 记分点, 局中人 B 赢 s 记分点. 在这个游戏中, 两个局中人各自采取什么行动?

对上述问题, 经过简单计算, 可以用如图 8.2 所示的树形图表示, 称为博弈树.

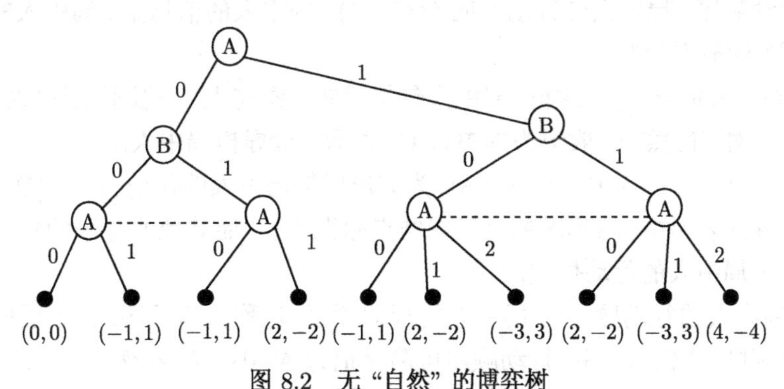

图 8.2 无 “自然” 的博弈树

例 8.3 将上述二人取数游戏作一个改变, 游戏仍然分三步进行.

第一步, 有一个局外人称为 “自然”, 在 $\{0,1\}$ 中取一个数记为 r_1, 并告知局中人 A, 但不告知局中人 B;

第二步, 局中人 A 在 $\{0,1\}$ 中取一个数记为 r_2, 并告知局中人 B;

第三步, 局中人 B 取数: 若看到局中人 A 取 $r_2 = 0$, 则在 $\{0,1\}$ 中取一个数; 若看到局中人 A 取 $r_2 = 1$, 则在 $\{0,1,2\}$ 中取一个数, 记第三步局中人 B 取得数为 r_3.

三步后取数结束, 仍记 $s = r_1 + r_2 + r_3$. 若 s 为偶数, 则局中人 A 赢 s 记分点, 局中人 B 输 s 记分点; 若 s 为奇数, 则局中人 A 输 s 记分点, 局中人 B 赢 s 记分点. 在这个游戏中, 两个局中人将各自采取什么行动?

经过简单计算, 该问题的博弈树如图 8.3 所示.

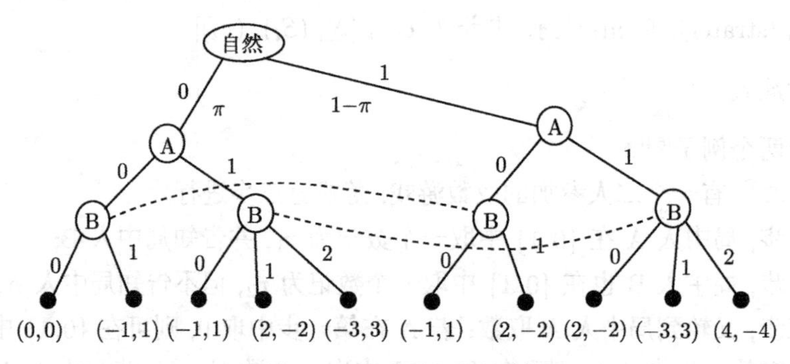

图 8.3　含 “自然” 的博弈树

上述两个博弈例题都是局中人行动有先后顺序, 并且行动顺序规则是预先给定的. 这种用树形图表示的博弈称为 “扩展式博弈”, 可以看作是一个决策树的多人博弈推广. 毫不奇怪, 决策论中的许多结果和直觉都有着博弈论的对照物[76]. 扩展式是博弈论中的一个基本概念, 扩展式表示的博弈有六个基本要素: 局中人集合、局中人的行动顺序、局中人的行动空间 (行动集)、局中人的信息集、局中人的支付函数, “自然” 的概率分布.

(1) 局中人集合 $\underline{N}$.　这里, 局中人包括博弈的参与人, 一般不包括虚拟的参与人 “自然”. 对 “自然” 一般记为局中人 O, 表示一般虚拟局中人.

例 8.2 中, $\underline{N} = \{\mathrm{A}, \mathrm{B}\}$; 例 8.3 中, 为突出虚拟局中人的作用, $\underline{N} = \{\mathrm{O}, \mathrm{A}, \mathrm{B}\}$.

在扩展式表示中, 树形图的最下端结点称为叶子, 而其他非叶子的每一个结点对应于一个局中人的行动位置.

(2) 局中人的行动顺序.　局中人的行动顺序, 也称博弈顺序, 在上面的两例中即是游戏规则. 在例 8.2 中, 行动顺序可简单记为 A→B→A; 在例 8.3 中, 行动顺序可简单记为 O→A→B.

在具体的博弈中, 博弈顺序的确定是非常重要的. 如常常所说的 “具体问题, 具体分析” “上有政策, 下有对策”, 都是一种对行动顺序的语言表达.

在扩展式表示的博弈中, 树形图中结点向下扩展的过程表示了博弈中的行动顺序.

(3) 局中人的行动空间 (行动集). 局中人的行动空间是指, 轮到局中人 i 行动时, 他能选择的行动集合. 这里需要注意两点:

(i) 局中人的行动集不等于局中人的策略集. 在例 8.2 中, 局中人 A 第一次行动时, 行动集为 $\{0,1\}$, 即取 0 或取 1; 第二次行动时, 当他第一次取 0 时, 他的第二次行动集是 $\{0,1\}$, 而当他第一次取 1 时, 他的第二次行动集是 $\{0,1,2\}$. 而策略是指局中人 A 的策略集为 $S_{\mathrm{A}}=\{(0,0),(0,1),(1,0),(1,1),(1,2)\}$. 其中, 括号中第一个数指局中人 A 在第一次行动中的取数, 第二个数值局中人 A 在第二次行动中的取数. 这样, 在全博弈过程中, 局中人 A 一共有五个策略. 同样在例 8.2 中, 局中人 B 的行动集为 $\{0,1\}$, 即取 0 或取 1, 而局中人 B 的策略集却为 $S_{\mathrm{B}}=\{$永远取 0, 与局中人 A 取数相同, 与局中人 A 取数相反, 永远取 1$\}$. 由此可见, 行动集和策略集是两个不同的概念.

(ii) 局中人的行动集不是永远不变的, 而是与局中人行动时所处的地位有关. 例如, 在例 8.2 中, 局中人 A 第一次取 0 时, 第三步的行动集是 $\{0,1\}$; 而当局中人 A 在第一次取 1 时, 第三步的行动集是 $\{0,1,2\}$.

在扩展式表示的博弈中, 每个节点下面的边就代表着行动. 该节点行动的局中人有多少种可行行动, 该节点下面就有多少条边. 所以对无限博弈, 就不能用扩展式来表示.

(4) 局中人的信息集. 局中人的信息集表示在每次行动时, 局中人知道些什么. 由于扩展式表示主要针对有行动顺序先后的博弈, 因此当轮到局中人行动时, 他知道些什么, 他是否明确他所在的结点? 这些都用信息集来表示. 当局中人行动时, 他对自己应在的结点位置不清楚, 则把这些结点集归为一个信息集.

在例 8.2 中, 局中人 A 在第三步时, 他面临四个结点. 他不知道局中人 B 在第二步选取的是 1 还是 0, 也就是说他不知道自己是在对方取 0 后行动还是在对方取 1 后行动, 但他知道自己第一步时选取了 0 或是 1. 因此树形图中的左边两个结点在一个信息集中, 而右边两个结点在另一个信息集中. 在例 8.3 中, 当局中人 B 行动时, 他不知道 “自然” 选取的是 0 还是 1, 而只知道局中人 A 选取了 0 或 1, 因而在局中人 A 选 0 下面结点是一个信息集, 局中人 A 选 1 下面结点构成另一个信息集;

若局中人在自己的行动中, 明确知道自己的位置, 这时的信息集由一个单结点组成, 称为单结点的信息集.

在扩展式表示的博弈中, 常常用虚线将同一信息集中的结点连接起来 (见例 8.2、例 8.3), 而单结点信息集则省略了这种虚线连接.

(5) 局中人的支付函数. 在一个扩展式表示的博弈中, 从顶端的结点 (即树的根) 到最后一层结点 (即树的叶子), 构成一条博弈的行动路径, 每一条行动路径表示局中人的 种行动组合. 在这种组合下, 即行动结束后, 每个局中人所得的多少就是局中人的支付函数. 很明显, 扩展式博弈的支付函数比标准式博弈的支付函数要简洁. 同样扩展式博弈的支付函数可以是损益函数, 也可以是效用函数;

在扩展式表示的博弈中, 局中人的支付函数表示在每个叶子的下面. 若有 n 个局中人 (不含 "自然"), 则每个叶子下面用一个 n 维向量表示.

(6)"自然" 的概率分布. "自然" 是扩展式表示中引入的一个虚拟局中人. "自然" 可能表现出不同的状态, 这些状态出现的可能情况即是自然选择行动的概率分布. "自然" 选择的概率分布可以是外生的, 也可以是内生的, 视具体情况而定. 在例 8.3 中, 若 "自然" 的行动选择是由抛硬币出现正面和反面的概率来确定的, 那么其分布为 (0.5,0.5). 纯粹的 "自然" 选择行动的概率分布是外生的, 由局中人根据经验来判断, 并且是所有局中人的共同知识. 在例 8.3 中, 若 "自然" 由一个与博弈相关的中间人来选择行动, 则 "自然" 选择行动的概率分布就不是外生的, 而称为内生的, 那么局中人 B 可以通过序贯均衡的思想进行 "内省" 而认定 "自然" 的分布.

在扩展式表示的博弈中, "自然" 可能出现不同的状态, 由代表 "自然" 行动的结点下面不同的边来表示, 其概率分布记在这些边的旁边. 比如例 8.3 中的扩展树图, "自然" 选取 0 或 1 的概率分别为 π 和 $1-\pi$.

博弈研究中的标准式表示和扩展式表示都是针对非合作博弈研究而设计的, 前者更多的是用于静态博弈, 后者更多的是用于动态博弈. 但这两种表示在一定条件下是可以相互转换的.

8.4　网络攻防博弈模型

8.4.1　攻防博弈的基本要素

网络攻防博弈问题与其他任何博弈问题一样, 也是由局中人、可行方案集 (策略集)、决策先后顺序、支付 (收益) 函数、信息五个基本要素构成.

局中人　从安全保护 (防御控制) 的角度, 局中人可以是计算机个人用户、组织、机构, 也可以是团体、社会和国家; 从攻击方 (攻击控制) 考虑, 局中人可以是居心叵测的计算机个人用户、计算机黑客, 也可以是组织机构和国家. 总体来说, 网络攻防博弈中的局中人或者参与人分为两大阵营: 一方对目标网络系统实施防护, 另一方对目标网络系统实施攻击和破坏. 因此, 基于网络攻防博弈中的两大阵营, 我们将局中人定义为 "防御方" 和 "攻击方".

可行方案集 (策略集)　可行方案集即攻防策略集是建立攻防博弈模型和构造支付 (收益) 函数的基础和重要元素, 是基于攻防博弈模型的最优攻防策略选取算法的必备数据源. 我们假定局中人都是理性的, 选择攻防策略时会同时考虑攻防结

果和攻防成本 (代价) 两个方面的因素, 所以在考虑进行攻防策略分类及其成本量化时也应该考虑这两个方面的因素. 一般说来, 攻防成本 (代价) 越高, 攻防结果应该越好, 这是攻防策略分类及其成本量化的基本原则.

决策先后顺序 在攻防实践中, 攻击和防御同时进行的情况是有的, 比如学生做实验和网络攻防竞赛. 但攻防实战中多数情况是攻击和防御有时间先后顺序. 如果防御方先选择防御策略并采取了防御措施, 攻击方知道了防御方采取的策略和措施, 就会有针对性地选择攻击策略和攻击措施与之抗衡; 反之, 如果攻击方先选择了攻击策略并采取了攻击措施, 防御方知道了攻击方采取的策略和措施, 就会有针对性地选择防御策略和防御措施进行对抗. 这是动态博弈的基本特征. 但如果攻防双方决策虽然有先后顺序, 然而后决策者并不知道先决策者所采取的具体策略与措施, 这种情况与攻防同时进行决策一样, 仍然属于静态博弈的范畴.

支付 (收益) 函数 前面相关章节中已经指出, 无论是网络攻击或是网络防御, 都是围绕目标网络的信息资产而展开的, 而攻防的效果是以各攻防点信息资产安全风险的增减趋势予以判定的, 并且取决于攻防双方的策略依存性. 因此, 在构造攻防双方的支付 (收益) 函数时, 既要考虑攻防目标 (信息资产) 的安全性概率 (风险概率), 又要考虑攻防双方的策略组合.

信息 在网络攻防博弈中, 信息是攻防双方有关博弈局势的知识, 主要包括三个方面：一是目标网络系统的基本结构与功能, 存在的脆弱性与威胁, 已采取安全防范措施等; 二是攻防双方的可行方案 (策略集), 包括防御策略集及相关的防御措施、攻击策略集及相关的攻击措施等; 三是攻防双方支付 (收益) 函数的具体结构与数学表达式. 如果攻防双方对上述知识都完全知晓, 是共同知识, 那么攻防博弈就属于完全信息博弈, 否则就是不完全信息博弈.

8.4.2 攻防博弈的模型结构

网络攻防博弈模型是攻防双方根据所掌握的有关博弈局势的知识 (信息) 而展开博弈过程的描述, 博弈对象是目标网络系统并主要针对其脆弱性展开攻防博弈. 脆弱性是客观存在的, 在攻防演化过程中目标网络系统的脆弱性会不断发生变化, 攻防双方据此而选择自己的攻防策略, 努力使自己的支付 (收益) 达到最大. 但攻防双方在实施攻击和防御时必须考虑对方策略的影响, 所以攻防博弈模型必须同时包含攻击方和防御方的策略, 而不能只从单方面考虑. 攻击方受到防御方的影响, 防御方受到攻击方的影响, 这是攻防博弈模型的基本假定. 作为博弈一方的攻击方, 通过提高攻击能力, 运用各种攻击技术发现、利用目标网络系统的脆弱性知识, 增加其安全风险, 增大攻击成功的可能性, 但同时受防御方策略的影响, 所以攻击效果具有不确定性; 作为博弈一方的防御方, 通过提高防御水平, 运用各种防御技术发现、弥补目标网络系统的脆弱性以降低安全风险, 增大防御成功的可能性, 但同时受攻击方策略的影响, 所以防御效果也具有不确定性. 根据这一博弈过程, 网络系统攻防博弈模型结构如图 8.4 所示.

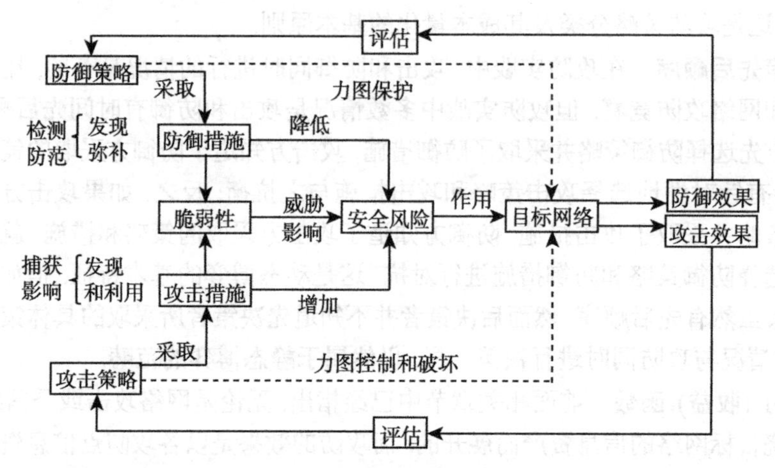

图 8.4　网络系统攻防博弈模型结构图

根据攻防博弈模型结构, 可以构建网络系统攻防控制的功能结构图, 如图 8.5 所示.

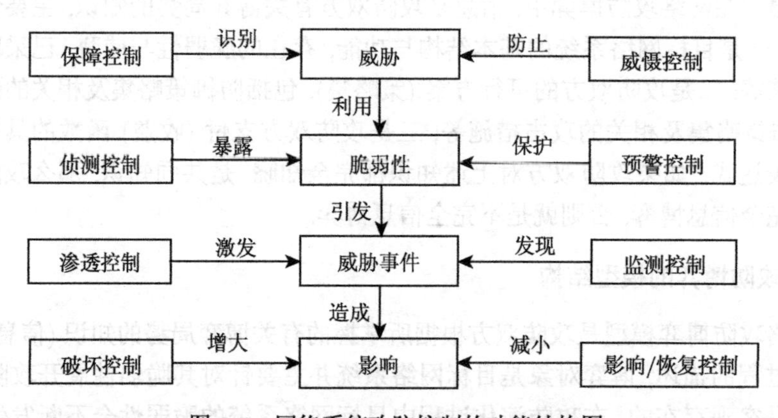

图 8.5　网络系统攻防控制的功能结构图

从攻防控制的功能层次上看, 网络系统的攻击控制包括保障控制、侦测控制、渗透控制和破坏控制. 其中：

保障控制　主要是为攻击的进行提供各种事前、事中和事后的支撑作用. 事前 (攻击前) 支撑作用主要是指对威胁和威胁源的识别、调度和管理, 可以根据攻击目标和攻击策略启动既存的或潜在的威胁与威胁源; 事中 (攻击时) 支撑作用主要是指提供数据、技术和各种工具支持; 事后 (攻击后) 支撑作用主要是指提供效果评估, 证据销毁等功能.

侦测控制 主要是对目标网络系统的脆弱性知识和攻防相关信息的获取、利用和控制, 目的在于尽可能地暴露目标网络系统的脆弱性, 提高攻击成功的可能性.

渗透控制 主要是在侦测控制的基础上实施系统入侵, 激发网络系统威胁事件, 目的在于进一步控制目标网络系统的关键资产.

破坏控制 是对系统攻击的具体破坏时机、方式、途径和范围进行控制, 目的在于扩大系统攻击的影响以实现攻击的预期目标.

网络系统的防御控制在功能上一般包括威慑控制、预警控制、监测控制和响应/恢复控制. 其中:

威慑控制 是指通过各种信息威慑手段和技术对威胁源进行控制, 通过弱化、阻止威胁源的动机, 以降低蓄意攻击的可能性.

预警控制 主要是指对网络系统的各种漏洞和脆弱性进行预防和警告, 从而达到保护弱点、增加攻击成本, 使攻击者难以成功或者降低攻击造成的影响等目的.

监测控制 是指对网络系统的状态、行为进行监控和检测, 及时发现攻击活动并激活响应/恢复控制或预警控制.

响应/恢复控制 是指攻击事件发生之后进行应急处理和现场恢复, 努力使攻击造成的影响减到最小.

8.4.3 攻防博弈问题的数学描述

根据网络攻防的非合作博弈特征, 攻防博弈问题的数学描述可以分为标准式 (策略式) 描述和扩展式描述两种. 无论哪种描述方式, 其中都明显地 (或隐含地) 包括局中人、可行方案集 (策略集)、决策先后顺序, 支付 (收益) 函数、信息等这些基本的要素.

1. 标准式 (策略式) 描述

在网络攻防实践中, 如果可以将攻防控制问题归结为围绕信息资产安全风险的完全信息静态非合作博弈问题, 那么网络攻防博弈就可以表示成标准式 (策略式) 形式.

在网络攻防博弈过程中, 无论是实现攻击控制功能还是实现防御控制功能, 都是以攻防双方的策略集 (可行方案集) 为基础的. 也就是说, 实施攻防控制的每一个步骤和每一项措施都是根据博弈局势的知识 (信息) 预先设计好了的, 都体现在攻防双方各自的策略集 (可行方案集) 之中.

设防御方有防御策略集 $S_1 = \{s_{11}, s_{12}, \cdots, s_{1m}\}$, 攻击方有攻击策略集 $S_2 = \{s_{21}, s_{22}, \cdots, s_{2n}\}$, 则网络系统的攻防控制问题, 可以归结为如下策略博弈问题:

$$G = [\underline{N}, (S_l), (u_l)] \tag{8.1}$$

式中, $\underline{N} = \{1, 2\}$ 是局中人集合. 其中, 1 代表防御方, 2 代表攻击方. $(S_l) = \{S_1, S_2\}$, 为防御方和攻击方的控制策略集, 其中 $l = 1, 2$. $(u_l) = \{u_1[(p, q), (s_{1i}, s_{2j})], u_2[(p, q), (s_{1i}, s_{2j})]\}$, 其中 $l = 1, 2$, 在攻防策略组合 (s_{1i}, s_{2j}) 作用下防御方和攻击方所获得的支付 (收益). p, q 为攻防目标的安全性概率和风险概率, 所以 u_l 既是攻防目标安全风险概率的函数, 又是攻防双方策略组合的函数.

攻防双方在同一攻防点产生利害冲突, 形成竞争和对抗. 根据攻防演化的进程, 各自选择恰当的策略, 采取适度的措施, 力图增加或者降低目标网络系统的安全风险, 从而达到攻击对方网络系统或者保护己方网络系统之目的.

2. *扩展式描述*

在网络攻防实践中, 当涉及必须考虑攻防决策的先后顺序 (即动态博弈问题) 以及不完全信息攻防博弈问题时, 用扩展式数学模型描述比较方便.

一个网络攻防博弈问题的扩展式描述包含六个基本要素 (组件), 如式 (8.2) 所示[53].

$$G = [\underline{N}, H, P, F, (I_i), (U_i)] \tag{8.2}$$

其中 $\underline{N} = \{1, 2\}$, 是局中人集合, 1 代表防御方, 2 代表攻击方.

H 是时间过程中攻防双方的决策结果形成的记录序列的集合. H 具有以下三个性质:

(1) 规定空序列 $\varnothing \in H$;

(2) 对任一正整数 m 或 $m = +\infty$, 如果决策记录序列

$$\{a^k\}_{k=1,2,\cdots,m} \in H$$

则对于一切正整数 $l < m$, 必有

$$\{a^k\}_{k=1,2,\cdots,l} \in H$$

这表明, 历史的截段也是历史;

(3) 如果对于无限长的决策记录 $\{a^k\}_{k=1,2,\cdots}$ 而言, 任一长度为 m 的截段

$$\{a^k\}_{k=1,2,\cdots,m} \in H$$

则必有

$$\{a^k\}_{k=1,2,\cdots} \in H$$

称 H 的每一元素即决策记录为历史, 而称 H 为历史集. P 为局中人函数, $P(h) \triangleq$ 在历史 h 之后进行决策的局中人. F 是概率分布族. $P(\mathrm{a}|h) \triangleq$ 在历史 h 之后可行方案 a 被取做行为方案的概率.

$(I_i) = (I_1,\ I_2), I_i$ 是对于集合

$$\{h \in H | P(h) = i\}$$

的剖分, 满足: 若 h_1, h_2 是此剖分的同一子集的元素, 则有 $A(h_1) = A(h_2), A(h)$ 是局中人 i 在 h 之后决策的结果, 即 i 在 h 之后取定的可行方案. 称 I_i 的每个子集为局中人 i 的一个信息集. $i = 1, 2$, 分别代表防御方和攻击方.

$(U_i) = (u_1, u_2), u_1, u_2$ 分别表示防御方和攻击方在 H 上的支付 (收益) 函数.

例 8.4 攻防双方对某一目标网络展开攻防博弈, 防御方的策略选择为 "防御" 和 "不防御" 两种. 防御方先决策, 但攻击方决策时并不知道防御方选择的结果, 只知道防御方选择 "防御" 和 "不防御" 的概率都是 1/2. 假设攻击方在有防御的情况下攻击成功的概率为 1/5, 攻击不成功的概率为 4/5; 攻击方在没有防御的情况下攻击成功的概率为 4/5, 攻击不成功的概率为 1/5. 规定, 无论防御方是选择 "防御" 还是 "不防御", 只要攻击方攻击成功, 防御方都要支付给攻击方 2 万元, 如果攻击失败, 则攻击方支付给防御方 2 万元.

这是一个动态博弈问题, 其博弈树如图 8.6 所示.

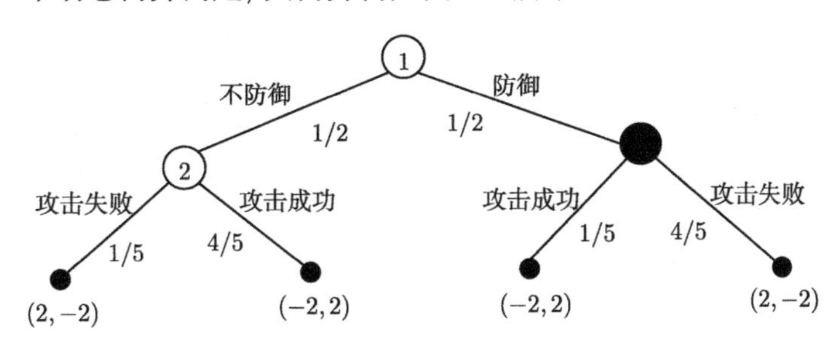

图 8.6 例 8.4 的博弈树

在这个博弈中, 六个要素 (组件) 依次是

$\underline{N} = \{1, 2\}$, 其中 1 代表防御方, 2 代表攻击方

$H = \{$(防御, 攻击成功), (防御, 攻击失败), (不防御, 攻击成功), (不防御, 攻击失败)$\}$

P 是

$$P(h) = \begin{cases} 1, & h = \varnothing \\ 2, & h = \{\text{攻击成功}\} \\ 2, & h = \{\text{攻击失败}\} \end{cases}$$

F 是

F(防御 $|\varnothing$) = F(不防御 $|\varnothing$)=1/2

F(攻击成功 | 防御)=1/5

F(攻击失败 | 防御)=4/5

F(攻击成功 | 不防御)=4/5

F(攻击失败 | 不防御)=1/5

(I_i) 是

$I_1 = \varnothing$

I_2 = {攻击成功, 攻击失败}, 它不再被剖分, 因此局中人 2(攻击方) 只有一个信息集, 由树标明的两个状态组成, 亦即局中人 2 在决策时对决策树中的两个结点是不加区别的.

U_i 是收益值, 由图 8.6 所示博弈树里括号中的数字给出, 其中左边一个数字代表防御方的收益值, 右边一个数字代表攻击方的收益值.

第 9 章　基于策略式描述的网络攻防博弈

9.1　引　　言

策略式描述, 就是 8.4.3 节中给出的攻防博弈问题的标准式描述. 在网络攻防实践中, 如果攻防双方的可行方案集 (策略集)、支付 (收益) 函数等信息是公开的, 是共同知识; 每次实战攻防双方同时进行决策, 或者攻防双方决策虽然有先后顺序, 但后决策者并不知道先决策者所采取的具体策略和措施, 那么就可以将网络攻防问题归结为围绕信息资产安全风险的完全信息静态非合作博弈问题:

$$G = [\underline{N},\ (S_l),\ (u_l)] \tag{9.1}$$

式中, $\underline{N} = \{1,2\}$ 是局中人集合, 其中 1 代表防御方, 2 代表攻击方. $(S_l) = \{S_1, S_2\}$, S_1, S_2 分别为防御方和攻击方的可行方案集 (策略集). $u_l = \{u_1[(p,q),(S_{1i},S_{2j})], u_2[(p,q),(S_{1i},S_{2j})]\}, u_1, u_2$ 分别为防御方和攻击方的支付 (收益), 它们既是攻防目标安全风险概率的函数, 又是攻防双方策略组合的函数.

完全信息静态博弈是网络攻防博弈研究的基础, 具体内容可以围绕基于矩阵博弈的网络攻防控制, 基于 Nash 均衡的网络攻防博弈等问题展开, 本章将予以详细讨论, 并给出实例仿真与分析.

9.2　基于矩阵博弈的网络攻防控制

9.2.1　攻防控制中的矩阵博弈模型

设目标网络系统可以划分为 N 个攻防点, 其中第 k 个攻防点所涵盖的资产记为 A_k, 资产 A_k 由于被攻击而发生风险的概率为 q_k, 则其安全性概率可以表示为

$$P_k = 1 - q_k \tag{9.2}$$

现在, 攻防双方针对目标网络系统的第 k 个攻防点 (对应资产 A_k) 展开攻防博弈, 其中防御方有防御策略集 $S_1 = \{S_{11}, S_{12}, \cdots, S_{1m}\}$, 攻击方有攻击策略集 $S_2 = \{S_{21}, S_{22}, \cdots, S_{2n}\}$. 防御方任取策略 $S_{1i} \in S_1, 1 \leqslant i \leqslant m$, 攻击方任取策略 S_{2j}, $1 \leqslant j \leqslant n$, 则 (S_{1i}, S_{2j}) 构成一个策略组合. 对每一个策略组合 (S_{1i}, S_{2j}), 使得资产 A_k 的安全性概率为 $P_k(S_{1i}, S_{2j})$, 则其风险概率为

$$q_k(S_{1i}, S_{2j}) = 1 - P_k(S_{1i}, S_{2j}), \quad S_{1i} \in S_1, S_{2j} \in S_2 \tag{9.3}$$

在策略组合 (S_{1i}, S_{2j}) 的控制作用下, 设防御方获得的支付 (收益) 为 $u_1(S_{1i}, S_{2j})$, 攻击方获得的支付 (收益) 为 $u_2(S_{1i}, S_{2j})$, 根据攻防竞争的特点, 假定 u_1 和 u_2 可以用如下函数式描述[79]:

$$u_1(S_{1i}, S_{2j}) = P_k S_{1i} - q_k S_{2j}, \quad S_{1i} \in S_1, S_{2j} \in S_2 \tag{9.4}$$

$$u_2(S_{1i}, S_{2j}) = q_k S_{2j} - P_k S_{1i}, \quad S_{1i} \in S_1, S_{2j} \in S_2 \tag{9.5}$$

于是, 围绕信息资产 A_k 安全风险的攻防控制问题, 可以归结为由式 (9.1) 描述的策略博弈问题.

对于不同的策略组合, 攻防双方会获得不同的支付 (收益). 记防御方的支付 (收益)$u_1(S_{1i}, S_{2j}) = a_{ij}$, 当 $i = 1, 2, \cdots, m, j = 1, 2, \cdots, n$ 时, $u_1(S_{1i}, S_{2j})$ 的所有可能值构成一个矩阵, 称为支付 (收益) 矩阵, 并记为 A:

$$A = \begin{bmatrix} a_{11} & a_{12} & \cdots & a_{1n} \\ a_{21} & a_{22} & \cdots & a_{2n} \\ \vdots & \vdots & & \vdots \\ a_{m1} & a_{m2} & \cdots & a_{mn} \end{bmatrix} \tag{9.6}$$

由于攻防双方的策略数量是有限的, 即 S_1, S_2 均为有限集, 并且由式 (9.4)、(9.5) 知, 对任意策略组合 (S_{1i}, S_{2j}) 都有

$$u_1(S_{1i}, S_{2j}) + u_2(S_{1i}, S_{2j}) = 0, \quad S_{1i} \in S_1, S_{2j} \in S_2 \tag{9.7}$$

即攻防双方的支付和为零. 因此, 围绕信息资产安全风险的网络系统攻防控制问题, 可以归结为两人有限零和矩阵博弈问题.

支付矩阵 A 的第 i 行分别与防御方的策略 S_{1i} 相对应, 第 j 列分别与攻击方的策略 S_{2j} 相对应. 因为 $a_{ij} = u_1(S_{1i}, S_{2j})$, $1 \leqslant i \leqslant m, 1 \leqslant j \leqslant n$, 所以矩阵 A 完全代表了防御方的期望支付值. 又因为 $u_2(S_{1i}, S_{2j}) = -u_1(S_{1i}, S_{2j})$, 所以矩阵 A 完全代表了攻击方的期望支付值.

在攻防博弈中, 防御方总是希望支付 (收益) 值 a_{ij} 越大越好, 攻击方则希望支付值 a_{ij}(收益为 $-a_{ij}$) 越小越好.

一般地, 如果防御方采用他的第 i 个策略, 由于攻击方希望 a_{ij} 越小越好, 那么防御方至少可以得到的支付值为

$$\min_{1 \leqslant j \leqslant n} a_{ij}$$

这就是支付矩阵 A 的第 i 行元素中的最小元素. 由于防御方希望 a_{ij} 越大越好, 因此他可以选择 i, 使上式为最大. 也就是说, 防御方可以选择 i, 使他的支付 (收益)

不少于 v_1, 即

$$v_1 = \max_{1 \leqslant i \leqslant m} \min_{1 \leqslant j \leqslant n} a_{ij} \tag{9.8}$$

同样, 如果攻击方采用他的第 j 个策略, 由于防御方希望 a_{ij} 越大越好, 那么攻击方至多失去的支付值为

$$\max_{1 \leqslant i \leqslant m} a_{ij}$$

这是支付矩阵 A 的第 j 列元素中的最大元素. 由于攻击方希望 a_{ij} 越小越好, 因此他可以选择 j 使上式为最小. 也就是说, 攻击方可以选择 j, 保证他失去的不大于 v_2, 即

$$v_2 = \min_{1 \leqslant j \leqslant n} \max_{1 \leqslant i \leqslant m} a_{ij} \tag{9.9}$$

定理 9.1

$$v_1 \leqslant v_2 \tag{9.10}$$

证明 因为 $\min\limits_{1 \leqslant j \leqslant n} a_{ij}$ 是支付矩阵 A 的第 i 行元素中的最小元素, 所以对每一个 i 都有

$$\min_{1 \leqslant j \leqslant n} a_{ij} \leqslant a_{ij}, \quad i = 1, 2, \cdots, m$$

又因为 $\max\limits_{1 \leqslant i \leqslant m} a_{ij}$ 是支付矩阵 A 的第 j 列元素中的最大元素, 所以对每一个 j 都有

$$\max_{1 \leqslant i \leqslant m} a_{ij} \geqslant a_{ij}, \quad j = 1, 2, \cdots, n$$

因此, 对任意的 i 和 j, 都有

$$\min_{1 \leqslant j \leqslant n} a_{ij} \leqslant \max_{1 \leqslant i \leqslant m} a_{ij}$$

上式不等号右边对任意 j 都成立, 即

$$\min_{1 \leqslant j \leqslant n} a_{ij} \leqslant \min_{1 \leqslant j \leqslant n} \max_{1 \leqslant i \leqslant m} a_{ij}$$

上式不等号左边对任意 i 都成立, 即

$$\max_{1 \leqslant i \leqslant m} \min_{1 \leqslant j \leqslant n} a_{ij} \leqslant \min_{1 \leqslant j \leqslant n} \max_{1 \leqslant i \leqslant m} a_{ij}$$

亦即 $v_1 \leqslant v_2$. 定理得证.

定义 9.1 在矩阵博弈 A 中, $A = (a_{ij})_{m \times n}$, 如果存在

$$i^* \in \{i = 1, 2, \cdots, m\}, \quad j^* \in \{j = 1, 2, \cdots, n\}$$

使得

$$a_{i^*j^*} = \max_{1\leqslant i\leqslant m} a_{ij^*}$$

$$a_{i^*j^*} = \min_{1\leqslant j\leqslant n} a_{i^*j}$$

则称 (i^*, j^*) 为博弈矩阵 A 的一个鞍点, 或称纯策略 Nash 均衡点.

纯策略 Nash 均衡点 (鞍点) 也就是攻防的平衡点, 这时, 防御方选取策略 S_{1i^*}, 攻击方选取策略 S_{2j^*}, 形成策略组合 (S_{1i^*}, S_{2j^*}), 使下述不等式成立:

$$a_{ij^*} \leqslant a_{i^*j^*} \leqslant a_{i^*j}, \quad i = 1, 2, \cdots, m;\ j = 1, 2, \cdots, n \tag{9.11}$$

于是, 博弈就形成平衡, 因为攻防双方都不能通过单独改变自己的策略而使自己获得更大的利益.

定理 9.2　在矩阵博弈中, 纯策略 Nash 均衡点 (i^*, j^*) 存在的充分必要条件是

$$v_1 = v_2 \tag{9.12}$$

证明　**充分性**　由式 (9.8) 和式 (9.9)

$$v_1 = \max_{1\leqslant i\leqslant m} \min_{1\leqslant j\leqslant n} a_{ij}$$

$$v_2 = \min_{1\leqslant j\leqslant n} \max_{1\leqslant i\leqslant m} a_{ij}$$

假设式 (9.12) 成立, 即 $v_1 = v_2 = v$, 则必有一个 i^* 和 j^*, 使

$$\max_{1\leqslant i\leqslant m} \min_{1\leqslant j\leqslant n} a_{ij} = \min_{1\leqslant j\leqslant n} a_{i^*j}$$

和

$$\min_{1\leqslant j\leqslant n} \max_{1\leqslant i\leqslant m} a_{ij} = \max_{1\leqslant i\leqslant m} a_{ij^*}$$

所以

$$\max_{1\leqslant i\leqslant m} a_{ij^*} = \min_{1\leqslant j\leqslant n} a_{i^*j}$$

但是

$$\max_{1\leqslant i\leqslant m} a_{ij^*} \geqslant a_{i^*j^*} \geqslant \min_{1\leqslant j\leqslant n} a_{i^*j}$$

于是有

$$\max_{1\leqslant i\leqslant m} a_{ij^*} = a_{i^*j^*} = \min_{1\leqslant j\leqslant n} a_{i^*j}$$

因此, 对于一切 i 和 j, 有式 (9.11) 成立

$$a_{ij^*} \leqslant a_{i^*j^*} \leqslant a_{i^*j}$$

必要性 设 (i^*, j^*) 是攻防博弈的 Nash 均衡点, 则对于一切 i 和 j 都有

$$a_{ij^*} \leqslant a_{i^*j^*} \leqslant a_{i^*j} \tag{9.13}$$

由式 (9.13) 的左边不等式有

$$\max_{1 \leqslant i \leqslant m} a_{ij^*} \leqslant a_{i^*j^*}$$

因而

$$\min_{1 \leqslant j \leqslant n} \max_{1 \leqslant i \leqslant m} a_{ij} \leqslant a_{i^*j^*} \tag{9.14}$$

同理, 由式 (9.13) 右边不等式有

$$a_{i^*j^*} \leqslant \min_{1 \leqslant j \leqslant n} a_{i^*j}$$

因而

$$a_{i^*j^*} \leqslant \max_{1 \leqslant i \leqslant m} \min_{1 \leqslant j \leqslant n} a_{ij} \tag{9.15}$$

由式 (9.14) 和式 (9.15) 得到

$$\max_{1 \leqslant i \leqslant m} \min_{1 \leqslant j \leqslant n} a_{ij} \geqslant \min_{1 \leqslant j \leqslant n} \max_{1 \leqslant i \leqslant m} a_{ij}$$

即 $v_1 \geqslant v_2$. 但由定理 9.1, 反方向的不等式成立, 即 $v_1 \leqslant v_2$, 因此

$$\max_{1 \leqslant i \leqslant m} \min_{1 \leqslant j \leqslant n} a_{ij} = \min_{1 \leqslant j \leqslant n} \max_{1 \leqslant i \leqslant m} a_{ij}$$

即 $v_1 = v_2$. 定理得证.

在攻防实践中, 并不能保证纯策略 Nash 均衡点 (i^*, j^*) 一定存在, 即充分必要条件 —— 式 (9.12) 不一定能满足. 在这种情况下, 攻防双方都将尽最大努力不让对手猜出自己将要采取的策略, 他们可以用随机的方法来确定自己的策略.

设防御方以 x_1 的概率选择防御策略 $S_{11}, \cdots$, 以 x_m 的概率选择防御策略 S_{1m}; 攻击方以 y_1 的概率选择攻击策略 $S_{21}, \cdots$, 以 y_n 的概率选择攻击策略 S_{2n}, 则将

$$X = \left\{ x = (x_1, \cdots, x_m)^{\mathrm{T}};\ x_i \geqslant 0,\ \sum_{i=1}^{m} x_i = 1 \right\}$$

$$Y = \left\{ y = (y_1, \cdots, y_n)^{\mathrm{T}};\ y_i \geqslant 0,\ \sum_{j=1}^{n} y_i = 1 \right\}$$

分别称为防御方和攻击方的混合策略集, 而 $S_1 = \{S_{11}, \cdots, S_{1m}\}$ 和 $S_2 = \{S_{21}, \cdots, S_{2n}\}$ 为防御方和攻击方的纯策略集. 显然, X 和 Y 分别是防御策略和攻击策略在 S_1 和 S_2 上的所有概率分布的集合.

在矩阵博弈 A 中, 如果防御方选择混合策略 $x=(x_1,\cdots,x_m)^{\mathrm{T}}\in X$, 攻击方选择混合策略 $y=(y_1,\cdots,y_n)^{\mathrm{T}}\in Y$, 则组成混合策略组合 $(x,y)\in X\times Y$, 此时防御方和攻击方得到的期望支付 (收益) 分别为

$$E(x,y)=x^{\mathrm{T}}A\,y=\sum_{i=1}^{m}\sum_{j=1}^{n}a_{ij}x_iy_j$$

$$-E(x,y)=-x^{\mathrm{T}}A\,y=-\sum_{i=1}^{m}\sum_{j=1}^{n}a_{ij}x_iy_j$$

对于防御方来说, 当然是希望此支付值越大越好, 而对于攻击方则是希望此支付值的绝对值越小越好.

定义 9.2　在矩阵博弈 A 中, $A=(a_{ij})_{m\times n}$, 如果存在

$$x^*=(x_1^*,\cdots,x_m^*)^{\mathrm{T}}\in X$$

$$y^*=(y_1^*,\cdots,y_n^*)^{\mathrm{T}}\in Y$$

使得

$$\sum_{i=1}^{m}\sum_{j=1}^{n}a_{ij}x_i^*y_j^*=\max_{x\in X}\sum_{i=1}^{m}\sum_{j=1}^{n}a_{ij}x_iy_j^*$$

$$\sum_{i=1}^{m}\sum_{j=1}^{n}a_{ij}x_i^*y_j^*=\min_{y\in Y}\sum_{i=1}^{m}\sum_{j=1}^{n}a_{ij}x_i^*y_j$$

则称 (x^*,y^*) 是混合策略下矩阵博弈 A 的一个鞍点或一个解或一个 Nash 均衡点.

在 Nash 均衡点上, 防御方选择混合策略 x^*, 攻击方选择混合策略 y^*, 攻防双方就形成平衡, 因为谁也不能通过单方面改变自己的策略来使自己获得更大利益.

定理 9.3　基于混合策略 (x,y) 的任何矩阵博弈 $A, A=(a_{ij})_{m\times n}$, 鞍点必存在, 并且有

$$\max_{x\in X}\min_{y\in Y}\sum_{i=1}^{m}\sum_{j=1}^{n}a_{ij}x_iy_j=\min_{y\in Y}\max_{x\in X}\sum_{i=1}^{m}\sum_{j=1}^{n}a_{ij}x_iy_j \tag{9.16}$$

证明　参见文献 [52], [53].

在矩阵博弈中, 定理 9.3 称为最大、最小定理, 或称最大、最小准则.

式 (9.16) 左端代表防御方的支付 (收益) 值, 右端代表攻击方的支付 (收益) 值, 仍分别以 v_1 和 v_2 表示:

$$v_1=\max_{x\in X}\min_{y\in Y}\sum_{i=1}^{m}\sum_{j=1}^{n}a_{ij}x_iy_j \tag{9.17}$$

$$v_2 = \min_{y \in Y} \max_{x \in X} \sum_{i=1}^{m} \sum_{j=1}^{n} a_{ij} x_i y_j \tag{9.18}$$

于是, 围绕信息资产 A_k 安全风险的网络攻防博弈问题, 可以归结为以下最优化问题:

求解混合策略对 (x^*, y^*), 使得

$$v_1 = v_2 = v \tag{9.19}$$

称 v 为攻防博弈值, 且满足

$$v = \sum_{i=1}^{m} \sum_{j=1}^{n} a_{ij} x_i^* y_j^* = x^{*\mathrm{T}} A\, y^* \tag{9.20}$$

称混合策略对 (x^*, y^*) 为攻防博弈的解. 其中, x^* 和 y^* 分别是防御方和攻击方在最大、最小准则下的最优控制策略.

9.2.2 攻防策略的分类与量化

攻击策略和防御策略是攻防博弈模型的重要元素, 是构建网络攻防博弈算法的必备数据源. 在考虑攻防策略分类与量化时, 必须同时考虑攻防效果和攻防成本 (代价) 两个方面的因素. 一般说来, 攻防成本越高, 攻防效果应该越好. 与此同时, 还需注意两点: ① 攻防策略空间的大小直接影响后续博弈分析的复杂程度, 要适度掌握; ② 攻防策略分类方法应符合现有攻防措施或者手段[55]. 根据攻防竞争的特点并参照文献 [55] 给出的分类方法, 攻击策略应结合战略目的和攻击影响作为分类的依据, 如表 9.1 所示; 防御策略可以分为基于主机和基于网络两大类, 其中每一大类包括若干子类, 如表 9.2 所示.

在表 9.1 中, AL 为攻击致命度 (attack lethality), 表示某类攻击所具有的固有危害程度, 用 0~10 的数值表示.

表 9.1 攻击策略分类

分类	描述	AL
Root	获取管理员权限	10
User	获取普通用户权限	5
Data	非授权访问或读取数据	3
Dos	拒绝服务攻击	2
Probe	扫描攻击	0.5
Other	其他	*

表 9.2 防御策略分类

分类	子类	描述	Ocost
基于主机	关闭进程	关闭可疑进程或所有进程	OL_1
	删除文件	删除被修改或被感染的文件	OL_1
	删除用户账号	删除可疑用户账号	OL_1
	关闭服务	关闭易受攻击的软件	OL_2
	限制用户活动	限制可疑用户的权限和活动	OL_2
	关闭主机	关闭被攻击的主机	OL_2
	重启主机	重新启动被攻击的主机	OL_2
	安装软件升级补丁	升级存在漏洞的软件到新版本	OL_3
	系统病毒扫描	利用杀毒软件扫描系统	OL_3
	文件完整性检验	用软件工具检验系统文件完整性	OL_3
	安装系统升级补丁	升级系统到最新版本	OL_3
	重新安装系统	重装被感染或文件被修改的系统	OL_3
	修改账号密码	修改系统的所有账号密码	OL_3
	格式化硬盘	格式化硬盘去除所有恶意代码	OL_3
	备份系统	备份系统数据	OL_3
	其他	*	*
基于网络	隔离主机	通过关闭 NIC 隔离受害主机	OL_2
	丢弃可疑数据包	利用 IDS 或防火墙丢弃可疑数据包	OL_2
	断开网络	断开系统与外部网络连接	OL_2
	TCP 重置	发送重置包重置会话	OL_2
	阻断端口	利用软件阻断端口	OL_2
	阻断 IP 地址	利用软件阻断 IP 地址	OL_2
	设置黑洞路由	利用防火墙修改路由表到不可达 IP	OL_2
	其他	*	*

在表 9.2 中, Ocost 为操作代价 (operation cost), 表示防御方的防御操作消耗的时间和计算资源的数量. 理性的防御操作是要考虑操作成本的, 一般说来, 操作成本越高 (操作代价越大), 防御支付 (收益) 也应该越大. 根据防御操作的复杂程度, 操作代价可以分为三个级别[56]:

OL_1: 操作代价非常小, 几乎可以忽略不计, 如终止用户进程等, 代价值可设为 $OL_1 = 0 \sim 2$;

OL_2: 防御操作在生效时间内持续占用系统资源, 但占用资源较少, 如配置防火墙等, 代价值可以设为 $OL_2 = 2 \sim 5$;

OL_3: 防御操作在生效时间内持续占用较多系统资源, 如系统病毒扫描等, 代价值可以设为 $OL_3 = 5 \sim 10$.

随着互联网技术的飞速发展和各种应用程序 (特别是 Web 应用程序) 的广泛使用, 一系列新的安全方面的漏洞也会 “与时俱进”. 因此, 在攻防博弈中网络攻防策略和攻防措施也应不断 “创新”, 跟上时代的步伐.

从安全保护的角度, 在 Web 应用出现之前, 主要在网络边界上抵御外部攻击, 保护这个边界需要对其提供的服务进行强化、打补丁, 并在用户访问之间设置防火墙. 在这种情况下, 上述关于攻防策略的分类和量化方法无疑是一种可供选择的合理方案. 但 Web 应用程序的广泛应用似乎改变了这一切. 用户要访问应用程序, 边界防火墙必须允许其通过 HTTP/HTTPS 连接内部服务器; 应用程序要实现其功能, 必须允许其连接服务器以支持后端系统, 如数据库、大型主机以及金融与后勤系统. 这些系统通常处于组织运营的核心部分, 并有几层网络级防御保护.

如果 Web 应用程序存在漏洞 (存在漏洞是必然的), 那么公共互联网上的攻击者只需从 Web 浏览器提交专门设计的数据就可以攻破组织的核心后端系统. 这些数据会像传送至 Web 应用程序的正常、良性数据一样, 穿透组织的所有网络防御[78].

对一个针对组织的攻击者而言, 获得网络访问权或在服务器上执行任意命令可能并不是他们真正想要实现的目标. 大多数或者基本上所有攻击者的真实意图是执行一些应用程序级行为, 如偷窃个人信息、转账或购买价格低廉的产品. 而应用程序层面上存在的安全问题对实现这些目标有很大帮助.

例如, 一名攻击者希望 “闯入” 银行系统, 从用户的账户中窃取资金. 在银行使用 Web 应用程序之前, 攻击者可能需要发现公共服务中存在的漏洞, 并利用其进入银行的 DMZ, 穿透限制访问其内部系统的防火墙, 在网络上搜索确定大型计算机, 破译用于访问它的秘密协议, 然后推测某些证书以进行登录. 但是, 如果银行使用易受攻击的 Web 应用程序, 那么攻击者可能只需修改隐藏的 HTML 表单字段中的一个账号, 就可以达到这一目的.

针对 Web 应用程序可能出现的攻击行为和相应的防御措施, 一种可供选择的攻击策略分类及量化方案及其与之抗衡的防御策略及量化方案如表 9.3、表 9.4 所示.

表 9.3 基于 Web 服务的攻击策略分类

攻击策略分类	攻击策略描述	攻击致命度
攻击验证机制	验证设计缺陷: 密码修改/忘记密码 密码强度不够/蛮力攻击 初始密码	AL_3
攻击会话管理	令牌可预测 令牌泄露	AL_3
攻击访问控制	敏感 URL 不受控 平台配置错误 访问控制权限不当	AL_2

续表

攻击策略分类	攻击策略描述	攻击致命度
攻击数据存储	SQL 注入漏洞 NoSQL 注入 XPath 注入 LDAP 注入	AL_3
后端代码注入	命令执行漏洞 文件包含 XML 注入 HPP 参数注入	AL_3
服务器安全漏洞	系统缓冲区溢出漏洞 服务器程序漏洞	AL_3
攻击逻辑漏洞	自定义数据修改 客户端验证 规则绕过	AL_3
前端注入代码	XSS 攻击 CSRF 攻击 重定向	AL_1
不安全的服务端配置	默认密码 列目录 PHP/ASP.NET/PERL 错误配置 调试信息泄露	AL_1
敏感信息泄露	默认的程序特征 源代码信息泄露	AL_1

表 9.4　基于 Web 服务的防御策略分类

分类	子类	策略功能描述	操作代价
代码重构	防止蛮力攻击 逻辑流程修复 传输加密	防御对验证机制的攻击	OL_3
	更复杂的算法 传输与存储机密	防御对会话管理的攻击	OL_3
	从代码层面修复漏洞	防御对数据存储、逻辑漏洞、前端代码注入等方面发起的攻击	OL_3
	多次验证	防御对访问控制机制的攻击	OL_3
	从代码层面修复漏洞/过滤	防御后端代码注入攻击	OL_3
防护系统	网络中间加入硬件/Web 防火墙	防御数据存储攻击	OL_2

续表

分类	子类	策略功能描述	操作代价
安全配置	权限限制策略 权限限制策略/删除	防御对访问控制机制、不安全的服务端配置、敏感信息泄露等攻击	OL_1
安全升级	升级系统和软件版本	防御服务器安全漏洞攻击	OL_1

在表 9.3 中, 攻击致命度 AL 根据其危害程度可以分为三个级别:

AL_3: 危害程度非常大, 会对攻击目标造成严重的伤害, 攻击致命度值可设为 $AL_3=6\sim10$;

AL_2: 危害程度中等, 会对攻击目标造成一定的伤害, 攻击致命度值可设为 $AL_2=3\sim5$;

AL_1: 危害程度较小, 对攻击目标造成的伤害很低, 攻击致命度值可设为 $AL_1=0\sim2$.

在表 9.4 中, 防御方的操作代价仍然划分为三个级别: OL_1, OL_2, OL_3, 它们的取值范围同表 9.1, 即 $OL_1=0\sim2$; $OL_2=2\sim5$; $OL_3=5\sim10$.

9.2.3 基于矩阵博弈的攻防控制算法

在攻防博弈过程中, 攻防目标 (信息资产)A_k 的安全性概率 P_k 和风险概率 q_k 或者为攻防双方各自期望的目标值, 或者为攻防结果的实际观测 (估计) 值, 总之为一定值. 再根据攻防双方给出的纯策略分类及其量化的结果, 按式 (9.4) 或式 (9.5) 进行计算, 防御方和攻击方的支付值 u_1 和 u_2 就可以完全确定, 从而支付矩阵 A 也就确定了. 于是, 围绕信息资产 A_k 安全风险的攻防控制问题, 就归结为矩阵博弈 A 的求解问题.

攻防控制 (矩阵博弈 A) 的解 (x_i^*, y_i^*) 由防御方和攻击方的最优混合策略组成, 可以通过线性规划求得. 为此, 先给出如下定理.

定理 9.4 矩阵博弈 $A=(a_{ij})_{m\times n}$ 的解 (x_i^*, y_i^*) 一定存在, 并且成立的充分必要条件

$$\sum_{i=1}^{m} x_i^* a_{ij} \geqslant v, \quad j=1,2,\cdots,n \tag{9.21}$$

$$\sum_{j=1}^{n} a_{ij} y_i^* \leqslant v, \quad i=1,2,\cdots,m \tag{9.22}$$

式中, $v=x^{*\mathrm{T}} A\, y^*$, 为此博弈 (攻防博弈) 的值.

定理 9.5 设 (x^*, y^*) 是防御方和攻击方的最优混合策略组合, 则有

$$v_1 = \max_{x\in X} \min_{1\leqslant j\leqslant n} \sum_{i=1}^{m} a_{ij} x_i = \min_{1\leqslant j\leqslant n} \sum_{i=1}^{m} a_{ij} x_i^* = v \tag{9.23}$$

$$v_2 = \min_{y \in Y} \max_{1 \leqslant i \leqslant m} \sum_{j=1}^{n} a_{ij} y_j = \max_{1 \leqslant i \leqslant m} \sum_{j=1}^{n} a_{ij} y_j^* = v \tag{9.24}$$

上述两个定理的证明可参见文献 [53], [54]. 其中定理 9.4 称为矩阵博弈解的存在性定理, 定理 9.5 是定理 9.3(最大、最小定理) 的等价表达式, 它们是将矩阵博弈问题的求解转化为线性规划问题求解的理论依据.

假定 $v > 0$, 在式 (9.21) 中, 令

$$\alpha_i^* = \frac{x_i^*}{v}, \quad i = 1, 2, \cdots, m$$

则有

$$\alpha_i^* \geqslant 0, \quad i = 1, 2, \cdots, m$$

$$\sum_{i=1}^{m} \alpha_i^* = \frac{1}{v}$$

再注意式 (9.21) 和式 (9.23), 防御方求最优策略的问题, 就等价于求 $\sum\limits_{i=1}^{m} \alpha_i = \min$ 的问题. 于是引出防御方求解最优策略的线性规划问题

$$\left.\begin{aligned} &\min \sum_{i=1}^{m} \alpha_i \\ &\text{s.t.} \sum_{i=1}^{m} a_{ij} \alpha_i \geqslant 1, \quad j = 1, 2, \cdots, n \\ &\alpha_i \geqslant 0, \quad i = 1, 2, \cdots, m \end{aligned}\right\} \tag{9.25}$$

可以用单纯形法求解上述线性规划问题, 得到最优解 $(\alpha_1^*, \alpha_2^*, \cdots, \alpha_m^*)$, 然后算出博弈值

$$v = \frac{1}{\sum\limits_{i=1}^{m} \alpha_i^*} \tag{9.26}$$

便可得防御方的最优混合策略为

$$x_i^* = v \alpha_i^*, \quad i = 1, 2, \cdots, m \tag{9.27}$$

类似地, 攻击方求最优混合策略的线性规划问题是

$$\left.\begin{aligned} &\max \sum_{j=1}^{n} \beta_j \\ &\text{s.t.} \sum_{i=1}^{n} a_{ij} \beta_j \leqslant 1, \quad i = 1, 2, \cdots, m \\ &\beta_j \geqslant 0, \quad j = 1, 2, \cdots, n \end{aligned}\right\} \tag{9.28}$$

博弈值又满足

$$v = \frac{1}{\sum_{j=1}^{n} \beta_j^*} \tag{9.29}$$

此处 $(\beta_1^*, \beta_2^*, \cdots, \beta_n^*)$ 是线性规划问题 (9.29) 的最优解, 而攻击方的最优混合策略是

$$y_j^* = v\beta_j^*, \quad j = 1, 2, \cdots, n \tag{9.30}$$

根据线性规划的对偶定理[57], 线性规划问题 (9.25) 和线性规划问题 (9.28) 的最优值相等, 且都等于 $\frac{1}{v}$.

为了保证博弈值 $v > 0$, 可要求博弈矩阵 A 的所有元素为非负值, 即要求 $a_{ij} \geqslant 0$, $i = 1, 2, \cdots, m$; $j = 1, 2, \cdots, n$. 但 a_{ij} 是攻防双方的支付 (收益) 值, 由式 (9.4) 或式 (9.5) 计算, 可能是负值, 这样就有可能使得 $v \leqslant 0$. 在这种情况下, 可考虑矩阵博弈 $A' = (a'_{ij})_{m\times n}$, 其中

$$a'_{ij} = a_{ij} + d, \quad i = 1, 2, \cdots, m; \ j = 1, 2, \cdots, n$$

这里 d 为充分大的正整数, 使得所有

$$a'_{ij} > 0, \quad i = 1, 2, \cdots, m; \ j = 1, 2, \cdots, n$$

容易了解, 矩阵博弈 A' 的博弈值 $v > 0$, 而 A 和 A' 有相同的解. 为了求 A 的解, 只需对 A' 按上面的方式去做就可以.

至此, 围绕信息资产 A_k 安全风险的网络攻防博弈算法步骤可以归纳如下:

(1) 构建攻防双方的纯策略集:

$$S_1 = \{ S_{11}, \ S_{12}, \cdots, \ S_{1m} \}$$

$$S_2 = \{ S_{21}, \ S_{22}, \cdots, \ S_{2n} \}$$

(2) 观测 (估计) 资产 A_k 的安全风险状态, 确定 A_k 的安全性概率 P_k 和风险概率 q_k;

(3) 按式 (9.4) 或式 (9.5) 计算支付值 a_{ij}, 当 $i = 1, 2, \cdots, m$; $j = 1, 2, \cdots, n$ 时, 构造支付 (收益) 矩阵 A;

(4) 按式 (9.25)、式 (9.28) 求线性规划问题最优解:

$$(\ \alpha_1^*, \ \alpha_2^*, \ \cdots, \ \alpha_m^*\ )$$

$$(\ \beta_1^*, \ \beta_2^*, \ \cdots, \ \beta_n^*\ )$$

(5) 按式 (9.26) 或式 (9.29) 计算博弈值 v;

(6) 按式 (9.27) 和式 (9.30) 计算最优混合策略 x^* 和 y^*:

$$x^* = (\, x_1^*,\ x_2^*,\ \cdots,\ x_m^* \,)^{\mathrm{T}}$$

$$y^* = (\, y_1^*,\ y_2^*,\ \cdots,\ y_n^* \,)^{\mathrm{T}}$$

(7) 返回第 (2) 步.

9.2.4 攻防最优混合策略的线性规划问题求解

1. 攻击方最优混合策略的线性规划问题求解

借助线性规划中的单纯形搜索法求解这一问题. 引入松弛变量 $\beta_{n+i} \geqslant 0,\ i = 1,2,\cdots,m$, 则线性规划问题 (9.28) 等价地转化为

$$\left.\begin{aligned} &\max J = \sum_{j=1}^{n+m} \beta_j \\ &\text{s.t.} \sum_{j=1}^{n} a_{ij}\beta_j + \beta_{n+i} = 1, \quad i = 1,2,\cdots,m \\ &\beta_j \geqslant 0, \quad j = 1,2,\cdots,n,\ n+1,\cdots,n+m \end{aligned}\right\} \tag{9.31}$$

表示成矩阵的形式

$$\left.\begin{aligned} &\max J = C\beta \\ &\text{s.t. } A\beta = b \\ &\beta \geqslant 0 \end{aligned}\right\} \tag{9.32}$$

式中

$C = [\,1,\ 1,\ \cdots,\ 1\,]$, 为 $n+m$ 维行向量

$$\beta = [\,\beta_1,\ \beta_2,\ \cdots,\ \beta_n,\ \beta_{n+1},\ \cdots,\ \beta_{n+m}\,]^{\mathrm{T}}$$

$b = [\,1,\ 1,\ \cdots,\ 1\,]^{\mathrm{T}}$, 为 m 维列向量

$$A = (a_{ij})_{m\times(n+m)}, \quad 且 \quad \mathrm{rank}A = m$$

约束方程的系数矩阵 A 可表示为

$$\begin{bmatrix} a_{11} & a_{12} & \cdots & a_{1n} & 1 & 0 & \cdots & 0 \\ a_{21} & a_{22} & \cdots & a_{2n} & 0 & 1 & \cdots & 0 \\ \vdots & \vdots & & \vdots & \vdots & \vdots & & \vdots \\ a_{m1} & a_{m2} & \cdots & a_{mn} & 0 & 0 & \cdots & 1 \end{bmatrix} = [P_1, P_2, \cdots, P_n, P_{n+1}, \cdots, P_{n+m}]$$

式中, P_j 表示矩阵 A 的第 j 列.

由于 $P_{n+1}, P_{n+2}, \cdots, P_{n+m}$ 线性无关, 可以选取由它们构成的 $m \times m$ 维非奇异子方阵为基, 记为 B, 即

$$B = (P_{n+1}, P_{n+2}, \cdots, P_{n+m}) = \begin{bmatrix} 1 & 0 & \cdots & 0 \\ 0 & 1 & \cdots & 0 \\ \vdots & \vdots & & \vdots \\ 0 & 0 & \cdots & 1 \end{bmatrix}_{m\times m}$$

$P_j(j = n+1, n+2, \cdots, n+m)$ 称为第 j 列基向量, 与基向量相对应的决策变量 $\beta_j(j = n+1, n+2, \cdots, n+m)$ 称为基变量; 在矩阵 A 中除去基向量后所剩余的列向量 P_j $(j = 1, 2, \cdots, n)$ 称为非基向量, 与非基向量对应的决策变量 $\beta_j = (j = 1, 2, \cdots, n)$ 称为非基变量.

于是, 约束方程的系数矩阵 A 又可以表示为分块矩阵形式

$$A = [\, N,\ B \,] \tag{9.33}$$

式中, $N = [\, P_1,\ P_2,\ \cdots,\ P_n \,]$ 为非基变量对应的列向量构成的系数矩阵. 向量 β 亦可写成分块形式

$$\beta = \begin{bmatrix} \beta_N \\ \beta_B \end{bmatrix} \tag{9.34}$$

式中, $\beta_N = [\, \beta_1,\ \beta_2,\ \cdots,\ \beta_n \,]^{\mathrm{T}}$, $\beta_B = [\, \beta_{n+1},\ \beta_{n+2},\ \cdots,\ \beta_{n+m} \,]^{\mathrm{T}}$ 分别由非基变量和基变量组成的向量. 目标函数 J 的系数行向量 C 也写成分块形式

$$C = [\, C_N,\ C_B \,] \tag{9.35}$$

式中, $C_N = [\, C_1,\ C_2,\ \cdots,\ C_n \,]$ 为非基变量对应的价值系数构成的向量; $C_B = [\, C_{n+1},\ C_{n+2},\ \cdots,\ C_{n+m} \,]$ 为基变量对应的价值系数构成的向量. 在本问题中, C_N, C_B 的所有元素均为 1.

将式 (9.33)~式 (9.35) 代入式 (9.32), 并注意 B 是非奇异方阵, 上述线性规划问题又可以等价地表示为

$$\left.\begin{aligned} &\max J = C_B B^{-1} b + (C_N - C_B B^{-1} N)\beta_N \\ &\text{s.t.}\ \ \beta_B + B^{-1} N \beta_N = B^{-1} b \\ &\qquad \beta_B \geqslant 0, \quad \beta_N \geqslant 0 \end{aligned}\right\} \tag{9.36}$$

式 (9.36) 称为线性规划关于基 B 的典式.

进一步, 令

$$J^0 = C_B B^{-1} b$$

$$\sigma_N = C_N - C_B B^{-1} N = (\sigma_1, \sigma_2, \cdots, \sigma_n)$$

$$N' = B^{-1} N = \begin{bmatrix} a'_{11} & a'_{12} & \cdots & a'_{1n} \\ a'_{21} & a'_{22} & \cdots & a'_{2n} \\ \vdots & \vdots & & \vdots \\ a'_{m1} & a'_{m2} & \cdots & a'_{mn} \end{bmatrix}$$

$$b' = B^{-1} b = [b'_1, b'_2, \cdots b'_m]$$

于是线性规划关于基 B 的典式又可以等价地表示为

$$\left.\begin{aligned} &\max J = J^0 + \sum_{j=1}^{n} \sigma_j \beta_j \\ &\text{s.t.}\ \ \beta_i + \sum_{j=1}^{n} a'_{ij} \beta_j = b'_i, \quad i = 1, 2, \cdots, m \\ &\beta_j \geqslant 0, \quad j = 1, 2, \cdots, n, n+1, \cdots, n+m \end{aligned}\right\} \tag{9.37}$$

在线性规划问题中, 满足约束条件的解称为可行解; 对于选定的基 B, 令 $\beta_N = 0$, 得到的解 $\beta_B = B^{-1} b$ 称为相应于基 B 的基本解; 在基本解中, 若满足 $\beta_B \geqslant 0$, 则称该基本解为基可行解, 对应的基 B 称为可行基.

针对上述给出的线性规划典式, 若令 $\beta_j = 0, j = 1, 2, \cdots, n$, 则得到基可行解:

$$\beta = [\,0,\ \beta_B\,]$$

式中

$$\beta_B = B^{-1} b = [\,b'_1,\ b'_2,\ \cdots,\ b'_m\,], \quad \beta_N = 0$$

对应的目标值 $J = J^0$.

当 $\sigma_j < 0\ (j = 1,\ 2,\ \cdots,\ n)$ 时, $\beta_j\ (j = 1,\ 2,\ \cdots,\ n)$ 由零增大, 目标函数值减小, 故当 $\sigma \leqslant 0$, 且非基变量 $\beta_j\ (j = 1,\ 2,\ \cdots,\ n)$ 全部取零时, 目标函数值最大, 相应的基可行解为最优解, 最优目标值为 $C_B B^{-1} b$.

但若存在某个 $\sigma_k > 0$, 且当 $\beta_k \in \beta_N$ 增大时, 则相应的目标函数值增大, 此时, 对应的基可行解不是最优解. 我们称 σ_j 为线性规划问题的检验数.

由上述分析, 可得线性规划问题最优解的判别定理.

定理 9.6　在线性规划典式 —— 式 (9.37) 中, 设

$$\beta^0 = [\,0,\ \cdots,\ 0,\ b'_1,\ b'_2,\ \cdots,\ b'_m\,]^{\mathrm{T}}$$

是对应于基 B 的一个基可行解, 若有

$$\sigma_j \leqslant 0, \quad j = 1, 2, \cdots, n$$

恒成立, 则 β^0 是线性规划问题的最优解, 相应的目标函数值为最优目标值, 分别记为

$$\beta^* = [\,0, \cdots, 0, b_1', b_2', \cdots, b_m'\,]^{\mathrm{T}}, \quad J^* = J^0$$

证明 设 β 是线性规划典式 —— 式 (9.37) 的任一可行解, 则有 $\beta \geqslant 0$. 因为 $\sigma_j \leqslant 0\,(\,j = 1, 2, \cdots, n\,)$, 所以 $\sum\limits_{j=1}^{n} \sigma_j \beta_j \leqslant 0$, 故有

$$C\beta = J^0 + \sum_{j=1}^{n} \sigma_j \beta_j \leqslant J^0 = J^*$$

即 J^* 是目标函数 $C\beta$ 的一个上界, 也就是说对于一切可行解 $\beta \geqslant 0$, 均有 $C\beta \leqslant J^*$, 但 $C\beta^0 \leqslant C\beta^* = J^*$, 于是 β^0 是最优解. 证毕.

如果现有的基可行解 β^0 不是最优解, 则需要在基可行解 β^0 的基础上, 构造一个新的基可行解, 并使其对应的目标函数值有所改善, 于是有如下定理.

定理 9.7 在线性规划典式 —— 式 (9.37) 中, 设

$$\beta^0 = [\,0, \cdots, 0, b_1', b_2', \cdots, b_m'\,]^{\mathrm{T}}$$

是对应于基 B 的一个基可行解, 若满足下列条件:

(1) 有某个非基变量 β_k 的检验数 $\sigma_k > 0$, $1 \leqslant k \leqslant n$;

(2) $a_{ik}'(i = 1, 2, \cdots, m)$ 中至少有一个 $a_{ik}' > 0$, $1 \leqslant i \leqslant m$;

(3) $b_i' > 0\,(\,i = 1, 2, \cdots, m\,)$, 即 β^0 为非退化的基可行解. 则从 β^0 出发, 一定能找到一个新的基可行解:

$$\beta' = [\,\beta_1, \beta_2, \cdots, \beta_n, \beta_{n+1}, \cdots, \beta_{n+m}\,]^{\mathrm{T}}$$

使得

$$J' = C\beta' \geqslant C\beta^0 = J^0$$

证明 (略).

根据前面的分析和定理 9.6、定理 9.7, 可以列出攻击方求解最优混合策略的线性规划问题具体步骤如下:

(1) 确定初始基可行解. 选择初始基 B:

$$B = (P_{n+1}, P_{n+2}, \cdots, P_{n+m}) = \begin{bmatrix} 1 & 0 & \cdots & 0 \\ 0 & 1 & \cdots & 0 \\ \vdots & \vdots & & \vdots \\ 0 & 0 & \cdots & 1 \end{bmatrix}$$

计算 β_B:

$$\beta_B = B^{-1}b = [\, b'_1,\ b'_2,\ \cdots,\ b'_m \,]^{\mathrm{T}}$$

令 $\beta_N = 0$, 确定对应于初始基 B 的基可行解:

$$\beta^0 = [\, 0,\ \cdots,\ 0,\ b'_1,\ b'_2,\ \cdots,\ b'_m \,]^{\mathrm{T}}$$

(2) 计算检验数 σ_j, 检查是否满足条件 $\sigma_j \leqslant 0$. 检验数构成的行向量 σ_N 为

$$\sigma_N = C_N - C_B B^{-1} N = C_N - C_B N' = [\, \sigma_1,\ \sigma_2,\ \cdots,\ \sigma_n \,]$$

检查是否满足条件

$$\sigma_j \leqslant 0, \quad j = 1,\ 2,\ \cdots,\ n$$

如果条件恒成立, 则得最优解及目标函数最优值

$$\beta^* = [\, 0,\ \cdots,\ 0,\ b'_1,\ b'_2,\ \cdots,\ b'_m \,]^{\mathrm{T}}$$

$$J^* = C_B B^{-1} b = C_B b'$$

否则, 转入下一步.

(3) 确定进基变量. 若只有一个检验数 $\sigma_k > 0\ (1 \leqslant k \leqslant n)$, 则取 σ_k 对应的非基变量 β_k 为进基变量; 若有两个以上的检验数为正, 为使目标函数值增加快些, 则取最大检验数所对应的非基变量为进基变量, 即

$$\max\{\sigma_j | \sigma_j > 0,\ 1 \leqslant j \leqslant n\} = \sigma_k \tag{9.38}$$

并取 $\beta_k\ (\ 1 \leqslant k \leqslant n\ )$ 为进基变量.

(4) 离基变量的确定. 若非基变量 β_k 为进基变量, 则 β_k 所在的列向量

$$P_k = [\, a'_{1k},\ a'_{2k},\ \cdots,\ a'_{mk} \,]^{\mathrm{T}}$$

中至少有一个分量 $a'_{ik} > 0$, 令

$$\theta = \min\left\{ \frac{b'_i}{a'_{ik}} \middle| a'_{ik} > 0,\ 1 \leqslant i \leqslant m \right\} = \frac{b'_r}{a'_{rk}} > 0 \tag{9.39}$$

则 b'_r 所在行相应的 β_r 为离基变量.

(5) 构造新的解.

根据式 (9.38) 确定的进基变量 β_k 和式 (9.39) 确定的离基变量 β_r, 令

$$\left.\begin{array}{l}\beta_i=\begin{cases}b'_i-\theta a'_{ik}, & i=1,2,\cdots,m,\ i\neq r\\ \theta, & i=k\\ 0, & i=r\end{cases}\\ \beta_j=0,\quad j=1,2,\cdots,n,\ j\neq k\end{array}\right\} \tag{9.40}$$

于是

$$\beta'=[\beta'_1,\beta'_2,\cdots,\beta'_n,\beta'_{n+1},\cdots,\beta'_{r-1},\beta'_r,\beta'_{r+1},\cdots,\beta'_{n+m}]^{\mathrm{T}}$$

可以证明 β' 为基可行解.

(6) 构造新的基 B.

与新的基可行解 β' 对应的基向量构成的基 B 为

$$B=[\,P_{n+1},\ P_{n+2},\ \cdots,\ P_{n+m}\,]^{\mathrm{T}}$$

而非基变量对应的列向量构成的矩阵为

$$N=[\,P_1,\ P_2,\ \cdots,\ P_r,\ \cdots,\ P_n\,]$$

于是可以计算出新的 N' 和新的 b':

$$N'=B^{-1}N=\begin{bmatrix}a'_{11} & a'_{12} & \cdots & a'_{1n}\\ a'_{21} & a'_{22} & \cdots & a'_{2n}\\ \vdots & \vdots & & \vdots\\ a'_{m1} & a'_{m2} & \cdots & a'_{mn}\end{bmatrix}$$

$$b'=B^{-1}b=[\,b'_1,\ b'_2,\ \cdots,\ b'_m\,]^{\mathrm{T}}$$

(7) 返回 (2), 直至求得最优解或者判断问题无最优解为止.

注 1 设 $\beta=[\,0,\ \cdots,\ 0,\ b'_1,\ b'_2,\ \cdots,\ b'_m\,]^{\mathrm{T}}$ 是一个基可行解, 所对应的检验数向量 $\sigma=[\,\sigma_1,\ \sigma_2,\ \cdots,\ \sigma_n,\ 0,\ \cdots,\ 0\,]\leqslant 0$, 其中存在某一个非基变量检验数 $\sigma_k=0\ (1\leqslant k\leqslant n)$, 则线性规划问题有无穷多个最优解.

注 2 在线性规划典式 —— 式 (9.37) 中, $\beta^0=[\,0,\ \cdots,\ 0,\ b'_1,\ b'_2,\ \cdots,\ b'_m\,]^{\mathrm{T}}$ 是对应于基 B 的一个基可行解, 若有某一个非基变量的检验数 $\sigma_k>0\ (1\leqslant k\leqslant n)$, 且有 $a'_{ik}\leqslant 0\ (\,i=1,\ 2,\ \cdots,\ m\,)$, 即 $P'_k=B^{-1}P_k\leqslant 0$, 则线性规划问题无最优解.

2. 防御方最优混合策略的线性规划问题求解

引入剩余变量 $\alpha_{m+j} \geqslant 0, j = 1,2,\cdots,n$, 则线性规划问题 —— 式 (9.25) 可以等价地转化为

$$\left.\begin{aligned} &\max\left(-\sum_{i=1}^{m+n}\alpha_i\right)\\ &\text{s.t. } \sum_{i=1}^{m}a_{ij}\alpha_j-\alpha_{m+j}=1,\quad j=1,2,\cdots,n\\ &\quad\alpha_i\geqslant 0,\quad i=1,2,\cdots,m+n \end{aligned}\right\} \tag{9.41}$$

表示成矩阵形式

$$\left.\begin{aligned} &\max J = C\alpha\\ &\text{s.t. } A\,\alpha = b\\ &\quad \alpha\geqslant 0 \end{aligned}\right\} \tag{9.42}$$

式中

$$C = (-1,-1,\cdots,-1\,) \text{ 为 } m+n \text{ 维行向量}$$

$$\alpha = (\,\alpha_1,\ \alpha_2,\ \cdots,\ \alpha_n,\ \alpha_{n+1},\ \cdots,\ \alpha_{n+m}\,)^{\mathrm{T}}$$

$$b = (\,1,\ 1,\ \cdots,\ 1\,)^{\mathrm{T}}, \text{ 为 } n \text{ 维列向量}$$

$$A = (a_{ij})_{m\times(m+n)},\quad \text{且}\quad \mathrm{rank}A = n$$

约束方程的系数矩阵 A 为

$$\begin{bmatrix} a_{11} & a_{12} & \cdots & a_{m1} & -1 & 0 & \cdots & 0\\ a_{21} & a_{22} & \cdots & a_{m2} & 0 & -1 & \cdots & 0\\ \vdots & \vdots & & \vdots & \vdots & \vdots & & \vdots\\ a_{1n} & a_{2n} & \cdots & a_{mn} & 0 & 0 & \cdots & -1 \end{bmatrix} = (P_1,P_2,\cdots,P_m,P_{m+1},\cdots,P_{m+n})$$

式中, P_j 表示矩阵 A 的第 j 列 $(j = 1,2,\cdots,m+n)$.

由于 $P_{m+1},P_{m+2},\cdots,P_{m+n}$ 线性无关, 可以选取由它们构成的 $n\times n$ 维非奇异子方阵为基, 即

$$B = (P_{m+1},P_{m+2},\cdots,P_{m+n}) = \begin{bmatrix} -1 & 0 & \cdots & 0\\ 0 & -1 & \cdots & 0\\ \vdots & \vdots & & \vdots\\ 0 & 0 & \cdots & -1 \end{bmatrix}_{n\times n}$$

于是, 约束方程的系数矩阵 A 可以表示成分块形式

$$A = [\, N,\ B \,] \tag{9.43}$$

式中 $N = [\, P_1,\ P_2,\ \cdots,\ P_m \,]$ 为非基变量对应的列向量构成的系数矩阵. 向量 α 亦可写成分块形式

$$\alpha = \begin{bmatrix} \alpha_N \\ \alpha_B \end{bmatrix} \tag{9.44}$$

式中, $\alpha_N = [\alpha_1, \alpha_2, \cdots, \alpha_m]^{\mathrm{T}}, \alpha_B = [\alpha_{m+1}, \alpha_{m+2}, \cdots, \alpha_{m+n}]^{\mathrm{T}}$ 是分别由非基变量和基变量组成的向量. 目标函数的系数向量也写成分块形式

$$C = [C_N, C_B] \tag{9.45}$$

式中, $C_N = (C_1, C_2, \cdots, C_m)$, $C_B = (C_{m+1}, C_{m+2}, \cdots, C_{m+n})$. 在本问题中, C_N, C_B 的所有元素均为 -1.

将式 (9.43)~式 (9.45) 代入式 (9.42), 并注意 B 是非奇异方阵, 此线性规划问题又可以等价地表示为

$$\left.\begin{aligned} &\max J = C_B B^{-1} b + (C_N - C_B B^{-1} N)\alpha_N \\ &\text{s.t.}\ \ \alpha_B + B^{-1} N \alpha_N = B^{-1} b \\ &\qquad\quad \alpha_B \geqslant 0, \quad \alpha_N \geqslant 0 \end{aligned}\right\} \tag{9.46}$$

于是, 得到防御方求解最优混合策略的线性规划问题典式.

进一步, 令

$$\begin{aligned} &J^0 = C_B B^{-1} b \\ &\sigma_N = C_N - C_B B^{-1} N = (\sigma_1, \sigma_2, \cdots, \sigma_n) \\ &N' = B^{-1} N = \begin{bmatrix} a'_{11} & a'_{21} & \cdots & a'_{m1} \\ a'_{12} & a'_{22} & \cdots & a'_{m2} \\ \vdots & \vdots & & \vdots \\ a'_{1n} & a'_{2n} & \cdots & a'_{mn} \end{bmatrix} \\ &b' = B^{-1} b = (\, b'_1,\ b'_2,\ \cdots,\ b'_n \,)^{\mathrm{T}} \end{aligned}$$

于是, 线性规划关于基 B 的典式可以等价地表示为

$$\left.\begin{aligned} &\max J = J^0 + \sum_{i=1}^{m} \sigma_i \alpha_i \\ &\text{s.t.}\ \ \alpha_i + \sum_{i=1}^{m} a'_{ij} \alpha_i = b'_j, \quad j = 1, 2, \cdots, n \\ &\qquad \alpha_i \geqslant 0, \quad i = 1, 2, \cdots, m, m+1, \cdots, m+n \end{aligned}\right\} \tag{9.47}$$

接下来的分析步骤及求解过程, 与攻击方求最优混合策略的线性规划问题完全相同, 这里不再赘述.

9.2.5　实例仿真与分析

为了验证前面提出的攻防博弈模型和攻防控制算法, 我们采用如图 9.1 所示的网络拓扑结构来模拟攻防情景[55]. 攻击主机位于外部网络, 目标系统为交换网络, 其中有三台主机, 分别为公共 Web 服务器、文件服务器和内部数据库服务器. 防火墙将目标系统与外部网络分开, 防火墙规则如表 9.5 所示. 利用弱点扫描软件对目标系统进行弱点 (脆弱性) 分析, 主机信息和得到的弱点 (脆弱性) 信息如表 9.6 所示.

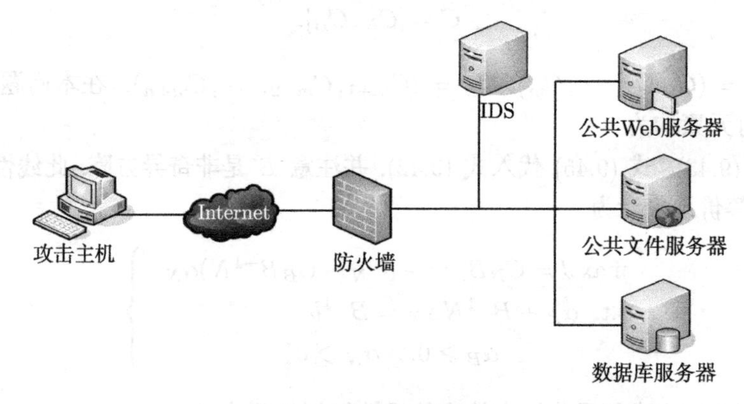

图 9.1　网络拓扑实例

表 9.5　防火墙规则信息

源主机	目的主机	服务	访问策略
All	Web server	http	Allow
All	Web server	ftp	Allow
All	File server	ftp	Allow
Web server	Database server	Oracle	Allow
File server	Database server	ftp	Allow

表 9.6　服务器弱点信息

主机	操作系统	弱点	Bugtraq 编号
Web server	Linux	Apache Chunked Enc.,	5033
		Wu-Ftpd Sockprinft()	8668
File server	Linux	Ftp.rhost overwrite	328
Database	Linux	Oracle TNS Listener	4033
sever		Local buffer overflow	3886

假设攻击方在攻击主机上具有 Root 权限, 并在此分别对三个服务器主机发起攻击, 以获取服务器的 Root 权限为目标, 最大限度降低服务器的安全性概率. 根据防火墙规则, 攻击方在 Web 服务器和文件服务器上仅仅具有最低的用户权限 Access, 而无法访问数据库服务器. 但是由于服务器弱点 (脆弱性) 的存在及其依赖关系, 攻击方可以进行如表 9.7 所示的原子攻击, 表中同时给出了攻击类别和致命度信息. 通过对服务器弱点 (脆弱性)、原子攻击及其关联关系进行评估分析, 防御方从防御策略库中选出可用的防御策略信息如表 9.8 所示.

表 9.7 攻击策略 (原子攻击) 描述

策略名称	类别	AL
v_1 :Apache chunk overflow	Root	10
v_2 :Wu.FTPd buffer overflow	Root	10
v_3 :FTP-rhosts	Root	5
v_4 :Remote buffer overflow	Root	10
v_5 :Local buffer overflow	Root	10

表 9.8 防御策略描述

策略名称	0cost
u_1: 安装 oracle 补丁	10
u_2 : 安装 Apache 补丁	5
u_3 : 关闭 FTP 服务	5
u_4 : 取消 Suit Root	10

攻防双方按照各自选定的纯策略集针对目标系统展开基于混合策略的攻防博弈. 每次博弈攻防双方都不知道对方将要采取的混合策略组合, 但都会尽可能选择最优混合策略使己方支付 (收益) 最大. 记公共 Web 服务器为资产 A_1, 公共文件服务器为资产 A_2, 数据库服务器为资产 A_3, 经若干次反复攻防竞争后, 实际观测 (估计) 结果, 资产 A_1, A_2, A_3 的安全性概率和风险概率分别是$(p_1,q_1)=(p_2, q_2)=\left(\frac{3}{5}, \frac{2}{5}\right)$; $(p_3, q_3)=\left(\frac{4}{5}, \frac{1}{5}\right)$. 其中, 资产 A_1 和资产 A_2 的安全风险状态相同. 至此, 根据式 (9.4) 或式 (9.5) 及表 9.8 和表 9.9 可计算出攻防双方的支付值, 从而得到支付矩阵:

$$
(\text{资产}A_1)=(\text{资产}A_2)=\begin{bmatrix} 2 & 2 & 4 & 2 & 2 \\ -1 & -1 & -1 & -1 & -1 \\ -1 & -1 & -1 & -1 & -1 \\ 2 & 2 & 4 & 2 & 2 \end{bmatrix}=(a_{ij})_{4\times 5}
$$

$$
(\text{资产}A_3) = \begin{bmatrix} 6 & 6 & 7 & 6 & 6 \\ 2 & 2 & 3 & 2 & 2 \\ 2 & 2 & 3 & 2 & 2 \\ 6 & 6 & 7 & 6 & 6 \end{bmatrix} = (a_{ij})_{4\times 5}
$$

针对上述三个资产, 由式 (9.25)~(9.27) 可得防御方的最优混合策略均为

$$
x^* = \left(0,\ \frac{1}{2},\ 0,\ \frac{1}{2}\right)
$$

由式 (9.28)~ 式 (9.30) 可得攻击方的最优混合策略均为

$$
y^* = \left(\frac{1}{4},\ \frac{1}{4},\ 0,\ \frac{1}{4},\ \frac{1}{4}\right)
$$

也就是说, 如果 $(p_1, q_1) = (p_2, q_2) = \left(\frac{3}{5}, \frac{2}{5}\right); (p_3, q_3) = \left(\frac{4}{5}, \frac{1}{5}\right)$ 是攻防博弈的最终结果, 那么对资产 A_1, A_2, A_3 而言, 防御方的最优混合策略是分别以概率 1/2 选择防御策略 S_{12} 和 S_{14}; 攻击方的最优混合策略是分别以概率 1/4 选择攻击策略 S_{21}, S_{22}, S_{24} 和 S_{25}.

9.3 基于 Nash 均衡的网络攻防博弈

9.3.1 一般和非合作博弈攻防控制模型及控制算法

Nash 均衡是一般和非合作博弈的基本概念. 所谓一般和非合作博弈, 是对所有局中人的决策思维做出一种假设来考虑的竞争决策模型. 这种假设是: 局中人认为所有对手欲置自己于最不利, 而通过对自己行为方案的选择以求支付 (收益) 尽可能大.

考虑式 (9.1) 描述的攻防博弈模型

$$
G = [\underline{N},\ (\ S_l\ ),\ (\ u_l\ )] \tag{9.48}
$$

式中, $\underline{N} = \{\ 1,\ 2\ \}$ 是局中人集合, 其中 1 代表防御方, 2 代表攻击方.

$(S_l) = \{\ S_1,\ S_2\ \}$, 为防御方和攻击方的控制策略集.

$(u_l) = \{u_1[(p_k, q_k),\ (S_{1i}, S_{2j})],\ u_2[(p_k, q_k), (S_{1i}, S_{2j})]\}$ 表示防御方和攻击方的支付 (收益) 函数. 其中 (p_k, q_k) 表示第 k 个攻防点 (对应资产 A_k) 的安全性概率和风险概率; (S_{1i}, S_{2j}) 表示防御方的第 i 个策略和攻击方的第 j 个策略所构成的攻防策略组合, 并且 $u_1(\ S_{1i},\ S_{2j}\ ) + u_2(\ S_{1i},\ S_{2j}\ ) \neq 0$.

现在, 攻防双方围绕目标网络的第 k 个攻防点 (对应资产 A_k) 展开攻防博弈, 形成竞争, 并且有关博弈局势的知识 (信息) 双方都确知. 但是, 每次攻防对方究竟采取什么策略双方都不知道, 他们应该如何作决策呢?

尽管攻防双方都不知道对方选择什么策略, 但是对任意假定的策略组合 (S_{1i}, S_{2j}), 防御方可以理性地选择 S_{1i}^*, 攻击方可以理性地选择 S_{2j}^*, 使得

$$u_1(S_{1i}^*, S_{2j}) = \max_{S_{1i}\in S_1} u_1(S_{1i}, S_{2j}) \tag{9.49}$$

$$u_2(S_{1i}, S_{2j}^*) = \max_{S_{2j}\in S_2} u_2(S_{1i}, S_{2j}) \tag{9.50}$$

根据攻防双方的策略依存性, 这样选择的 S_{1i}^* 和 S_{2j}^* 应该是对方策略的函数, 即 $S_{1i}^* = f_1(S_{2j})$ 和 $S_{2j}^* = f_2(S_{1i})$, 称之为防御方和攻击方的反应函数.

如果存在 S_{1i}^* 和 S_{2j}^*, 满足

$$\left.\begin{array}{c} S_{1i}^* \in S_1, \quad S_{2j}^* \in S_2 \\ S_{1i}^* = f_1(S_{2j}^*) \\ S_{2j}^* = f_2(S_{1i}^*) \end{array}\right\} \tag{9.51}$$

则 (S_{1i}^*, S_{2j}^*) 必是此策略博弈的 Nash 均衡.

事实上, 由于 S_{1i}^* 和 S_{2j}^* 的性质

$$\left.\begin{array}{ll} u_1(S_{1i}^*, S_{2j}) \geqslant u_1(S_{1i}, S_{2j}), & \forall S_{1i} \in S_1 \\ u_2(S_{1i}, S_{2j}^*) \geqslant u_2(S_{1i}, S_{2j}), & \forall S_{2j} \in S_2 \end{array}\right\} \tag{9.52}$$

所以有不等式组

$$\left.\begin{array}{ll} u_1(S_{1i}^*, S_{2j}^*) \geqslant u_1(S_{1i}, S_{2j}^*), & \forall S_{1i} \in S_1 \\ u_2(S_{1i}^*, S_{2j}^*) \geqslant u_2(S_{1i}^*, S_{2j}), & \forall S_{2j} \in S_2 \end{array}\right\} \tag{9.53}$$

此不等式组表明, 攻防双方的任何一方单独偏离 (S_{1i}^*, S_{2j}^*) 都不会使自己的收益得到增加, 这正是 Nash 均衡的本质所在.

假定攻防双方在博弈过程中所产生的支付 (收益) 与策略组合之间不是简单的线性关系, 而是非线性关系, 亦即支付函数 u_1 和 u_2 是策略组合 (S_{1i}, S_{2j}) 的非线性函数, 这可能更符合网络攻防控制的实际情况.

根据攻防竞争与对抗的特点以及攻防双方的策略依存性, 设 u_1, u_2 与 (S_{1i}, S_{2j}) 之间的非线性关系可以用如下二次型函数予以描述[79]:

$$u_1(S_{1i}, S_{2j}) = P_k S_{1i} - q_k(S_{1i}^2 - S_{1i}S_{2j}) \tag{9.54}$$

$$u_2(S_{1i}, S_{2j}) = q_k S_{2j} - P_k(S_{2j}^2 - S_{2j}S_{1i}) \tag{9.55}$$

式中, p_k 和 q_k 分别为策略组合 (S_{1i}, S_{2j}) 控制下资产 A_k 的安全性概率和风险概率, 并假定它们是可以被实时观测 (估计) 的, 且 $P_k + q_k = 1$; $S_{1i} \in S_1$, $S_{2j} \in S_2$.

对于防御方, 收益最大化的问题引出

$$\frac{\partial u_1}{\partial S_{1i}} = \frac{\partial}{\partial S_{1i}}[P_k S_{1i} - q_k(S_{1i}^2 - S_{1i}S_{2j})] = 0$$

即得方程式

$$P_k - 2q_k S_{1i} + q_k S_{2j} = 0$$

求得防御方的反应函数为

$$S_{1i} = \frac{1}{2}\frac{P_k}{q_k} + \frac{1}{2}S_{2j} \tag{9.56}$$

类似地, 可以求得攻击方的反应函数为

$$S_{2j} = \frac{1}{2}\frac{q_k}{P_k} + \frac{1}{2}S_{1i} \tag{9.57}$$

由式 (9.56) 和式 (9.57) 可以求得围绕信息资产 A_k 的安全风险进行攻防博弈的 Nash 均衡 (S_{1i}^*, S_{2j}^*) 为

$$S_{1i}^* = \frac{2}{3}\frac{P_k}{q_k} + \frac{1}{3}\frac{q_k}{P_k} = \frac{2}{3}\frac{P_k}{1-P_k} + \frac{1}{3}\frac{1-P_k}{P_k} \tag{9.58}$$

$$S_{2j}^* = \frac{2}{3}\frac{q_k}{P_k} + \frac{1}{3}\frac{P_k}{q_k} = \frac{2}{3}\frac{1-P_k}{P_k} + \frac{1}{3}\frac{P_k}{1-P_k} \tag{9.59}$$

由于有

$$\frac{\partial\, u_1}{\partial\, S_{1i}^2} = -2q_k < 0$$

$$\frac{\partial\, u_2}{\partial\, S_{2j}^2} = -2P_k < 0$$

因此由 (S_{1i}^*, S_{2j}^*) 构成的策略组合是 u_1 和 u_2 的极大值点, 能够使攻防双方都获得最大的支付 (收益). 也就是说, 满足式 (9.58) 和式 (9.59) 的 (S_{1i}^*, S_{2j}^*) 是此时攻防博弈的最优策略组合, 任何一方单独偏离它, 都不会是自己的支付 (收益) 得到增加.

例 9.1　在策略组合 (S_{1i}, S_{2j}) 的控制作用下, 期望达到或实际观测 (估计) 的结果, 资产 A_k 的安全性概率和风险概率为下列情况之一:

$$(P_k, q_k):\ \left(\frac{2}{3}, \frac{1}{3}\right),\ \left(\frac{1}{2}, \frac{1}{2}\right),\ \left(\frac{1}{3}, \frac{2}{3}\right)$$

试分别求出各种情况下的最优策略组合即纯策略 Nash 均衡点, 并计算攻防双方各自支付 (收益) 的大小.

当观测 (估计) 结果为 $(P_k, q_k) = \left(\frac{2}{3}, \frac{1}{3}\right)$ 时, 由式 (9.58) 和式 (9.59) 可求得最优策略组合为

$$(S_{1i}^*, S_{2j}^*) = \left(\frac{3}{2}, 1\right), \quad S_{1i}^* \in S_1, \ S_{2j}^* \in S_2$$

由式 (9.54) 和式 (9.55) 可求得攻防双方各自的支付 (收益) 为

$$u_1\left(\frac{3}{2}, 1\right) = \frac{3}{4}$$

$$u_2\left(\frac{3}{2}, 1\right) = \frac{2}{3}$$

当观测 (估计) 结果为 $(p_k, q_k) = \left(\frac{1}{2}, \frac{1}{2}\right)$ 时, 由式 (9.58) 和式 (9.59) 可求得最优策略组合为

$$(S_{1i}^*, S_{2j}^*) = (1, 1), \quad S_{1i}^* \in S_1, \ S_{2j}^* \in S_2$$

由式 (9.54) 和式 (9.55) 可求得攻防双方各自的支付 (收益) 为

$$u_1(1, 1) = \frac{1}{2}$$

$$u_2(1, 1) = \frac{1}{2}$$

当观测 (估计) 结果为 $(P_k, q_k) = \left(\frac{1}{3}, \frac{2}{3}\right)$ 时, 由式 (9.58) 和式 (9.59) 可求得最优策略组合为

$$(S_{1i}^*, S_{2j}^*) = \left(1, \frac{3}{2}\right), \quad S_{1i}^* \in S_1, \ S_{2j}^* \in S_2$$

由式 (9.54) 和式 (9.55) 可求得攻防双方各自的支付 (收益) 为

$$u_1\left(1, \frac{3}{2}\right) = \frac{2}{3}$$

$$u_2\left(1, \frac{3}{2}\right) = \frac{3}{4}$$

从以上例子可以看出, 针对信息资产 A_k 的安全风险而言, 因为防御方总是希望 p_k 越大越好, 亦即 q_k 越小越好, 所以如果攻防博弈的结果使得 $p_k > q_k$, 则说明防御方通过较大的控制代价获得较大的支付 (收益), 而攻击方的控制代价相对较小, 因此获得的支付 (收益) 也相对较少, 符合防御方的预期; 反之, 攻击方总是希望 p_k 越小越好, 亦即 q_k 越大越好, 所以如果攻防博弈的结果使 $p_k < q_k$, 则说明攻击方通过较大的控制代价获得较大的支付 (收益), 而防御方的控制代价相对较小, 因此获得的支付 (收益) 也相对较少, 符合攻击方的预期; 如果攻防博弈的结果使得 $p_k = q_k$, 则攻防双方以同等的控制代价达到不输不赢, 他们所获得的支付 (收益) 相等.

9.3.2 攻防控制中的双矩阵博弈与纯策略 Nash 均衡

考察一般和非合作博弈模型 —— 式 (9.48):

$$G = [\underline{N}, (S_l), (u_l)]$$

式中, $\underline{N} = \{1,2\}$ 是局中人集合, 其中 1 代表防御方, 2 代表攻击方.

$(S_l) = \{S_1, S_2\}$, 为防御方和攻击方的纯策略集, $l = 1, 2$.

$u_l = \{u_1, u_2\}$, 其中 $l = 1, 2$ 为防御方和攻击方的支付 (收益) 函数, 分别由式 (9.54) 和式 (9.55) 定义:

$$u_1(S_{1i}, S_{2j}) = P_k S_{1i} - q_k(S_{1i}^2 - S_{1i}S_{2j})$$

$$u_2(S_{1i}, S_{2j}) = q_k S_{2j} - P_k(S_{2j}^2 - S_{2j}S_{1i})$$

式中, p_k 和 q_k 分别为策略组合 (S_{1i}, S_{2j}) 控制作用下资产 A_k 的安全性概率和风险概率, 并假定它们是能够被实时观测 (估计) 的, $S_{1i} \in S_1$, $S_{2j} \in S_2$.

对任意策略组合 (S_{1i}, S_{2j}) 的控制作用, 都可以通过实时观测 (估计) 得到 p_k 和 q_k 的实际观测值, 再根据式 (9.54) 和式 (9.55), 即可计算出防御方和攻击方的支付 (收益) 函数值, 并记为: $u_1(S_{1i}, S_{2j}) = a_{ij}$, $u_2(S_{1i}, S_{2j}) = b_{ij}$. 当 $i = 1, 2, \cdots, m; j = 1, 2, \cdots, n$ 时, 可得防御方和攻击方的支付矩阵, 分别记为 A 和 B:

$$A = \begin{bmatrix} a_{11} & a_{12} & \cdots & a_{1n} \\ a_{21} & a_{22} & \cdots & a_{2n} \\ \vdots & \vdots & & \vdots \\ a_{m1} & a_{m2} & \cdots & a_{mn} \end{bmatrix}, \quad B = \begin{bmatrix} b_{11} & b_{12} & \cdots & b_{1n} \\ b_{21} & b_{22} & \cdots & b_{2n} \\ \vdots & \vdots & & \vdots \\ b_{m1} & b_{m2} & \cdots & b_{mn} \end{bmatrix} \tag{9.60}$$

矩阵 A 和 B 的行对应防御方的策略, 矩阵 A 和 B 的列对应攻击方的策略. 这样, 矩阵对 (A, B) 则完全表示出这种策略式博弈, 相对于矩阵博弈称此博弈为双矩阵博弈, 并习惯地称之为双矩阵博弈 (A, B). 在双矩阵博弈中, 攻防双方通过对自己可行方案集 (策略集) 的选择以求支付 (收益) 值尽可能大.

有时, 为了便于分析和求解, 双矩阵博弈 (A, B) 也记为

$$(a_{ij}, b_{ij}) = \begin{bmatrix} (a_{11}, b_{11}) & (a_{12}, b_{12}) & \cdots & (a_{1n}, b_{1n}) \\ (a_{21}, b_{21}) & (a_{22}, b_{22}) & \cdots & (a_{2n}, b_{2n}) \\ \vdots & \vdots & & \vdots \\ (a_{m1}, b_{m1}) & (a_{m2}, b_{m2}) & \cdots & (a_{mn}, b_{mn}) \end{bmatrix} \tag{9.61}$$

定义 9.3 对于攻防博弈

$$G = [\underline{N},\ (S_l),\ (u_l)], \quad \underline{N} = \{1, 2\}, \quad l = 1, 2$$

若有纯策略组合 (S_{1i}^*, S_{2j}^*), $S_{1i}^* \in S_1$, $S_{2j}^* \in S_2$, 满足

$$u_1(S_{1i}^*, S_{2j}^*) \geqslant u_1(S_{1i}, S_{2j}^*), \quad \forall S_{1i} \in S_1$$

$$u_2(S_{1i}^*, S_{2j}^*) \geqslant u_2(S_{1i}^*, S_{2j}), \forall S_{2j} \in S_2$$

则称 (S_{1i}^*, S_{2j}^*) 为此攻防博弈的一个纯策略 Nash 均衡点, 而将 $u_1(S_{1i}^*, S_{2j}^*)$ 和 $u_2(S_{1i}^*, S_{2j}^*)$ 称为对应的均衡结果.

上述的定义表明, 当攻防双方选定的策略组成 Nash 均衡后, 就形成一个平衡局势, 任何一方单方面改变自己的策略, 只可能使自己的支付 (收益) 下降 (或者不变), 绝不可能使自己的支付 (收益) 增加.

在双矩阵博弈中, 寻求纯策略 Nash 均衡的一种简单方法是划线法. 根据双矩阵博弈的表达式 —— 式 (9.61), 划线法的基本方法和步骤如下:

(1) 对防御方, 在式 (9.61) 的每一行 i 中, 找出对方支付矩阵 B 中该行的最大元素 b_{ij^*}, 即

$$b_{ij^*} = \max\{b_{ij}, j = 1, 2, \cdots, n\} \tag{9.62}$$

并在 b_{ij^*} 下划线. 当 b_{ij^*} 不唯一时, 均在下面划线;

(2) 对攻击方, 在式 (9.61) 的每一列 j 中, 找出对方支付矩阵 A 中该列的最大元素 a_{i^*j}, 即

$$a_{i^*j} = \max\{a_{ij}, i = 1, 2, \cdots, m\} \tag{9.63}$$

并在 a_{i^*j} 下划线. 当 a_{i^*j} 不唯一时, 均在下面划线;

(3) 若存在一对 (i^*, j^*), 使得其两个元素 $a_{i^*j^*}$ 和 $b_{i^*j^*}$ 下面都有划线, 则 (S_{1i^*}, S_{2j^*}) 是纯策略 Nash 均衡点, 而 $a_{i^*j^*}$ 和 $b_{i^*j^*}$ 是对应的均衡结果;

(4) 若不存在满足第三步的数对 (i^*, j^*), 则该博弈无纯策略 Nash 均衡点.

定理 9.8 在双矩阵博弈 (A, B) 中, 对式 (9.61) 使用划线法, 则:

(1) 若 $a_{i^*j^*}$ 和 $b_{i^*j^*}$ 同时得到划线, 则 (S_{1i^*}, S_{2j^*}) 一定是此博弈的纯策略 Nash 均衡点;

(2) 若不存在能够同时得到划线的数对 (i^*, j^*), 则此博弈无纯策略 Nash 均衡点.

证明 (1) 设 $a_{i^*j^*}$ 和 $b_{i^*j^*}$ 都得到划线, 则下面两式同时成立:

$$u_1(S_{1i^*}, S_{2j^*}) = a_{i^*j^*} \geqslant a_{ij^*} = u_1(S_{1i}, S_{2j^*}), \quad \forall S_{1i} \in S_1 \tag{9.64}$$

$$u_2(S_{1i^*}, S_{2j^*}) = b_{i^*j^*} \geqslant b_{i^*j} = u_2(S_{1i^*}, S_{2j}), \quad \forall S_{2j} \in S_2 \tag{9.65}$$

由定义 9.3 知, (S_{1i^*}, S_{2j^*}) 是此博弈的纯策略 Nash 均衡点;

(2) 若不存在同时得到划线的数对, 即不存在 (i^*, j^*) 同时满足式 (9.64) 和式 (9.65), 由定义 9.3 知, 此博弈也就不存在纯策略 Nash 均衡点.

例 9.2　设攻防双方围绕信息资产 A_k 展开攻防博弈, 防御方从量化的防御策略库中选择防御策略集 S_1:

$$S_1 = [\, S_{11},\ S_{12},\ S_{13} \,] = \left[\, 1,\ \frac{3}{2},\ 2 \,\right]$$

攻击方从量化的攻击策略库中选择攻击策略集 S_2:

$$S_2 = [\, S_{21},\ S_{22},\ S_{23},\ S_{24} \,] = \left[\, 1,\ \frac{3}{2},\ 2,\ 3 \,\right]$$

在纯策略组合(S_{1i}, S_{2j}) 的控制作用下, 期望达到或者实际观测 (估计) 的结果, 资产 A_k 的安全性概率和风险概率为$(P_k, q_k) = \left(\frac{1}{3}, \frac{2}{3}\right)$. 按式 (9.54) 和式 (9.55) 进行计算, 得到此攻防控制问题的双矩阵博弈为

$$(a_{ij}, b_{ij})_{3\times 4} = \begin{bmatrix} \left(\underline{\frac{1}{3}}, \frac{2}{3}\right) & \left(\frac{2}{3}, \underline{\frac{3}{4}}\right) & \left(\underline{1}, \frac{2}{3}\right) & \left(\frac{5}{3}, 0\right) \\ \left(0, \frac{5}{6}\right) & \left(\frac{1}{2}, \underline{1}\right) & (\underline{1}, \underline{1}) & \left(\underline{2}, \frac{1}{2}\right) \\ \left(-\frac{2}{3}, 1\right) & \left(0, \frac{5}{4}\right) & \left(\frac{2}{3}, \underline{\frac{4}{3}}\right) & (\underline{2}, 1) \end{bmatrix}$$

由划线法知(S_{11}, S_{22}) 和 (S_{12}, S_{23}) 都是该博弈的纯策略 Nash 均衡点, 均衡结果分别是 $\left(\frac{2}{3}, \frac{3}{4}\right)$ 和 $(1, 1)$.

9.3.3　双矩阵博弈中的混合策略 Nash 均衡

与其他许多应用领域一样, 在双矩阵攻防博弈中, 并不能保证纯策略 Nash 均衡点一定存在, 此时攻防双方都将尽最大努力不让对手猜出自己将要采取的策略, 他们可以用随机的方法来确定自己的策略, 这就引出混合策略 Nash 均衡的概念.

设防御方的混合策略集为 X, 攻击方的混合策略集为 Y, 即

$$X = \left\{ x = (x_1, \cdots, x_m);\ x_i \geqslant 0, \sum_{i=1}^{m} x_i = 1 \right\}$$

$$Y = \left\{ y = (y_1, \cdots, y_n);\ y_j \geqslant 0, \sum_{j=1}^{n} y_j = 1 \right\}$$

分别表示防御方以 x_1 的概率选择防御策略 $S_{11},\cdots$, 以 x_m 的概率选择防御策略 S_{1m}; 攻击方以 y_1 的概率选择攻击策略 $S_{21},\cdots$, 以 y_n 的概率选择攻击策略 S_{2n}. X 和 Y 分别是防御策略和攻击策略在 S_1 和 S_2 上的所有概率分布的集合.

为了叙述方便, 引入符号: $x|x_i'$ 和 $y|y_j'$. 它们表示在混合策略组 x 和 y 中, $x_i\in X$ 被 $x_i'\in X$ 代替、$y_j\in Y$ 被 $y_j'\in Y$ 代替的结果, 即

$$x|x_i'=(\,x_1,\ \cdots,\ x_{i-1},\ x_i',\ x_{i+1},\ \cdots,\ x_m\,)$$

$$y|y_j'=(y_1,\ \cdots,\ y_{j-1},\ y_j',\ y_{j+1},\ \cdots,\ y_n)$$

于是有等式

$$x|x_i=(x_1,\cdots,x_{i-1},x_i,x_{i+1},\cdots,x_m)=x,\quad i=1,2,\cdots,m$$

$$y|y_j=(y_1,\cdots,y_{j-1},y_j,y_{j+1},\cdots,y_n)=y,\quad j=1,2,\cdots,n$$

定义 9.4 对于攻防博弈

$$G=[\,\underline{N},\ (S_l),\ (u_l)\,],\quad \underline{N}=\{1,\ 2\},\quad l=1,\ 2$$

若有混合策略对 (x^*,y^*), 满足

$$u_1(x^*|x_i')\leqslant u_1(x^*),\quad \forall x_i\in X, i=1,2,\cdots,m \tag{9.66}$$

$$u_2(y^*|y_j')\leqslant u_2(y^*),\quad \forall y_j\in Y, j=1,2,\cdots,n \tag{9.67}$$

则称 (x^*,y^*) 为此攻防博弈的一个混合策略 Nash 均衡.

根据定义 9.4, 双矩阵博弈 (A,B) 的混合策略 Nash 均衡是 (x^*,y^*):

$$x^*=(\,x_1^*,\ x_2^*,\ \cdots,\ x_m^*\,)$$

$$y^*=(\,y_1^*,\ y_2^*,\ \cdots,\ y_n^*\,)$$

它们满足

$$x^{\mathrm{T}}A\,y^*\leqslant x^{*\mathrm{T}}A\,y^*,\quad \forall x\in X \tag{9.68}$$

$$x^{*\mathrm{T}}B\,y\leqslant x^{*\mathrm{T}}B\,y^*,\quad \forall y\in Y \tag{9.69}$$

定理 9.9 对于双矩阵博弈 $(A,B)=(a_{ij},b_{ij})_{m\times n}$, 总存在混合策略 Nash 均衡, 即存在 (x^*,y^*), 满足

$$x^{\mathrm{T}}A\,y^*\leqslant x^{*\mathrm{T}}A\,y^*,\quad \forall x\in X$$

$$x^{*\mathrm{T}} B\, y \leqslant x^{*\mathrm{T}} B\, y^*, \quad \forall y \in Y$$

证明　对于矩阵

$$A = (a_{ij})_{m\times n}, \quad B = (b_{ij})_{m\times n}$$

以及混合策略

$$x = (x_1, \cdots, x_m)^{\mathrm{T}}; \quad x_i \geqslant 0, i = 1, 2, \cdots, m, \quad \sum_{i=1}^{m} x_i = 1$$

$$y = (y_1, \cdots, y_n)^{\mathrm{T}}; \quad y_j \geqslant 0, j = 1, 2, \cdots, n, \quad \sum_{j=1}^{n} y_j = 1$$

定义

$$c_i \triangleq \max\{\, A_{i\cdot}\, y - x^{\mathrm{T}} A\, y,\ 0\,\}, \quad i = 1, 2, \cdots, m$$

$$d_j \triangleq \max\{\, x\, B_{\cdot j} - x^{\mathrm{T}} B\, y,\ 0\,\}, \quad j = 1, 2, \cdots, n$$

此处 $A_{i\cdot}$ 是 A 的第 i 行, $B_{\cdot j}$ 是 B 的第 j 列.

定义映射 T

$$T(x,\ y) \triangleq (x',\ y')$$

此处

$$x' \triangleq (x'_1, \cdots, x'_m)^{\mathrm{T}}$$

$$y' \triangleq (y'_1, \cdots, y'_n)^{\mathrm{T}}$$

$$x'_i \triangleq \frac{x_i + c_i}{1 + \sum\limits_{k=1}^{m} c_k}, \quad i = 1, 2, \cdots, m$$

$$y'_i \triangleq \frac{y_j + d_j}{1 + \sum\limits_{k=1}^{n} d_k}, \quad j = 1, 2, \cdots, n$$

显然, T 是连续映射, 并且 T 把集合

$$\left\{ x = (x_1, \cdots, x_m)^{\mathrm{T}}; x_i \geqslant 0, i = 1, 2, \cdots, m, \quad \sum_{i=1}^{m} x_i = 1 \right\}$$

$$\times \left\{ y = (y_1, \cdots, y_n)^{\mathrm{T}}; y_j \geqslant 0, j = 1, 2, \cdots, n, \quad \sum_{j=1}^{n} y_j = 1 \right\}$$

映射到此集合本身, 即

$$x_i' \geqslant 0, \quad i=1,2,\cdots,m, \ \sum_{i=1}^{m} x_i = 1,$$

$$y_j' \geqslant 0, \quad j=1,2,\cdots,n, \ \sum_{j=1}^{n} y_j = 1.$$

根据 Brouwer 不动点定理, 映射 T 在上述集合上存在不动点 (x^*, y^*). 下面转而证明 $T(x^*, y^*) = (x^*, y^*)$ 等价于 (x^*, y^*) 是双矩阵博弈 (A, B) 的 Nash 均衡.

在这里只需证明必要性. 为此反设不动点 (x^*, y^*) 不满足

$$x^{\mathrm{T}} A\, y^* \leqslant x^{*\mathrm{T}} A\, y^*, \quad \forall x \in X$$

$$x^{*\mathrm{T}} B\, y \leqslant x^{*\mathrm{T}} B\, y^*, \quad \forall y \in Y$$

具体一些, 设有 x 满足

$$x^{\mathrm{T}} A\, y^* > x^{*\mathrm{T}} A\, y^*$$

由此知必有 $i \in \{1,\ 2,\ \cdots,\ m\}$ 满足

$$A_{i\cdot}\, y^* > x^{*\mathrm{T}} A\, y^*$$

于是

$$c_i > 0$$

故

$$\sum_{k=1}^{m} c_k > c_i > 0$$

而由 $x^{*\mathrm{T}} A\, y^* = \sum\limits_{k=1}^{m} x_i^* A_{k\cdot}\, y^*$ 知必有 $i' \in \{1,\ 2,\ \cdots,\ m\}$ 满足

$$A_{i'\cdot} y^* \leqslant x^{*\mathrm{T}} A\, y^*$$

$$x_{i'}^* > 0$$

对此 i' 有

$$c_i' = 0$$

故

$$x_{i'}^* = \frac{x_i^* + c_{i'}}{1 + \sum\limits_{k=1}^{m} c_k} = \frac{x_i^*}{1 + \sum\limits_{k=1}^{m} c_k} < x_{i'}^*$$

由此知

$$T(x^*, y^*) = (x^*, y^*)$$

不可能成立. 这与 (x^*, y^*) 本身的性质矛盾. 这就证明了

$$x^{\mathrm{T}} A\, y^* \leqslant x^{*\mathrm{T}} A\, y^*, \quad \forall x \in X$$

$$x^{*\mathrm{T}} B\, y \leqslant x^{*\mathrm{T}} B\, y^*, \quad \forall y \in Y$$

成立, 即 (x^*, y^*) 是双矩阵博弈 (A, B) 的混合策略 Nash 均衡.

9.3.4 2 × 2 双矩阵博弈的混合策略 Nash 均衡

为了便于计算, 下面着重讨论 2 × 2 双矩阵博弈下的混合策略 Nash 均衡问题.

设防御方有防御策略 $S_1 = (S_{11}, S_{12})$, 攻击方有攻击策略 $S_2 = (S_{21}, S_{22})$, 设防御方和攻击方的支付 (收益) 矩阵分别为

$$A = \begin{bmatrix} a_{11} & a_{12} \\ a_{21} & a_{22} \end{bmatrix}, \quad B = \begin{bmatrix} b_{11} & b_{12} \\ b_{21} & b_{22} \end{bmatrix}$$

对于攻防博弈, 根据定理 9.9, 混合策略 Nash 均衡 (x^*, y^*) 满足

$$[x_1, x_2] \begin{bmatrix} a_{11} & a_{12} \\ a_{21} & a_{22} \end{bmatrix} \begin{bmatrix} y_1^* \\ y_2^* \end{bmatrix} \leqslant [x_1^*, x_2^*] \begin{bmatrix} a_{11} & a_{12} \\ a_{21} & a_{22} \end{bmatrix} \begin{bmatrix} y_1^* \\ y_2^* \end{bmatrix}$$

$$[x_1^*, x_2^*] \begin{bmatrix} b_{11} & b_{12} \\ b_{21} & b_{22} \end{bmatrix} \begin{bmatrix} y_1 \\ y_2 \end{bmatrix} \leqslant [x_1^*, x_2^*] \begin{bmatrix} b_{11} & b_{12} \\ b_{21} & b_{22} \end{bmatrix} \begin{bmatrix} y_1^* \\ y_2^* \end{bmatrix}$$

对于 $m = n = 2$ 的混合策略, 可以用一个属于 [0, 1] 的数来表示, 即

$$x = [x, 1 - x], \quad x \in [0, 1]$$

$$y = [y, 1 - y], \quad y \in [0, 1]$$

于是有不等式

$$[x, 1 - x] \begin{bmatrix} a_{11} & a_{12} \\ a_{21} & a_{22} \end{bmatrix} \begin{bmatrix} y^* \\ 1 - y^* \end{bmatrix} \leqslant [x^*, 1 - x^*] \begin{bmatrix} a_{11} & a_{12} \\ a_{21} & a_{22} \end{bmatrix} \begin{bmatrix} y^* \\ 1 - y^* \end{bmatrix}, \quad \forall x \in [0, 1] \tag{9.70}$$

$$[x^*, 1 - x^*] \begin{bmatrix} b_{11} & b_{12} \\ b_{21} & b_{22} \end{bmatrix} \begin{bmatrix} y \\ 1 - y \end{bmatrix} \leqslant [x^*, 1 - x^*] \begin{bmatrix} b_{11} & b_{12} \\ b_{21} & b_{22} \end{bmatrix} \begin{bmatrix} y^* \\ 1 - y^* \end{bmatrix}, \quad \forall y \in [0, 1] \tag{9.71}$$

我们的目标是要从上述两不等式求出 x^* 和 y^* 来.

在式 (9.70) 的左边令 $x = 1$, 可得不等式

$$(a_{11} + a_{22} - a_{12} - a_{21})(1 - x^*)y^* - (a_{22} - a_{12})(1 - x^*) \leqslant 0 \tag{9.72}$$

而在式 (9.70) 的左边令 $x=0$, 再得不等式

$$(a_{11}+a_{22}-a_{12}-a_{21})x^*y^*-(a_{22}-a_{12})x^*\geqslant 0 \tag{9.73}$$

又在式 (9.71) 的左边令 $y=1$, 得不等式

$$(b_{11}+b_{22}-b_{12}-b_{21})x^*(1-y^*)-(b_{22}-b_{21})(1-y^*)\leqslant 0 \tag{9.74}$$

而在式 (9.71) 的左边令 $y=0$, 再得不等式

$$(b_{11}+b_{22}-b_{12}-b_{21})x^*y^*-(b_{22}-b_{21})y^*\geqslant 0 \tag{9.75}$$

上述四个不等式乃是由 (x^*,y^*) 所定义的混合策略对

$$x^*=(x^*,1-x^*)^{\mathrm{T}}$$

$$y^*=(y^*,1-y^*)^{\mathrm{T}}$$

是此双矩阵博弈 (A,B) 的 Nash 均衡的必要条件.

显然, 若有 $x^*\in[0,1]$ 与 $y^*\in[0,1]$ 同时满足式 (9.72)~ 式 (9.75), 则 $x^*=(x^*,1-x^*)^{\mathrm{T}}$, $y^*=(y^*,1-y^*)^{\mathrm{T}}$ 必是双矩阵博弈 (A,B) 的 Nash 均衡. 于是问题转化为联立求解式 (9.72)~ 式 (9.75).

当

$$\begin{aligned}&a_{11}+a_{22}-a_{12}-a_{21}>0\\&a_{22}-a_{12}>0\\&\frac{a_{22}-a_{12}}{a_{11}+a_{22}-a_{12}-a_{21}}\leqslant 1\end{aligned}$$

且

$$\begin{aligned}&b_{11}+b_{22}-b_{12}-b_{21}>0\\&b_{22}-b_{21}>0\\&\frac{b_{22}-b_{21}}{b_{11}+b_{22}-b_{12}-b_{21}}\leqslant 1\end{aligned}$$

时, 不难得到此 2×2 双矩阵博弈 (A,B) 的一个混合策略 Nash 均衡点:

$$(X^*,Y^*)=\left(\begin{bmatrix}\dfrac{b_{22}-b_{21}}{b_{11}+b_{22}-b_{12}-b_{21}}\\\dfrac{b_{11}-b_{12}}{b_{11}+b_{22}-b_{12}-b_{21}}\end{bmatrix},\begin{bmatrix}\dfrac{a_{22}-a_{12}}{a_{11}+a_{22}-a_{12}-a_{21}}\\\dfrac{a_{11}-a_{21}}{a_{11}+a_{22}-a_{12}-a_{21}}\end{bmatrix}\right) \tag{9.76}$$

例如, 攻防博弈的结果使防御方和攻击方的支付矩阵分别为

$$A=\begin{bmatrix}2&-1\\-1&1\end{bmatrix},\quad B=\begin{bmatrix}1&-1\\-1&2\end{bmatrix}$$

由于

$$a_{11}+a_{22}-a_{12}-a_{21}=5,\quad a_{22}-a_{12}=2,\quad a_{11}-a_{21}=3$$

$$b_{11}+b_{22}-b_{12}-b_{21}=5,\quad b_{22}-b_{21}=3,\quad b_{11}-b_{21}=2$$

故得

$$(X^*,Y^*)=\left(\begin{bmatrix}\dfrac{3}{5}\\[2mm]\dfrac{2}{5}\end{bmatrix},\begin{bmatrix}\dfrac{2}{5}\\[2mm]\dfrac{3}{5}\end{bmatrix}\right)$$

即防御方以 $\frac{3}{5}$ 的概率选择纯策略 S_{11}, 以 $\frac{2}{5}$ 的概率选择纯策略 S_{12}; 攻击方以 $\frac{2}{5}$ 的概率选择纯策略 S_{21}, 以 $\frac{3}{5}$ 的概率选择纯策略 S_{22}, 攻防便形成平衡, 即这样求得策略对 (X^*,Y^*) 就是攻防双方的最优混合策略组合.

例 9.3　无论是网络攻击还是网络防御, 都是要耗费成本的, 不计代价的攻防博弈主体不是理性的主体. 因此, 在攻防实践中, 理性的攻防双方总是会采取这样的策略: 对攻击方而言, 如果耗费了攻击成本老是攻击失败, 他会选择暂时放弃 (不攻击), 其策略有攻击和不攻击两种; 对防御方而言, 如果耗费了防御成本老是防御不成功, 他也会选择放弃, 其策略有防御和不防御两种. 网络攻防都是围绕组成网络系统的信息资产展开的, 而资产是有价值的. 现在设目标网络的资产总价值为 A; C 为防御成本, 表示目标网络为对抗攻击需要耗费的技术及人力资源; K 为防御方有防御时的攻击成本, k 为防御方不防御时的攻击成本 $(K>k)$, 表示为达到攻击目标而耗费的技术及人力资源; L 表示防御失败后目标网络的损失及攻击方的收益. 于是攻防双方的支付函数可以表示为

$$\text{防御方}u_1=\begin{cases}A-C-L, & \text{防御失败}\\ A-C, & \text{防御成功}\\ A-L, & \text{攻击, 不防御}\\ A, & \text{不攻击, 不防御}\end{cases}$$

$$\text{攻击方}u_2=\begin{cases}-K, & \text{攻击失败}\\ L-K, & \text{有防御, 攻击成功}\\ L-k, & \text{无防御, 攻击成功}\\ 0, & \text{不攻击}\end{cases}$$

我们假设攻防双方都是理性的, 对于防御方, 防御所耗费的代价应该比不防御所造成的损失小, 即 $C<L$; 对于攻击方, 攻击所获得的收益应该比攻击所耗费的成本要大, 或者至少相当, 即 $L\geqslant K>k$. 假定针对目标网络攻防博弈的结果是防御方守住了阵地, 试求此攻防博弈的 Nash 均衡点.

由题意知, 防御方采取防御策略, 攻击方采取攻击策略但没有成功, 即防御方守住了阵地, 防御成功, 攻击方付出了攻击成本但无收益, 防御方无损失. 攻防双方的支付矩阵如表 9.9 所示.

表 9.9 攻防双方的支付矩阵

防御方 \ 攻击方	攻击	不攻击
防御	$(A-C, -K)$	$(A-C, 0)$
不防御	$(A-L, L-k)$	$(A, 0)$

在攻防双方均为理性主体的假设条件下, 由双矩阵博弈中的划线性知, 表 9.9 所给出的支付矩阵无纯策略 Nash 均衡点, 只能求混合策略 Nash 均衡结果. 设防御方以 x 的概率选择防御, 以 $(1-x)$ 的选择不防御, 其中 $x \in [0,1]$; 攻击方以 y 的概率选择攻击, 以 $(1-y)$ 的概率选择不攻击, 其中 $y \in [0,1]$. 则 $X=(x,1-x)$ 和 $Y=(y,1-y)$ 便构成混合策略组合. 由式 (9.76) 可得最优混合策略对 (X^*,Y^*) 即 Nash 均衡点:

$$(X^*,Y^*)=\left(\begin{bmatrix}\dfrac{L-k}{L+K-k}\\ \dfrac{K}{L+K-k}\end{bmatrix},\begin{bmatrix}\dfrac{C}{L}\\ \dfrac{L-C}{L}\end{bmatrix}\right) \tag{9.77}$$

即防御方以 $\dfrac{L-k}{L+K-k}$ 的概率选择防御, 以 $\dfrac{K}{L+K-k}$ 的概率选择不防御; 攻击方以 $\dfrac{C}{L}$ 的概率选择攻击, 以 $\dfrac{L-C}{L}$ 的概率选择不攻击, 于是攻防形成平衡, 任何一方单独偏离 (X^*,Y^*) 都不会使自己的收益有所增加, 只会减少或者不变.

例 9.4 设目标网络系统的资产总价值为 A; C 为防御成本, 表示目标网络系统为对抗攻击需要耗费的技术及人力资源; K 为攻击成本, 表示为达到攻击目标而耗费的技术及人力资源; L 表示不防御或防御失败后目标网络系统的损失及攻击方的收益. 于是攻防双方的支付函数可以表示为

$$\text{攻击方}u_2=\begin{cases}L-K, & \text{攻击成功, 不防御}\\ -K, & \text{攻击失败, 防御}\\ 0, & \text{不攻击}\end{cases}$$

$$\text{防御方}u_1=\begin{cases}A-L, & \text{不防御, 攻击}\\ A-C, & \text{防御, 不攻击}\\ A, & \text{不攻击, 不防御}\end{cases}$$

由此可得攻防双方的支付矩阵如表 9.10 所示.

表 9.10　攻防博弈的支付矩阵

攻击方 \ 防御方	不防御	防御
攻击	$(L-K, A-L)$	$(-K, A-C)$
不攻击	$(0, A)$	$(0, A-C)$

我们仍然假定攻防双方都是理性的, 即 $C < L$ 和 $L \geqslant K$, 那么一定存在最优策略组合, 使得攻防双方形成平衡, 即达到 Nash 均衡点. 根据双矩阵博弈的划线法知, 表 9.10 给出的支付矩阵无纯策略 Nash 均衡点, 只能求混合策略 Nash 均衡结果.

设攻击方以 x 的概率选择攻击, 以 $1-x$ 的概率选择不攻击, 其中 $x \in [0,1]$; 防御方以 y 的概率选择不防御, 以 $1-y$ 的概率选择防御, 其中 $y \in [0,1]$. 则 $X=(x,1-x)$ 和 $Y=(y,1-y)$ 便构成混合策略组合. 由式 (9.76) 可得此攻防博弈的最优混合策略组合 (X^*,Y^*) 即 Nash 均衡点为

$$(X^*,Y^*)=\left(\begin{bmatrix}\dfrac{C}{L}\\ \dfrac{L-C}{L}\end{bmatrix},\quad\begin{bmatrix}\dfrac{K}{L}\\ \dfrac{L-K}{L}\end{bmatrix}\right) \tag{9.78}$$

即攻击方以 $\dfrac{C}{L}$ 的概率选择攻击, 以 $\dfrac{L-C}{L}$ 的概率选择不攻击; 防御方以 $\dfrac{K}{L}$ 的概率选择不防御, 以 $\dfrac{L-K}{L}$ 的概率选择防御, 攻防就形成平衡, 因为任何一方单独偏离 (X^*,Y^*) 都不会使自己的收益增加, 只会减少或者不变. 式 (9.78) 表明, 攻击方是选择攻击还是选择不攻击与防御方的防御成本及不防御带来的损失有关, 防御方是选择不防御还是选择防御与攻击方的攻击成本及攻击方得到的收益有关. 如果防御方增加防御成本, 则攻击方选择攻击策略的概率应该加大; 如果攻击方增加攻击成本, 则防御方选择不防御策略的概率应该加大. 从策略选择的角度, 攻防双方刚好相反.

第 10 章　基于 Bayes-Nash 均衡的网络攻防博弈

10.1　引　　言

在第 9 章, 运用博弈的策略式 (标准式) 描述分析了网络攻防中围绕信息资产安全风险的完全信息静态非合作博弈问题, 其中包括基于矩阵博弈的网络攻防控制、基于 Nash 均衡的网络攻防博弈等经典问题. 在这一章, 将讨论不完全信息的静态非合作攻防博弈问题. 这里的所谓信息完全, 是指攻防双方对博弈局势的有关知识和攻防收益有准确的了解. 如果以上要求达不到, 便是信息不完全. 另有信息完美性概念. 如果每个局中人在决策时都已观察而且记忆住以前各个局中人所选择的行为方案, 就称为完美信息博弈, 否则称为不完美信息博弈. Harsanyi 在 1967~1968 年提出了一种处理不完全信息博弈的方法, 乃是引入虚拟的局中人 O, 即 "自然", 把不完全信息转化为不完美信息. 这一转换称为 Harsanyi 转换, 对研究不确定性博弈问题是非常重要的. 由于在不完全信息博弈方面的研究工作成果卓著, Harsanyi 在 1994 年与 Nash, Selten 一起获得诺贝尔经济学奖.

本章将首先通过一个实例, 直观地分析讨论不完全信息博弈与 Harsanyi 转换的问题, 然后讨论策略与类型的概念, 最后重点讨论 Bayes-Nash 均衡的若干理论与实际问题, 通过网络攻防的实际用例, 突出其特征和细节.

10.2　不完全信息博弈与 Harsanyi 转换

10.2.1　不完全信息攻防博弈实例

例 10.1　假定目标网络系统有一个守卫者 (防御方) 和一个潜在的攻击者 (攻击方). 防御方决定对目标网络采取防御和不防御两种策略, 同时攻击方决定是否对目标网络展开攻击. 网络防御是要耗费成本的, 成本有高有低. 假定攻击方不知道防御方的防御成本是高还是低, 但防御方自己知道. 这个博弈的收益如图 10.1 所示. 攻击方的收益取决于防御方是否采取防御策略, 而不直接取决于防御成本. 当且仅当防御方选择不防御时, 攻击方选择攻击才有利可图. 但防御方是否选择防御又与防御成本有关.

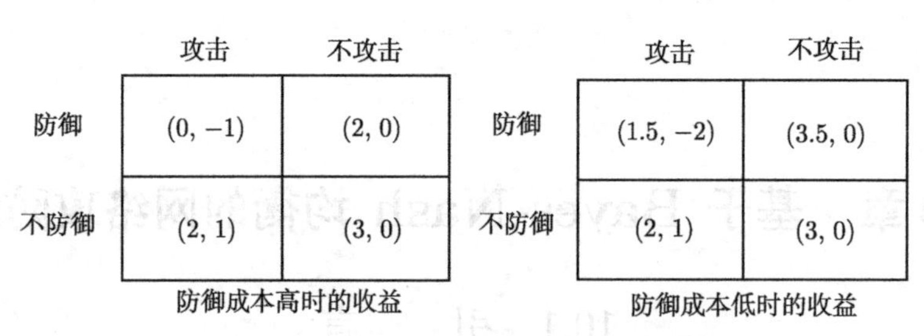

防御成本高时的收益

	攻击	不攻击
防御	(0, −1)	(2, 0)
不防御	(2, 1)	(3, 0)

防御成本低时的收益

	攻击	不攻击
防御	(1.5, −2)	(3.5, 0)
不防御	(2, 1)	(3, 0)

图 10.1　不完全信息的攻防博弈 (策略式)

在这个例子中, 攻击者似乎在与两个不同的守卫者博弈, 一个是高成本防御守卫者, 一个是低成本防御守卫者. 一般地, 如果守卫者有 Θ 种可能的不同成本函数, 攻击者就似乎在与 Θ 个不同的守卫者博弈. 在 1967 年以前, 博弈论专家认为类似这类问题是设法分析的, 因为当一个局中人并不知道他在与谁博弈时, 博弈的规则是没有定义的. 直到 1967~1968 年, Harsanyi 提出的 Harsanyi 转换解决了这个问题.

10.2.2　Harsanyi 转换

为了模拟和处理例 10.1 这类不完全信息博弈问题, 按 Harsanyi 的思路引入虚拟局中人 "0", 即 "自然", "自然" 先选择守卫者 (防御方) 的类型 (这里是防御成本). 在这个转换博弈中, 攻击者关于守卫者防御成本的不完全信息就变成了关于 "自然" 行动的不完美信息, 从而这个转换博弈可以用标准的技术进行分析.

从不完全信息博弈到不完美信息博弈的转换如图 10.2 所示. 图中, 0 代表 "自然", 1 代表防御方, 2 代表攻击方, 方括号内的数字代表 "自然" 行动的概率, 圆括弧中的数字为博弈的收益 (左边一个数字代表防御方的收益, 右边一个数字代表攻击方的收益). 这个图还包含一个隐含的标准假设, 就是攻防双方对 "自然" 行动的概率分布具有一致的判断. (尽管这是一个标准假设, 在 "自然" 的行动代表公共事件诸如网络安全等问题时, 这一假设比在自然的行动代表诸如局中人的收益等个人特征来得更为合理.) 一旦采用这一假设, 我们就得到一个标准博弈, 从而可以使用 Nash 均衡的概念. Harsanyi 的 Bayes 均衡 (或 Bayes-Nash 均衡) 正是指不完美信息博弈的 Nash 均衡.

在图 10.1(或图 10.2) 的例子中, 令 x 代表低防御成本时守卫者 (防御方) 选择防御的概率 (在高防御成本时守卫者不会选择防御, 否则就是不理性), 令 y 代表攻击者选择攻击的概率. 攻击方的最优策略是: 如果 $x < \dfrac{1}{2(1-p_1)}$, 则选择 $y = 1$(即攻击); 如果 $x > \dfrac{1}{2(1-p_1)}$, 则选择 $y = 0$(即不攻击); 如果 $x = \dfrac{1}{2(1-p_1)}$, 则选择 $y \in [0, 1]$. 同理, 低防御成本时防御方的最优反应是: 如果 $y < \dfrac{1}{2}$, 选择 $x = 1$(即选

择防御); 如果 $y > \frac{1}{2}$, 选择 $x = 0$(即选择不防御); 如果 $y = \frac{1}{2}$, 选择 $x \in [0,1]$. 求解 Bayes-Nash 均衡就是要找到这样一组 (x, y), 使得 x 是低防御成本时防御方的最优策略; 同时, 给定攻击方关于防御方的判断 p_1 及防御方的策略的情况下, 攻击方的最优策略. 例如, 对于任何 p_1, 策略组合 $(x = 0, y = 1)$ 是一个均衡 (即防御方不防御, 攻击方攻击); 当且仅当 $p_1 \leqslant \frac{1}{2}$ 时, 策略组合 $(x = 1, y = 0)$ 构成一个均衡 (即低防御成本时防御方选择防御, 攻击方选择不攻击).

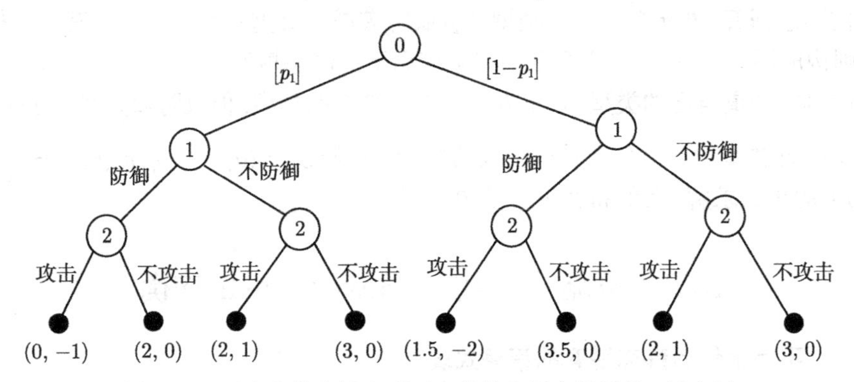

图 10.2 不完全信息博弈到不完美信息博弈的转换 (博弈树)

通过以上例子, **Harsanyi 转换的基本方法可以归结如下:**

(1) 引入一个虚拟的局中人 "自然"(nature) 或者说是 "上帝"(god), 他不用考虑自己的得失, 他的唯一作用就是赋予博弈中各局中人的类型向量 $\theta = (\theta_1, \theta_2, \cdots, \theta_n)$, 其中 $\theta_i \in \Theta_i$, Θ_i 称为可行类型空间, 为局中人 i 的特征的完备描述;

(2) 虚拟的局中人 "自然" 把局中人 i 的真实类型 θ_i 告诉局中人 i 本人, 却不让其他局中人知道. 但 "自然" 将把 $\theta = (\theta_1, \theta_2, \cdots, \theta_n)$ 上的概率分布 $p(\theta_1, \theta_2, \cdots, \theta_n)$ 告诉每一个局中人;

(3) 所有局中人同时行动, 局中人 i 从自己的策略空间 S_i 中选择策略 s_i, 其中局中人 i 的策略空间与局中人 i 的类型空间 θ_i 有关, 一般记为 $S_i(\theta_i)$;

(4) 各局中人除 "自然" 外的支付 (收益) 函数为

$$u_i = u_i(S_1, S_2, \cdots, S_n; \theta_i), \quad i = 1, 2, \cdots, n$$

借助 (1) 和 (2) 中虚拟局中人 "自然" 的行动, 把一个不完全信息的静态博弈转换成了一个完全但不完美信息博弈. 该博弈由两个阶段构成, 其中第一阶段是准备阶段: "自然" 选择行动, 它决定概率向量 $p(\theta_1, \theta_2, \cdots, \theta_n)$; 第二阶段则是实际博弈阶段: 由 n 个局中人同时行动, 他们虽然各自知道 "自然" 为自己选定的类型 θ_i, 却不知道 "自然" 为其他局中人 (至少一个其他局中人) 选定的类型, 因此至少有一个局中人对“自然”的行动是具有不完美信息的. 不过, 每个局中人的类型空间及其概率分布是共同知识. 这样, 我们就可以运用概率论的知识 (尤其是“Bayes 法则”) 对不完全信息博弈问题进行分析了.

有了 Harsanyi 转换, 我们知道在例 10.1 中, “自然”决定了守卫者 (防御方) 有两种类型: $\theta_1 = (\theta_{11}, \theta_{12})$, 其中 θ_{11} 代表“高防御成本”, θ_{12} 代表“低防御成本”. “自然”决定了攻击者 (攻击方) 有一种类型 $\theta_2 = (\theta_{21})$. 若防御方属于类型 θ_{11}(高防御成本类型), 而攻击方只有一种类型 θ_{21}, 则构成图 10.1 左边一个标准的完全信息下的静态博弈; 若防御方属于类型 θ_{12}(低防御成本类型), 而攻击方只有一种类型 θ_{21}, 则构成图 10.1 右边一个标准的完全信息下的静态博弈.

防御方知道自己的类型, 攻击方不知道防御方的类型, 但攻防双方对“自然”决定的防御方类型的概率分布具有一致的判断. 不妨设 $p_1(\theta_{11}) = \dfrac{2}{3}, p_1(\theta_{12}) = \dfrac{1}{3}$. 对例 10.1 的正式求解, 我们将在下一节中讨论.

10.3 策略式表述和 Bayes-Nash 均衡

10.3.1 不完全信息静态博弈的策略式表述

前面我们介绍了不完全信息的标准处理办法 ——Harsanyi 转换, 这样将不完全信息博弈转换成不同局中人类型下的博弈, 其博弈结果也就知道了, 只不过这种结果依赖于局中人的类型.

定义 10.1 局中人的类型 (type) 集是其在博弈中拥有的关于自己决策特征的信息的集合, 这些信息即类型集的元素都叫做局中人的类型, 局中人不希望别的局中人具体了解自己究竟是哪一类型.

在网络攻防博弈中, 无论是攻击还是防御, 都是要耗费成本的. 这种成本不只是经济的, 可能还有政治的、社会的、文化素养及心理等方面的因素. 由于信息不完全, 网络攻击或网络防御的效用 (后果) 总是具有不确定性, 即存在一定的风险. 无论是攻击方, 还是防御方, 由于各自所处的社会经济地位不同, 文化素养及心理因素等方面的差异, 这就决定了不同的决策人具有不同的价值观, 他们对待不确定性后果 (即风险) 的态度也就不同. 例如, 在网络攻防实战中, 攻击方 (局中人 2) 可能有三种态度 (三种类型): 风险厌恶、风险追求和风险中立. 攻击方不希望防御方 (局中人 1) 知道自己究竟属于哪一种类型, 于是有

$$\theta_2 = (\theta_{21}, \theta_{22}, \theta_{23})$$

$$\theta_{21} \triangleq \text{攻击方风险厌恶}$$

$$\theta_{22} \triangleq \text{攻击方风险追求}$$

$$\theta_{23} \triangleq \text{攻击方风险中立}$$

这里 $\theta_2 \in \Theta_2$, 是局中人 2(攻击方) 的类型集. 显然, 类型不同, 局中人 2 在决策时所选择的攻击策略以及攻击所产生的效用 (后果) 都是不一样的. 由于攻击方决策在前, 他的选择结果会被防御方 (局中人 1) 了解并据之进行决策.

定义 10.2 不完全信息静态博弈包括以下四个要素:

(1) 局中人集合 $\underline{N} = \{1, 2, \cdots, n\}$;

(2) 每个局中人有个类型空间 $\Theta_i = \{\theta_i\}, i \in \underline{N}$, 以及全体类型空间 $\Theta = \prod_{i=1}^{n} \Theta_i$ 上的概率分布 $p(\theta_1, \theta_2, \cdots, \theta_n)$;

(3) 每个局中人有 (与自身的类型 θ_i 相关的) 策略集 $S_i = \{s_i\}, i \in \underline{N}$, 且策略集 S_i 与其他局中人的类型无关;

(4) 每一个局中人都有其收益函数 $u_i(s_1, s_2, \cdots, s_n; \theta_i)$, 即收益函数不仅依赖于策略组合 $(s_1, s_2, \cdots, s_n)$, 也依赖于自身的类型 θ_i.

以上四个要素都是共同知识. 局中人在以上情况下同时选择策略以追求自身收益最大化.

这种博弈称为不完全信息的静态博弈, 也称为 Bayes 静态博弈, 记为

$$G = [\underline{N}, (\Theta_i), p, (S_i(\theta_i)), (u_i)] \tag{10.1}$$

其中 $\underline{N} \triangleq \{1, 2, \cdots, n\}$ 是局中人集;

$\Theta_i \triangleq$ 局中人 i 的类型集, $\forall i \in \underline{N}$;

$p \triangleq$ 全体类型空间 Θ 上的概率分布函数;

$S_i(\theta_i) \triangleq$ 局中人 i 的策略集, 当 i 的类型 θ_i 改变时 S_i 也因之改变, $\forall i \in \underline{N}$;

$u_i \triangleq$ 局中人 i 的收益函数, 它依赖于全体局中人所取的策略与局中人 i 的类型, $\forall i \in \underline{N}$.

10.3.2 Bayes-Nash 均衡

引入记号

$$\theta_{-i} \triangleq (\theta_1, \cdots, \theta_{i-1}, \theta_{i+1}, \cdots, \theta_n)$$

它表示除 i 以外 $n-1$ 个局中人的类型组合. 又记

$$\theta = (\theta_1, \theta_2, \cdots, \theta_n) = (\theta_i, \theta_{-i}), \quad i = 1, 2, \cdots, n$$

任何局中人 i, 他虽然知道自己的类型 θ_i 是什么, 但并不知道 θ_{-i}. 然而 i 对 θ_{-i} 并非完全不了解, 至少知道 $p(\theta_1, \cdots, \theta_n)$ 是什么, 同时假定其对于条件概率 $p_i(\theta_{-i}|\theta_i)$ 有了解, 即局中人 i 在类型为 θ_i 时对其他 $n-1$ 个局中人各自的类型 θ_{-i} 是什么的概率有了解.

定义 10.3　称关于局中人类型的条件概率

$$p_i(\theta_{-i}|\theta_i)$$

为局中人 i 对其他局中人类型的信念 (belief).

据 Bayes 法则

$$\begin{aligned} p_i(\theta_{-i}|\theta_i) &= \frac{p(\theta_i, \theta_{-i})}{p(\theta_i)} \\ &= \frac{p(\theta_i, \theta_{-i})}{\sum\limits_{\theta_{-i}\in\Theta_{-i}} p(\theta_i, \theta_{-i})} \end{aligned} \tag{10.2}$$

其中

$$\Theta_{-i} \triangleq \prod_{\substack{j=1 \\ j\neq i}}^{n} \Theta_j, \quad i = 1, 2, \cdots, n$$

显然, 局中人 i 有了对类型 $\{\Theta_i\}$ 和类型空间 Θ 上概率分布 $p(\theta_1, \cdots, \theta_n)$ 的共同知识后, 对其他局中人的类型 $\theta_{-i} = (\theta_1, \cdots, \theta_{i-1}, \theta_{i+1}, \cdots, \theta_n)$ 的分布情况也就清楚了.

当局中人 i 自身的类型为 θ_i 时, 他选择策略 s_i 的期望收益为

$$\sum_{\theta_{-i}\in\Theta_{-i}} p(\theta_{-i}|\theta_i) u_i(s_{-i}(\theta_{-i}), s_i, \theta_i) \tag{10.3}$$

借助于期望值准则, Nash 均衡的概念在不完全信息静态博弈中有自然的延伸——Bayes-Nash 均衡.

定义 10.4　给定博弈

$$G = [\underline{N}, (\Theta_i), (p_i), (S_i), (u_i)] \tag{10.4}$$

如果策略组合 $(s_1^*(\theta_1), \cdots, s_i^*(\theta_i), \cdots, s_n^*(\theta_n))$ 满足: 对每一个 i, 对任意 $s_i \in S_i, \theta_i \in \Theta_i$ 都有

$$\sum_{\theta_{-i}\in\Theta_{-i}} p(\theta_{-i}|\theta_i) u_i(s_{-i}^*(\theta_{-i}), s_i^*, \theta_i) \geqslant \sum_{\theta_{-i}\in\Theta_{-i}} p(\theta_{-i}|\theta_i) u_i(s_{-i}^*(\theta_{-i}), s_i, \theta_i) \tag{10.5}$$

则称策略组合 $(s_1^*(\theta_1), \cdots, s_i^*(\theta_i), \cdots, s_n^*(\theta_n))$ 是一个 Bayes-Nash 均衡.

Bayes-Nash 均衡的概念与一般 Nash 均衡概念相比有两个不同点:

(1)Bayes-Nash 均衡是用 Bayes 公式得到的, 以概率分布作为依据, 考虑自己的期望收益. Bayes 静态博弈中的期望收益是对其他局中人不同类型下的期望收益, 而不是自己类型下的期望收益;

(2)Bayes-Nash 均衡研究的是局中人的策略选择, 并且这种策略选择依赖于自身的类型, 当类型不同时, 他们选择的策略就不一样.

定义 10.4 只给出了纯策略 Bayes-Nash 均衡的定义, 但未给出在什么条件下 Bayes-Nash 均衡一定存在. 类似完全信息静态博弈中纯策略 Nash 均衡的讨论, 我们给出下面的定理.

定理 10.1 在 Bayes 静态博弈 $G=[\underline{N},(\Theta_i),(p_i),(S_i),(u_i)]$ 中, 若局中人 i 的策略集 $S_i(\theta_i)$ 是有界闭凸集, 其收益函数 $u_i(s_{-i}(\theta_{-i}),s_i,\theta_i)$ 对局中人 i 的任何类型 θ_i 以及对任意 $s_{-i}(\theta_{-i})$ 都是 s_i 的凹函数, 则博弈 G 一定存在纯策略 Bayes-Nash 均衡.

证明 (略).

定理 10.1 的条件相当强, 在实践中不一定能满足, 需要进一步讨论局中人的策略集 $S_i(\theta_i)$ 是有限情况下的混合策略问题.

局中人 i 在类型 $\theta_i\in\Theta_i$ 下的纯策略集为

$$S_i(\theta_i)=(s_{i1}(\theta_i),s_{i2}(\theta_i),\cdots,s_{im}(\theta_i))$$

若局中人 i 对应一个纯策略 $s_{ik}(\theta_i)$ 以概率 $x_{ik}(\theta_i)$ 进行选择, 则

$$x_i(\theta_i)=(x_{i1}(\theta_i),x_{i2}(\theta_i),\cdots,x_{im}(\theta_i))$$

称为局中人 i 在类型 $\theta_i\in\Theta_i$ 下的一个混合策略, 在不引起混淆的情况下, 简记为

$$x_i=(x_{i1},x_{i2},\cdots,x_{im})$$

其中

$$x_{ik}\geqslant 0,\quad k=1,2,\cdots,m,\quad \sum_{k=1}^{m}x_{ik}=1$$

同样地, 局中人 i 在类型为 $\theta_i\in\Theta_i$ 的情况下, 全部混合策略集记为 $X_i(\theta_i)$. 在混合策略下, Bayes-Nash 均衡的定义如下.

定义 10.5 给定博弈

$$G=[\underline{N},(\Theta_i),(p_i),(X_i(\theta_i)),(u_i)] \tag{10.6}$$

如果 $(x_1^*(\theta_1),\cdots,x_i^*(\theta_i),\cdots,x_n^*(\theta_n))$ 是一个混合策略组合, 且对每一个 $i\in\underline{N}$ 和对任意的 $x_i(\theta_i)\in X_i(\theta_i)$ 都有

$$\begin{aligned}&\sum_{\theta_{-i}\in\Theta_{-i}}p(\theta_{-i}|\theta_i)E(u_i(x_{-i}^*(\theta_{-i}),x_i^*(\theta_i),\theta_i))\\ \geqslant&\sum_{\theta_{-i}\in\Theta_{-i}}p(\theta_{-i}|\theta_i)E(u_i(x_{-i}^*(\theta_{-i}),x_i(\theta_i),\theta_i))\end{aligned} \tag{10.7}$$

则称混合策略组合 $(x_1^*(\theta_1),\cdots,x_i^*(\theta_i),\cdots,x_n^*(\theta_n))$ 是一个混合策略下的 Bayes-Nash 均衡.

定义 10.5 是对定义 10.4 在混合策略下的一种直接扩展. 其中 $E(u_i)$ 是局中人 i 在混合策略组合 $(x_1^*(\theta_1),\cdots,x_i^*(\theta_i),\cdots,x_n^*(\theta_n))$ 下, 对其收益函数 u_i 的数学期望. 对混合策略下 Bayes-Nash 均衡的存在性, 有如下两个定理.

定理 10.2　在 Bayes 静态博弈 $G=[\underline{N},(\Theta_i),(p_i),(X_i(\theta_i)),(u_i)]$ 中, $(x_1^*(\theta_1),\cdots,x_i^*(\theta_i),\cdots,x_n^*(\theta_n))$ 是 G 的一个混合策略下 Bayes-Nash 均衡的充分必要条件是: 对每一个局中人 i 和每一个纯策略 $s_{ik}(\theta_i)\in S_i(\theta_i)$ 有

$$\sum_{\theta_{-i}\in\Theta_{-i}} p(\theta_{-i}|\theta_i)E(u_i(x_{-i}^*(\theta_{-i}),x_i^*(\theta_i),\theta_i))$$
$$\geqslant\sum_{\theta_{-i}\in\Theta_{-i}} p(\theta_{-i}|\theta_i)E(u_i(x_{-i}^*(\theta_{-i}),s_{ik}(\theta_i),\theta_i)) \tag{10.8}$$

证明　**必要性**　显然成立.

充分性　设式 (10.8) 成立, 即对于每一个 i 有

$$\sum_{\theta_{-i}\in\Theta_{-i}} p(\theta_{-i}|\theta_i)E(u_i(x_{-i}^*(\theta_{-i}),x_i^*(\theta_i),\theta_i))$$
$$\geqslant\sum_{\theta_{-i}\in\Theta_{-i}} p(\theta_{-i}|\theta_i)E(u_i(x_{-i}^*(\theta_{-i}),s_{ik}(\theta_i),\theta_i)),\quad k=1,2,\cdots,m \tag{10.9}$$

设 $x_i=(x_{i1},x_{i2},\cdots,x_{im})\in X_i$ 是局中人 i 的任意一个混合策略组合. 式 (10.9) 中 m 个不等式两端依次乘以 x_{ik}, 得到

$$\sum_{\theta_{-i}\in\Theta_{-i}} p(\theta_{-i}|\theta_i)E(u_i(x_{-i}^*(\theta_{-i}),x_i^*(\theta_i),\theta_i))x_{ik}$$
$$\geqslant\sum_{\theta_{-i}\in\Theta_{-i}} p(\theta_{-i}|\theta_i)E(u_i(x_{-i}^*(\theta_{-i}),s_{ik}(\theta_i),\theta_i))x_{ik},\quad k=1,2,\cdots,m$$

对 k 从 1 到 m 求和

$$\sum_{\theta_{-i}\in\Theta_{-i}} p(\theta_{-i}|\theta_i)E(u_i(x_{-i}^*(\theta_{-i}),x_i^*(\theta_i),\theta_i))\sum_{k=1}^{m}x_{ik}$$
$$\geqslant\sum_{k=1}^{m}\sum_{\theta_{-i}\in\Theta_{-i}} p(\theta_{-i}|\theta_i)E(u_i(x_{-i}^*(\theta_{-i}),s_{ik}(\theta_i),\theta_i))x_{ik} \tag{10.10}$$

式 (10.10) 左端和式 $\sum_{k=1}^{m}x_{ik}=1$, 右端就是 $\sum_{\theta_{-i}\in\Theta_{-i}} p(\theta_{-i}|\theta_i)E(u_i(x_{-i}^*(\theta_{-i}),x_i(\theta_i),\theta_i))$

因此, 有

$$\sum_{\theta_{-i}\in\Theta_{-i}} p(\theta_{-i}|\theta_i)E(u_i(x_{-i}^*(\theta_{-i}),x_i^*(\theta_i),\theta_i))$$

$$\geqslant \sum_{\theta_{-i}\in\Theta_{-i}} p(\theta_{-i}|\theta_i)E(u_i(x_{-i}^*(\theta_{-i}),x_i(\theta_i),\theta_i)) \quad i=1,2,\cdots,n$$

由定义 10.5 知, $(x_1^*(\theta_1),\cdots,x_i^*(\theta_i),\cdots,x_n^*(\theta_n))$ 是 G 的一个混合策略 Bayes-Nash 均衡.

定理 10.3 在 Bayes 静态博弈 $G=[\underline{N},(\Theta_i),(p_i),(x_i(\theta_i)),(u_i)]$ 中, 必有混合策略下的 Bayes-Nash 均衡.

证明 (略).

10.3.3 不完全信息攻防博弈实例求解

利用定义 10.5 和定理 10.2, 可以对例 10.1 进行正式的求解讨论.

防御方 (局中人 1) 有两种类型, $\theta_1=(\theta_{11},\theta_{12}),\theta_{11}$ 代表 "高防御成本", θ_{12} 代表 "低防御成本"; 攻击方 (局中人 2) 只有一种类型, $\theta_2=(\theta_{21})$. 若 "自然" 决定了类型上的概率分布为

$$p(\text{高防御成本})=\frac{2}{3},\quad p(\text{低防御成本})=\frac{1}{3}$$

则

$$\begin{aligned}&p(\theta_{11}|\theta_{21})=\frac{2}{3}\\&p(\theta_{12}|\theta_{21})=\frac{1}{3}\\&p(\theta_{21}|\theta_{11})=p(\theta_{21}|\theta_{12})=1\end{aligned}$$

设局中人 1 在 "高防御成本" 时的纯策略为 $S_1(\theta_{11})=\{s_{11}(\theta_{11}),s_{12}(\theta_{11})\}$. $s_{11}(\theta_{11})$ 代表防御, $s_{12}(\theta_{11})$ 代表不防御. 局中人 1 此时采用 $s_{11}(\theta_{11})$ 策略的概率为 x_1, 采用 $s_{12}(\theta_{11})$ 策略的概率为 $(1-x_1),x_1\in[0,1]$. 局中人 1 在 "低防御成本" 时的纯策略为 $S_1(\theta_{12})=\{s_{11}(\theta_{12}),s_{12}(\theta_{12})\}$. $s_{11}(\theta_{12})$ 代表防御, $s_{12}(\theta_{12})$ 代表不防御. 局中人 1 此时采用 $s_{11}(\theta_{12})$ 策略的概率为 x_2, 采用 $s_{12}(\theta_{12})$ 策略的概率为 $(1-x_2),x_2\in[0,1]$. 局中人 2 只有一种类型, 其纯策略为 $S_2(\theta_{21})=\{s_{21}(\theta_{21}),s_{22}(\theta_{21})\}$. $s_{21}(\theta_{21})$ 代表攻击, $s_{22}(\theta_{21})$ 代表不攻击. 局中人 2 此时采用 $s_{21}(\theta_{21})$ 策略的概率为 y, 采用 $s_{22}(\theta_{21})$ 策略的概率为 $(1-y),y\in[0,1]$.

局中人 1 在 "高防御成本" 时的期望收益记为 $\underline{u_1^h}$, 在 "低防御成本" 时的期望收益记为 $\underline{u_1^L}$; 局中人 2 的期望收益记为 $\underline{u_2}$. 由式 (10.3), 并注意图 10.1(或 10.2), 有

$$\begin{aligned}\underline{u_1^h}(x_1,y)&=[0\times y+2(1-y)]x_1+[2y+3(1-y)](1-x_1)\\&=3-x_1-y-x_1y\end{aligned}\tag{10.11}$$

$$\begin{aligned}\underline{u_1^L}(x_2,y) &= [1.5\times y+3.5(1-y)]x_2+[2y+3(1-y)](1-x_2)\\ &= 3+\frac{1}{2}x_2-y-x_2y \qquad (10.12)\end{aligned}$$

$$\begin{aligned}\underline{u_2}(x_1,x_2,y) &= \frac{2}{3}[-x_1+(1-x_1)]y+\frac{1}{3}[-2x_2+(1-x_2)]y \qquad (10.13)\\ &= \frac{1}{3}(3-4x_1-3x_2)y\end{aligned}$$

设 $((x_1,1-x_1),(x_2,1-x_2),(y,1-y))$ 是混合策略下的 Bayes-Nash 均衡, 由定理 10.2, 应满足下列不等式组:

$$\begin{aligned}&\underline{u_1^h}(x_1,y)\geqslant\underline{u_1^h}(x_1=0,y)\\ &\underline{u_1^h}(x_1,y)\geqslant\underline{u_1^h}(x_1=1,y)\\ &\underline{u_1^L}(x_2,y)\geqslant\underline{u_1^L}(x_2=0,y)\\ &\underline{u_1^L}(x_2,y)\geqslant\underline{u_1^L}(x_2=1,y)\\ &\underline{u_2}(x_1,x_2,y)\geqslant\underline{u_2}(x_1,x_2,y=0)\\ &\underline{u_2}(x_1,x_2,y)\geqslant\underline{u_2}(x_1,x_2,y=1)\end{aligned}$$

由式 (10.11)~ 式 (10.13), 上述 6 个不等式的具体表达式经化简后有对应的下列 6 个不等式 (分为三组):

$$\begin{cases}x_1(1+y)\leqslant 0\\ (1-x_1)(1+y)\geqslant 0\end{cases}\qquad (10.14)$$

$$\begin{cases}x_2(1-2y)\geqslant 0\\ (1-x_2)(1-2y)\leqslant 0\end{cases}\qquad (10.15)$$

$$\begin{cases}y(3-4x_1-3x_2)\geqslant 0\\ (1-y)(3-4x_1-3x_2)\leqslant 0\end{cases}\qquad (10.16)$$

对式 (10.14), 其等价关系为

$$\begin{cases}x_1=0, & y\geqslant -1\\ 0<x_1<1, & y=-1\\ x_1=1, & y\leqslant -1\end{cases}\qquad (\text{I})$$

对式 (10.15), 其等价关系为

$$\begin{cases}x_2=0, & y\geqslant \dfrac{1}{2}\\ 0<x_2<1, & y=\dfrac{1}{2}\\ x_2=1, & y\leqslant \dfrac{1}{2}\end{cases}\qquad (\text{II})$$

对式 (10.16), 其等价关系为

$$\begin{cases} y=0, & 4x_1+3x_2 \geqslant 3 \\ 0<y<1, & 4x_1+3x_2=3 \\ y=1, & 4x_1+3x_2 \leqslant 3 \end{cases} \tag{III}$$

由不等式组 (Ⅰ), 只能得到 $x_1=0$. 将 $x_1=0$ 代入不等式组 (Ⅲ), 有

$$\begin{cases} y=0, & x_2 \geqslant 1 \\ 0<y<1, & x_2=1 \\ y=1, & x_2 \leqslant 1 \end{cases} \tag{III$'$}$$

求解不等式组 (Ⅱ) 和不等式组 (Ⅲ$'$) 可以用作图法. 通过对不等式组 (Ⅱ) 和 (Ⅲ$'$) 作图, 如图 10.3 所示. 图 10.3 中, 满足不等式组 (Ⅱ) 的 (x,y) 为折线 $ACDE$; 满足不等式组 (Ⅲ$'$) 的 (x,y) 为折线 ABE. 因此, 同时满足不等式组 (Ⅱ) 和不等式组 (Ⅲ$'$) 的 (x,y) 点为 A 点和 DE 线段.

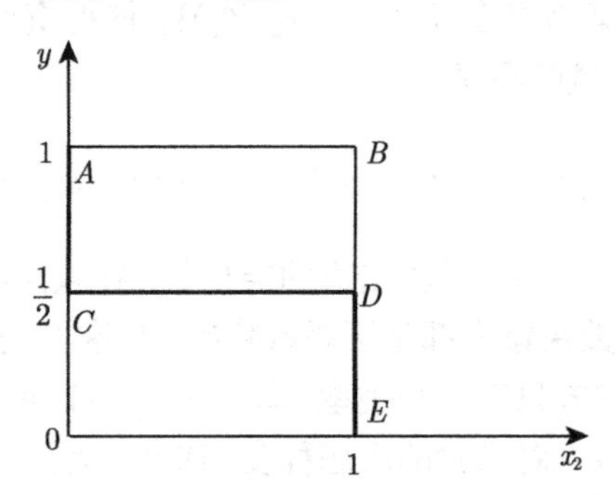

图 10.3 攻防博弈的 Bayes-Nash 均衡求解

对 A 点, 有混合策略下的 Bayes-Nash 均衡为

$$((x_1,1-x_1),(x_2,1-x_2),(y,1-y))=((0,1),(0,1),(1,0))$$

对 DE 线段, 有混合策略下的 Bayes-Nash 均衡为

$$((x_1,1-x_1),(x_2,1-x_2),(y,1-y))=((0,1),(1,0),(y,1-y)),\quad y\in\left[0,\frac{1}{2}\right]$$

以上混合策略 Bayes-Nash 均衡包含两个纯策略 Bayes-Nash 均衡:

(1) 防御方 (局中人 1) 在 "高防御成本" 和 "低防御成本" 时都选择不防御, 而攻击方 (局中人 2) 选择攻击 (均衡点 A 点).

(2) 防御方 (局中人 1) 在 "高防御成本" 时选择不防御, 在 "低防御成本" 时选择防御, 而攻击方 (局中人 2) 选择不攻击 (均衡点 E 点).

另有无穷多个混合策略下的 Bayes-Nash 均衡：防御方 (局中人 1)“高防御成本” 时选择不防御, “低防御成本” 时选择防御, 而攻击方 (局中人 2) 以 y 的概率选择攻击, 以 $(1-y)$ 的概率选择不攻击, $y \in \left[0, \frac{1}{2}\right]$ (DE 均衡线段).

10.3.4 基于风险厌恶的不完全信息攻防博弈

设目标网络可以划分为 N 个攻防点, 其中第 k 个攻防点涵盖的资产记为 A_k, 资产 A_k 由于被攻击而发生风险的概率为 q_k, 则其安全性概率可以表示为

$$p_k = 1 - q_k \tag{10.17}$$

攻防双方针对目标网络的第 k 个攻防点 (对应资产 A_k) 展开攻防博弈, 其中防御方有防御策略集 $S_1(\theta_1) = (s_{11}(\theta_1), s_{12}(\theta_1), \cdots, s_{1m}(\theta_1))$, 攻击方有攻击策略集 $S_2(\theta_2) = (s_{21}(\theta_2), s_{22}(\theta_2), \cdots, s_{2n}(\theta_2))$. 防御方任取策略 $s_{1i}(\theta_1) \in S_1(\theta_1), 1 \leqslant i \leqslant m$, 攻击方任取策略 $s_{2j}(\theta_2) \in S_2(\theta_2), 1 \leqslant j \leqslant n$, 则 $\{s_{1i}(\theta_1), s_{2j}(\theta_2)\}$ 构成一个策略组合. 对每一个策略组合 $\{s_{1i}(\theta_1), s_{2j}(\theta_2)\}$, 使得资产 A_k 的安全性概率为 $p_k(s_{1i}(\theta_1), s_{2j}(\theta_2))$, 则其风险概率为

$$q_k(s_{1i}(\theta_1), s_{2j}(\theta_2)) = 1 - p_k(s_{1i}(\theta_1), s_{2j}(\theta_2)) \tag{10.18}$$

式中, θ_1 是防御方的类型集, θ_2 是攻击方的类型集. 在攻防实践中, 许多证据表明, 是不是全部也是绝大多数决策人都是厌恶风险的. 在这里, 我们假定攻防双方都属于风险厌恶型, 并且防御方只有一种类型, 即 $\theta_1 = \{\theta_{11}\}$, 而攻击方有两种类型, 即 $\theta_2 = \{\theta_{21}, \theta_{22}\}$, 表明攻击方对风险的厌恶程度. 称 θ_{21} 为风险厌恶 I 型, θ_{22} 为风险厌恶 II 型. 在攻防实践中, 通常攻击方决策在前, 其选择结果会被防御方了解并据之进行决策.

按照对不完全信息博弈的 Harsanyi 转换方法, 可以视为 “自然” 决定了攻击方的两种类型, 并通知攻击方; 决定防御方只有一种类型, 并通知防御方. 若 “自然” 给出的类型空间上的概率分布为

$$p(\text{风险厌恶 I 型}) = \mu, \quad p(\text{风险厌恶 II 型}) = 1 - \mu$$

μ 是一个常数, 这里取 $\mu = \frac{1}{3}$, 则

$$p(\theta_{21}|\theta_{11}) = \frac{1}{3}$$
$$p(\theta_{22}|\theta_{11}) = \frac{2}{3}$$
$$p(\theta_{11}|\theta_{21}) = p(\theta_{11}|\theta_{22}) = 1$$

针对资产 A_k 的攻防效用是以 A_k 的风险概率 q_k(从而安全性概率 p_k) 的增减趋势予以判定的, 防御方希望 p_k 越大越好 (从而 q_k 越小越好), 攻击方希望 q_k 越大越好 (从而 p_k 越小越好). 因此, 攻防的效用函数不仅是策略组合 $\{s_{1i}(\theta_1), s_{2j}(\theta_2)\}$ 的函数, 同时也是安全风险概率 $\{p_k, q_k\}$ 的函数.

由于攻击方风险厌恶的程度不同 (类型不同), 其效用函数亦应不同. 用 u_2^{I} 表示风险厌恶 I 型效用, u_2^{II} 表示风险厌恶 II 型效用, 研究知它们都应该是凹函数 [80]. 根据攻防竞争与对抗的特点以及攻防双方的策略依存性, 设 u_2^{I}, u_2^{II} 可以用如下函数式描述:

$$u_2^{\mathrm{I}} = \{p_k - q_k[s_{2j}(\theta_{21}) - s_{1i}(\theta_{11})]\} \cdot s_{2j}(\theta_{21}) \tag{10.19}$$

$$u_2^{\mathrm{II}} = \{q_k - p_k[s_{2j}(\theta_{22}) - s_{1i}(\theta_{11})]\} \cdot s_{2j}(\theta_{22}) \tag{10.20}$$

防御方只有一种类型, 面对攻击方的两种类型, 由式 (10.3), 防御方选取策略 $s_{1i}(\theta_{11})$ 所获得期望收益 (效用) 为

$$\begin{aligned} u_1 =& \frac{1}{3}\{p_k - q_k[s_{2j}(\theta_{21}) - s_{1i}(\theta_{11})] - K\} \cdot (-s_{1i}(\theta_{11})) \\ &+ \frac{2}{3}\{q_k - p_k[s_{2j}(\theta_{22}) - s_{1i}(\theta_{11})]\} \cdot (-s_{1i}(\theta_{11})) \end{aligned} \tag{10.21}$$

其中 K 为防御方为了降低防御风险而愿意支付的 “风险酬金”[80].

对于攻击方, 效用最大化的问题引出

$$\frac{\partial u_2^{\mathrm{I}}}{\partial s_{2j}(\theta_{21})} = p_k - 2q_k s_{2j}(\theta_{21}) + q_k s_{1i}(\theta_{11}) = 0$$

$$\frac{\partial u_2^{\mathrm{II}}}{\partial s_{2j}(\theta_{22})} = q_k - 2p_k s_{2j}(\theta_{22}) + p_k s_{1i}(\theta_{11}) = 0$$

求得攻击方的反应函数为

$$s_{2j}(\theta_{21}) = \frac{1}{2}\frac{p_k}{q_k} + \frac{1}{2}s_{1i}(\theta_{11}) \tag{10.22}$$

$$s_{2j}(\theta_{22}) = \frac{1}{2}\frac{q_k}{p_k} + \frac{1}{2}s_{1i}(\theta_{11}) \tag{10.23}$$

对于防御方, 效用最大化的问题引出

$$\begin{aligned} \frac{\partial u_1}{\partial s_{1i}(\theta_{11})} =& \frac{1}{3}\{p_k - k - q_k s_{2j}(\theta_{21}) + 2q_k s_{1i}(\theta_{11})\} \\ &+ \frac{2}{3}\{q_k - k - p_k s_{2j}(\theta_{22}) + 2p_k s_{1i}(\theta_{11})\} = 0 \end{aligned}$$

求得防御方的反应函数为

$$s_{1i}(\theta_{11}) = \frac{1}{2}\frac{3K - p_k - 2q_k}{2p_k + q_k} + \frac{1}{2}\frac{q_k}{2p_k + q_k}s_{2j}(\theta_{21}) + \frac{p_k}{2p_k + q_k}s_{2j}(\theta_{22}) \tag{10.24}$$

由式 (10.22)~式 (10.24) 可求得围绕资产 A_k 的安全风险进行攻防博弈的 Bayes-Nash 均衡 $\{s_{1i}^*(\theta_{11}), s_{2j}^*(\theta_{21}), s_{2j}^*(\theta_{22})\}$ 为

$$\begin{cases} s_{1i}^*(\theta_{11}) = \dfrac{1}{3}\dfrac{6K - p_k - 2q_k}{2p_k + q_k} \\ s_{2j}^*(\theta_{21}) = \dfrac{1}{2}\dfrac{p_k}{q_k} + \dfrac{1}{6}\dfrac{6K - p_k - 2q_k}{2p_k + q_k} \\ s_{2j}^*(\theta_{22}) = \dfrac{1}{2}\dfrac{q_k}{p_k} + \dfrac{1}{6}\dfrac{6K - p_k - 2q_k}{2p_k + q_k} \end{cases} \tag{10.25}$$

例 10.2　在策略组合 $\{s_{1i}^*(\theta_{11}), s_{2j}^*(\theta_{21}), s_{2j}^*(\theta_{22})\}$ 的控制作用下, 期望达到或实际观测 (估计) 的结果, 资产 A_k 的安全性概率和风险概率为下列情况之一:

$$(p_k, q_k): \left(\frac{2}{3}, \frac{1}{3}\right), \quad \left(\frac{1}{2}, \frac{1}{2}\right), \quad \left(\frac{1}{3}, \frac{2}{3}\right)$$

试分别求出各种情况下的最优策略组合即纯策略 Bayes-Nash 均衡点, 并计算攻防双方各自效用 (收益) 的大小.

由式(10.25) 知, "风险酬金"K 的选取应满足 $6K - p_k - 2q_k > 0$, 即满足 $K > \dfrac{p_k}{6} + \dfrac{1}{3}q_k$, 这里取 $K = 2$.

当观测 (估计) 结果为 $(p_k, q_k) = \left(\dfrac{2}{3}, \dfrac{1}{3}\right)$ 时, 由式 (10.25) 可求得最优策略组合为

$$\{s_{1i}^*(\theta_{11}), s_{2j}^*(\theta_{21}), s_{2j}^*(\theta_{22})\} = \left(\frac{32}{15}, \frac{31}{15}, \frac{79}{60}\right)$$

其中

$$s_{1i}^*(\theta_{11}) \in S_1(\theta_1), \quad s_{2j}^*(\theta_{21}) \in S_2(\theta_2), \quad s_{2j}^*(\theta_{22}) \in S_2(\theta_2)$$

由式 (10.19)~ 式 (10.21) 可求得攻防双方各自的效用 (收益) 为

$$u_2^{\mathrm{I}}\left(\frac{32}{15}, \frac{31}{15}\right) = \frac{961}{675}$$

$$u_2^{\mathrm{II}}\left(\frac{32}{15}, \frac{79}{60}\right) = \frac{6241}{5400}$$

$$u_1\left(\frac{32}{15}, \frac{31}{15}, \frac{79}{60}\right) = \frac{7584}{2025}$$

当观测 (估计) 结果为 $(p_k, q_k) = \left(\dfrac{1}{2}, \dfrac{1}{2}\right)$ 时, 由式 (10.25) 可求得最优策略组合为

$$\{s_{1i}^*(\theta_{11}), s_{2j}^*(\theta_{21}), s_{2j}^*(\theta_{22})\} = \left(\frac{7}{3}, \frac{5}{3}, \frac{5}{3}\right)$$

其中

$$s_{1i}^*(\theta_{11}) \in S_1(\theta_1), \quad s_{2j}^*(\theta_{21}) \in S_2(\theta_2), \quad s_{2j}^*(\theta_{22}) \in S_2(\theta_2)$$

由式 (10.19)~ 式 (10.21) 可求得攻防双方各自的效用 (收益) 为

$$u_2^{\mathrm{I}}\left(\frac{7}{3}, \frac{5}{3}\right) = u_2^{\mathrm{II}}\left(\frac{7}{3}, \frac{5}{3}\right) = \frac{25}{18}$$

$$u_1\left(\frac{7}{3}, \frac{5}{3}, \frac{5}{3}\right) = \frac{49}{18}$$

当观测 (估计) 结果为 $(p_k, q_k) = \left(\frac{1}{3}, \frac{2}{3}\right)$ 时, 由式 (10.25) 可求得最优策略组合为

$$\{s_{1i}^*(\theta_{11}), s_{2j}^*(\theta_{21}), s_{2j}^*(\theta_{22})\} = \left(\frac{31}{12}, \frac{37}{24}, \frac{55}{24}\right)$$

其中

$$s_{1i}^*(\theta_{11}) \in S_1(\theta_1), \quad s_{2j}^*(\theta_{21}) \in S_2(\theta_2), \quad s_{2j}^*(\theta_{22}) \in S_2(\theta_2)$$

由式 (10.19)~ 式 (10.21) 可求得攻防双方各自的效用 (收益) 为

$$u_2^{\mathrm{I}}\left(\frac{31}{12}, \frac{37}{24}\right) = \frac{1369}{864}$$

$$u_2^{\mathrm{II}}\left(\frac{31}{12}, \frac{55}{24}\right) = \frac{55}{72}$$

$$u_1\left(\frac{31}{12}, \frac{37}{24}, \frac{55}{24}\right) = \frac{217}{72}$$

10.4 应用实例与仿真分析

针对某公司基础网络的一次攻防渗透行为的模拟实战中, 渗透人员正处于网络边界入侵过程阶段, 通过前期的信息获取得知, 该公司在网络边界上有多台用于客户自助服务的主机, 主机中分别运行着不同功能的 Web 应用和数据库系统, 其中某服务系统使用 Tomcat 中间件和 JSP 框架编写, 数据库为 SQL Server.

该服务的系统拓扑图如图 10.4 所示.

针对该服务系统进行早期侦查分析后, 发现该系统存在如下三个可以进行渗透攻击的关键点, 需要通过博弈论决定优先攻击的攻防点:

(1) 口令爆破点. 由于该应用存在管理后台, 可以对管理后台的账号口令进行爆破. 对比该公司泄露的用户口令和渗透过程中所使用的口令字典, 发现口令字典覆盖率仅为 20%, 因此可以确定口令爆破点被攻击而发生风险的概率 $q_1 = 0.2$, 由公式 (10.17) 可以计算出其安全性概率 $p_1 = 0.8$.

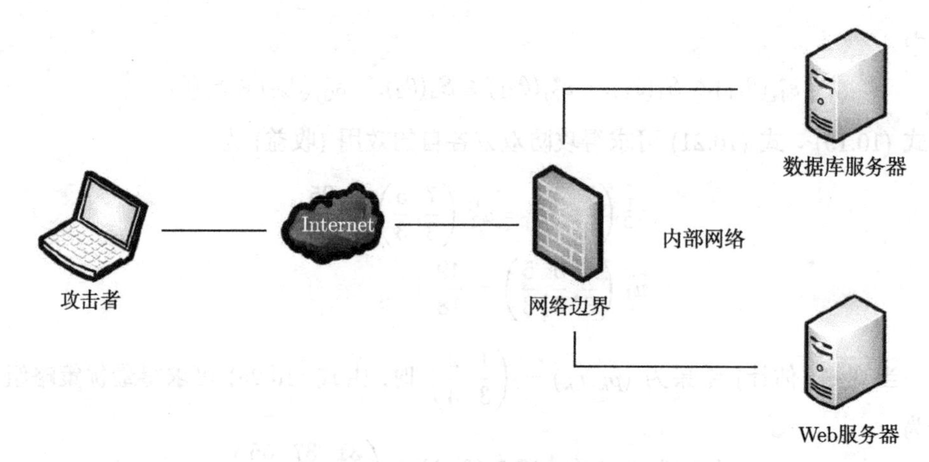

图 10.4　某公司网络服务系统拓扑图

(2) 数据库 SQL 注入点. SQL 注入是 Web 应用中普遍存在的漏洞类型, 根据渗透过程中对该服务系统框架进行评估可知, SQL 注入点被攻击而发生风险的概率 $q_2 = 0.6$, 因此可知, $p_2 = 0.4$.

(3) 上传点. 渗透测试者可以根据已经存在的上传点, 结合服务器文件解析漏洞实现敏感类型文件的上传, 由于敏感文件的上传取决于系统的代码逻辑和当前服务器存在的解析漏洞, Tomcat 中间件和其他 Web 服务器中间件相比解析漏洞较少, 因此单一通过上传点进行上传文件攻击的成功率仅为 0.5, 因此可以得知 $q_3 = p_3 = 0.5$.

先针对口令爆破点进行讨论. 根据该公司对于网络空间安全的重视程度以及对企业的安全防护要求可以得知该公司有两种类型, 即高成本防御型和低成本防御型, 即 $\theta_1 = \{\theta_{11}, \theta_{12}\}$, 其中 $p(\theta_{11}) = 0.3$ 代表高防御成本的概率分布; $p(\theta_{12}) = 0.7$ 代表低防御成本的概率分布. 公司有防御策略集为

$$S_1(\theta_1) = (s_{11}(\theta_1), s_{12}(\theta_1), s_{13}(\theta_1), \cdots, s_{1i}(\theta_1))$$

攻击方只有一种类型, 可以采取的攻击策略集为

$$S_2(\theta_2) = (s_{21}(\theta_2), s_{22}(\theta_2), \cdots, s_{2j}(\theta_2))$$

此时有

$$p(\theta_{11}|\theta_{21}) = 0.3$$

$$p(\theta_{12}|\theta_{21}) = 0.7$$

$$p(\theta_{21}|\theta_{11}) = p(\theta_{21}|\theta_{12}) = 1$$

根据 (10.19), (10.20) 的攻防双方策略依存性函数式描述可知, 防御方的期望效益为: $u_1^{\mathrm{I}}=\{p_1-q_1\left[s_{1i}\left(\theta_{11}\right)-s_{2j}\left(\theta_{21}\right)\right]\}\cdot\left(s_{1i}\left(\theta_{11}\right)\right)$, 表示高防御成本下的期望收益; $u_1^{\mathrm{II}}=\{q_1-p_1\left[s_{1i}\left(\theta_{12}\right)-s_{2j}\left(\theta_{21}\right)\right]\}\cdot\left(s_{1i}\left(\theta_{12}\right)\right)$, 表示低防御成本下的期望收益.

根据式 (10.21), 此时的攻击方面对两种防御类型所选取的策略 $s_{2j}\left(\theta_{21}\right)$ 所获得的收益期望为

$$\begin{aligned} u_2 =&0.3\left\{p_1-q_1\left[s_{1i}\left(\theta_{11}\right)-s_{2j}\left(\theta_{21}\right)\right]-K\right\}\cdot\left(-s_{2j}\left(\theta_{21}\right)\right)\\ &+0.7\left\{q_1-p_1\left[s_{1i}\left(\theta_{12}\right)-s_{2j}\left(\theta_{21}\right)\right]\right\}\cdot\left(-s_{2j}\left(\theta_{21}\right)\right)\end{aligned}$$

其中 K 为攻击方为了降低攻击风险而支付的 "风险酬金", 根据效用最大化原则, 可以分别计算出攻击方和防御方的反应函数, 其中攻击方的反应函数计算如下:

$$\begin{aligned}\frac{\partial u_2}{\partial s_{2j}\left(\theta_{21}\right)} =&0.3\left\{p_1+2q_1s_{2j}\left(\theta_{21}\right)-q_1s_{1i}\left(\theta_{11}\right)-K\right\}\\ &+0.7\left\{q_1+2p_1s_{2j}\left(\theta_{21}\right)-p_1s_{1i}\left(\theta_{12}\right)\right\}=0\\ s_{2j}\left(\theta_{21}\right)=&\frac{3K-3p_1-7q_1}{14p_1+6q_1}+\frac{7p_1s_{1i}\left(\theta_{12}\right)}{14p_1+6q_1}+\frac{3q_1s_{1i}\left(\theta_{11}\right)}{14p_1+6q_1}\end{aligned}$$

防御方的反应函数计算如下:

$$\begin{aligned}\frac{\partial u_1^{\mathrm{I}}}{\partial s_{1i}\left(\theta_{11}\right)}&=p_1+q_1s_{2j}\left(\theta_{21}\right)-2q_1s_{1i}\left(\theta_{11}\right)=0\\ \frac{\partial u_1^{\mathrm{II}}}{\partial s_{1i}\left(\theta_{12}\right)}&=q_1+p_1s_{2j}\left(\theta_{21}\right)-2p_1s_{1i}\left(\theta_{12}\right)=0\\ s_{1i}\left(\theta_{11}\right)&=\frac{p_1+q_1s_{2j}\left(\theta_{21}\right)}{2q_1}\\ s_{1i}\left(\theta_{12}\right)&=\frac{q_1+p_1s_{2j}\left(\theta_{21}\right)}{2p_1}\end{aligned}$$

结合攻防双方的反应函数, 可以求得对于爆破攻击点的安全风险进行攻防博弈的 Bayes-Nash 均衡 $\left\{s_{1i}^*\left(\theta_{11}\right),s_{1i}^*\left(\theta_{12}\right),s_{2j}^*\left(\theta_{21}\right)\right\}$ 为

$$\left\{\begin{aligned} s_{1i}^*\left(\theta_{11}\right)&=\frac{1}{2}\frac{p_1}{q_1}+\frac{6K-3p_1-7q_1}{42p_1+18q_1}\\ s_{1i}^*\left(\theta_{12}\right)&=\frac{1}{2}\frac{q_1}{p_1}+\frac{6K-3p_1-7q_1}{42p_1+18q_1}\\ s_{2j}^*\left(\theta_{21}\right)&=\frac{6K-3p_1-7q_1}{9q_1+21p_1}\end{aligned}\right.$$

这里的风险酬金 K 的选取应满足 $K>\dfrac{7q_1+3p_1}{6}$, 综合考虑可能存在的风险情况, 这里取 $K=10$. 代入口令爆破攻击点的概率分布 $(p_1,q_1):(0.8,0.2)$, 可求得最优策

略组合为 $\left\{s_{1i}^*(\theta_{11}), s_{1i}^*(\theta_{12}), s_{2j}^*(\theta_{21})\right\} = \left(\frac{653}{186}, \frac{1217}{744}, \frac{281}{93}\right)$.

继续代入攻防双方的收益函数求得双方在口令爆破点的收益为

$$u_1^{\mathrm{I}}\left(\frac{653}{186}, \frac{281}{93}\right) = \frac{426409}{172980}$$

$$u_1^{\mathrm{II}}\left(\frac{1217}{744}, \frac{281}{93}\right) = \frac{1481089}{691920}$$

$$u_2\left(\frac{653}{186}, \frac{1217}{744}, \frac{281}{93}\right) = \frac{78961}{13950}$$

同理, 按照上述步骤分别计算 SQL 注入攻击点和上传点的收益, 其中 SQL 注入点的最优策略组合为

$$\left\{s_{1i}^*(\theta_{11}), s_{1i}^*(\theta_{12}), s_{2j}^*(\theta_{21})\right\} = \left(\frac{319}{138}, \frac{251}{92}, \frac{91}{23}\right)$$

攻防双方的收益为

$$u_1^{\mathrm{I}}\left(\frac{319}{138}, \frac{91}{23}\right) = \frac{101761}{31740}$$
$$u_1^{\mathrm{II}}\left(\frac{251}{92}, \frac{91}{23}\right) = \frac{63001}{21160}$$
$$u_2\left(\frac{319}{138}, \frac{251}{92}, \frac{91}{23}\right) = \frac{8281}{1150}$$

上传点的最优策略组合为

$$\left\{s_{1i}^*(\theta_{11}), s_{1i}^*(\theta_{12}), s_{2j}^*(\theta_{21})\right\} = \left(\frac{7}{3}, \frac{7}{3}, \frac{11}{3}\right)$$

攻防双方的收益为

$$u_1^{\mathrm{I}}\left(\frac{7}{3}, \frac{11}{3}\right) = \frac{49}{18}$$
$$u_1^{\mathrm{II}}\left(\frac{7}{3}, \frac{11}{3}\right) = \frac{49}{18}$$
$$u_2\left(\frac{7}{3}, \frac{7}{3}, \frac{11}{3}\right) = \frac{121}{18}$$

根据计算后, 对比不同的攻防点攻防博弈收益如表 10.1 所示.

表 10.1 三个攻防点的 Bayes-Nash 均衡收益表

攻防点	u_1^{I}	u_1^{II}	u_2
口令爆破点	$\dfrac{426409}{172980}$	$\dfrac{1481089}{691920}$	$\dfrac{78961}{13950}$
SQL 注入点	$\dfrac{101761}{31740}$	$\dfrac{63001}{21160}$	$\dfrac{8281}{1150}$
文件上传点	$\dfrac{49}{18}$	$\dfrac{49}{18}$	$\dfrac{121}{18}$

对比不同攻防点所产生的 Bayes-Nash 均衡收益可以得知, 三个攻防点中 SQL 注入点的 Bayes-Nash 均衡收益高于其他攻击点, 因此渗透者在时间成本和渗透所带来的风险的综合考虑下, 优先对 SQL 注入点发起攻击, 并成功获取到了数据库数据. 图 10.5 显示了利用 SQL 注入点获取到的经过脱敏处理的系统用户信息.

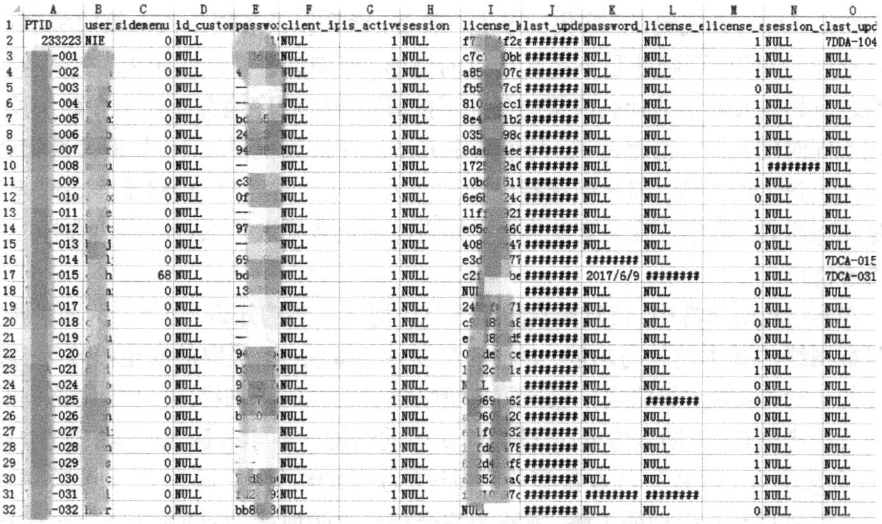

	A	B	C	D	E	F	G	H	I	J	K	L	M	N	O
1	PTID	user	sidemenu	id_custo	passwo	client_ip	is_active	session	license_k	last_upd	password_	license_e	license_s	session_c	last_upd
2	233223	NIE	0	NULL	[illegible]	NULL	1	NULL	f7[illegible]f2a	########	NULL	NULL	1	NULL	7DDA-104
3	[illegible]-001	[illegible]	0	NULL	[illegible]	NULL	1	NULL	c7c[illegible]0bb	########	NULL	NULL	1	NULL	NULL
4	[illegible]-002	[illegible]	0	NULL	4[illegible]	NULL	1	NULL	a85[illegible]07c	########	NULL	NULL	1	NULL	NULL
5	[illegible]-003	[illegible]	0	NULL	—	NULL	1	NULL	fb5[illegible]7c8	########	NULL	NULL	0	NULL	NULL
6	[illegible]-004	[illegible]x	0	NULL	—	NULL	1	NULL	810[illegible]cc1	########	NULL	NULL	1	NULL	NULL
7	[illegible]-005	[illegible]a	0	NULL	bd[illegible]5	NULL	1	NULL	8e4[illegible]1b2	########	NULL	NULL	1	NULL	NULL
8	[illegible]-006	[illegible]b	0	NULL	24[illegible]	NULL	1	NULL	035[illegible]98c	########	NULL	NULL	1	NULL	NULL
9	[illegible]-007	[illegible]r	0	NULL	94[illegible]	NULL	1	NULL	8da[illegible]4ee	########	NULL	NULL	1	NULL	NULL
10	[illegible]-008	[illegible]u	0	NULL	—	NULL	1	NULL	172[illegible]2a0	########	NULL	NULL	1	########	NULL
11	[illegible]-009	[illegible]a	0	NULL	c3[illegible]	NULL	1	NULL	10b[illegible]511	########	NULL	NULL	1	NULL	NULL
12	[illegible]-010	[illegible]o	0	NULL	0f[illegible]	NULL	1	NULL	6e6[illegible]24c	########	NULL	NULL	0	NULL	NULL
13	[illegible]-011	[illegible]e	0	NULL	—	NULL	1	NULL	11f[illegible]921	########	NULL	NULL	1	NULL	NULL
14	[illegible]-012	[illegible]t	0	NULL	97[illegible]	NULL	1	NULL	e05[illegible]460	########	NULL	NULL	1	NULL	NULL
15	[illegible]-013	[illegible]j	0	NULL	—	NULL	1	NULL	408[illegible]47	########	NULL	NULL	0	NULL	NULL
16	[illegible]-014	[illegible]l	0	NULL	69[illegible]	NULL	1	NULL	e3d[illegible]77	########	########	NULL	1	NULL	7DCA-015
17	[illegible]-015	[illegible]h	68	NULL	bd[illegible]	NULL	1	NULL	c2f[illegible]be	########	2017/6/9	########	1	NULL	7DCA-031
18	[illegible]-016	[illegible]a	0	NULL	13[illegible]	NULL	1	NULL	NUL[illegible]	########	NULL	NULL	0	NULL	NULL
19	[illegible]-017	[illegible]i	0	NULL	—	NULL	1	NULL	24[illegible]71	########	NULL	NULL	1	NULL	NULL
20	[illegible]-018	[illegible]s	0	NULL	—	NULL	1	NULL	c9[illegible]a8	########	NULL	NULL	0	NULL	NULL
21	[illegible]-019	[illegible]u	0	NULL	—	NULL	1	NULL	e[illegible]d5	########	NULL	NULL	0	NULL	NULL
22	[illegible]-020	[illegible]i	0	NULL	94[illegible]	NULL	1	NULL	0[illegible]ce	########	NULL	NULL	1	NULL	NULL
23	[illegible]-021	[illegible]i	0	NULL	b[illegible]	NULL	1	NULL	1[illegible]1a	########	NULL	NULL	1	NULL	NULL
24	[illegible]-024	[illegible]	0	NULL	9[illegible]	NULL	1	NULL	N[illegible]L	########	NULL	NULL	0	NULL	NULL
25	[illegible]-025	[illegible]	0	NULL	9[illegible]	NULL	1	NULL	[illegible]62	########	NULL	########	0	NULL	NULL
26	[illegible]-026	[illegible]n	0	NULL	b[illegible]	NULL	1	NULL	[illegible]20	########	NULL	NULL	0	NULL	NULL
27	[illegible]-027	[illegible]i	0	NULL	—	NULL	1	NULL	[illegible]32	########	NULL	NULL	1	NULL	NULL
28	[illegible]-028	[illegible]n	0	NULL	-	NULL	1	NULL	[illegible]78	########	NULL	NULL	1	NULL	NULL
29	[illegible]-029	[illegible]s	0	NULL	-	NULL	1	NULL	[illegible]f8	########	NULL	NULL	1	NULL	NULL
30	[illegible]-030	[illegible]c	0	NULL	[illegible]	NULL	1	NULL	[illegible]a0	########	NULL	NULL	1	NULL	NULL
31	[illegible]-031	[illegible]i	0	NULL	[illegible]	NULL	1	NULL	[illegible]7c	########	########	########	1	NULL	NULL
32	[illegible]-032	[illegible]r	0	NULL	bb8[illegible]	NULL	1	NULL	NULL	########	NULL	NULL	0	NULL	NULL

图 10.5 脱敏后的 SQL 注入攻击数据

第 11 章　基于扩展式描述的网络攻防博弈

11.1　引　　言

在第 9、第 10 章, 我们应用博弈的策略式 (标准式) 描述分析了网络攻防中围绕信息资产安全风险的静态非合作博弈问题, 其中第 9 章分析完全信息情况下的静态非合作攻防博弈, 第 10 章分析不完全信息情况下的静态非合作攻防博弈. 在这一章, 我们将讨论网络攻防中的动态非合作博弈问题, 其中分为完全信息和不完全信息两种情形进行讨论. 所谓完全信息, 指的是参与博弈的所有局中人对其他局中人的特征、可行方案集 (策略集)、支付 (收益) 函数以及各局中人决策的顺序和规则有准确的知识, 否则就是不完全信息的情形. 所谓动态, 专指局中人在获悉在他决策之前其他人做了些什么决策的条件下按博弈规则顺序地选择行为方案, 并不着重在不同时间决策. 也就是说, 两个局中人虽然在决策上时间不同, 但后决策者不知道前决策者的决策, 因此在选择时如同两人同时决策一般, 仍然是静态博弈, 而不是动态博弈. 只有当后决策者总是在知道前决策者采取什么行动时再选择, 才会是动态情形.

在网络攻防博弈中, 信息是攻防双方有关博弈局势的知识, 可以分为两种类型: ①目标网络的基本结构与功能, 存在的脆弱性与威胁, 已采取的安全措施等; 攻防双方的可行方案集 (策略集), 包括防御策略集及相应的防御措施, 攻击策略集及相应的攻击措施等; 攻防双方支付 (收益) 函数的结构与数学表达式; ②防御方 (局中人 1) 和攻击方 (局中人 2) 在决策前已做过的决策的结果. 在博弈中, 如果攻防双方对前一类信息都有确切的了解, 就称为完全信息攻防博弈, 否则称为不完全信息攻防博弈; 如果攻防双方不但具有完全信息, 而且对后一类信息也有完全的了解, 就称为完美信息的攻防博弈, 否则称为不完美信息攻防博弈.

按照攻防双方对信息的认识和了解, 动态博弈可分为完全信息博弈和不完全信息博弈、完美信息博弈和不完美信息博弈. 下面将首先讨论完全且完美信息的动态攻防博弈问题, 然后再讨论不完全信息的动态攻防博弈情形.

11.2　完全且完美信息动态攻防博弈

11.2.1　动态博弈的基本特征

我们先对例 8.2 重复介绍如下.

有一个二人参加的取数游戏, 游戏分三步进行. 第一步, 局中人 A 在{0, 1}中取一个数记为 r_1, 并告知局中人 B. 第二步, 局中人 B 也在{0, 1}中取一个数记为 r_2, 但不告知局中人 A. 第三步, 又轮到局中人 A 取数: 若局中人 A 在第一步中取 0, 则可在{0, 1}中取一个数, 若局中人 A 在第一步中取 1, 则可在{0, 1, 2}中取一个数, 记第三步局中人 A 取得数为 r_3. 三步后取数结束, 记 $S = r_1 + r_2 + r_3$. 若 S 为奇数, 则局中人 A 输 S 记分点, 局中人 B 赢 S 记分点. 在这个游戏中, 两个局中人各自采取什么行动? 若你参加, 你愿意当局中人 A 还是局中人 B?

从例 8.2 中, 我们看到动态博弈有以下区别于静态博弈的一些基本特征.

(1) 阶段和行动顺序. 动态博弈中, 局中人是依照一定的约定规则依次进行行动. 每次行动称为一个阶段. 在例 8.2 中, 博弈分三个阶段, 分别有局中人 A 或局中人 B 行动. 在例 8.4 中, 针对某目标网络展开的攻防博弈, 博弈分为两个阶段, 分别有防御方或攻击方行动;

(2) 行动与策略. 动态博弈中, 轮到局中人行动时, 他在自己的行动集中选择一个行动. 在不同状态下和不同阶段, 局中人的行动集可能不一样. 如例 8.2 中, 局中人 A 第一次行动时, 行动集为{0,1}, 即取 0 或取 1; 在第二次行动时, 若他第一次取 0, 他的第二次行动集是{0,1}, 若他第一次取 1, 他的第二次行动集是{0,1,2}.

动态博弈的策略是指局中人在这个博弈前对自己各阶段行动的一个完整计划. 在例 8.2 中, 局中人 B 的行动集是{0,1}, 而策略 S_B={永远取 0, 与局中人 A 取数相同, 与局中人 A 取数相反, 永远取 1}.

在静态博弈中, 只有一个阶段, 局中人的策略集与行动集是一致的. 但在动态博弈中策略集与行动集是不同的;

(3) 行动组合和策略组合. 动态博弈中, 每个局中人在每个阶段出一个行动构成一个行动组合, 而每个局中人出一个策略则构成策略组合, 行动组合是策略组合的一种 "精炼" 表述. 例 8.2 中, 行动组合{局中人 A 选 0, 局中人 B 选 1, 局中人 A 选 0}是一个行动组合. 这一行动组合是策略组合{(局中人 A 第一次选 0, 第二次选 0), 局中人 B 永远选 1}和{(局中人 A 第一次选 0, 第二次选 0), 局中人 B 选与局中人 A 取数相反}两个策略的 "精炼" 表述. 行动组合的个数小于策略组合的个数;

(4) 收益函数. 在动态博弈中, 为了分析方便, 局中人的收益函数是所有行动组合到实数集的映射. 如果博弈的局中人为 n 个人, 则每个行动组合对应一个 n 维实数向量. 但若动态博弈是用策略式表示, 其收益函数仍是策略组合到实数集的映射.

在完全信息动态博弈中, 博弈的收益函数是一个共同知识;

(5) 信息. 在动态博弈中, 当每个局中人行动时, 他对此前各局中人的行动组合是完全了解和知道的, 称为完美信息博弈, 反之, 则称为不完美信息博弈. 在不完美信息下, 至少有一个局中人在自己的行动选择时, 不知道此前其他局中人采取了什么行动, 自己是在什么状态下去选择自己的行动.

例 8.2 中, 局中人 B 在第二阶段行动, 此时他已知到局中人 A 在第一阶段的选择. 但局中人 A 在第三阶段行动时, 则不知道第二阶段局中人 B 是选择了 0 还是选择了 1, 然而必须行动. 这时的博弈就是不完美信息博弈.

11.2.2 Nash 均衡的可信性与不可信性

在完全且完美信息下, 动态博弈的中心问题是可信任性. 若动态博弈按静态博弈分析, 所求出的 Nash 均衡一些是可信任的, 而另一些是不可信任的. 我们需要对静态博弈中所求出的 Nash 均衡进行 "精炼", 去掉不可信任的 Nash 均衡, 保留下的是可信任的 Nash 均衡, 并称之为子博弈完美 Nash 均衡.

下面我们通过一个例题来说明这个概念.

例 11.1 攻防双方对某目标网络展开攻防博弈, 防御方 (局中人 1) 有策略集 $S_1 = \{S_{11}, S_{12}\}$, 防御方先决策; 攻击方 (局中人 2) 的策略集是对防御方选择的对策措施, 其策略为 $S_2 = \{(S_{21}, S_{21}),(S_{21}, S_{22}),(S_{22}, S_{21}),(S_{22}, S_{22})\}$, 其中 (S_{21}, S_{21}) 表示攻击方如此的策略: 当防御方取策略 "S_{11}" 时, 攻击方取 "S_{21}"; 当防御方取策略 "S_{12}" 时, 攻击方取 "S_{21}". 其他策略可类似解释. 其中的 "S_{21}" 与 "S_{22}" 是攻击方可以选择的两种行动方式. 由于决策有先后, 且后决策者 (攻击方) 知道先决策者 (防御方) 究竟选择了什么, 所以在博弈中后决策者的策略是如 (S_{21}, S_{21}) 这样的形式.

用 u_1 与 u_2 分别表示策略对 (1 的策略, 2 的策略) 之下防御方与攻击方的收益, 具体如表 11.1 所示.

表 11.1 攻击策略对与收益一览表

策略对	u_1	u_2
$(S_{11},(S_{21}, S_{21}))$	2	2
$(S_{11}, (S_{21}, S_{22}))$	2	2
$(S_{11}, (S_{22}, S_{21}))$	2	1
$(S_{11}, (S_{22}, S_{22}))$	2	1
$(S_{12}, (S_{21}, S_{21}))$	1	0
$(S_{12}, (S_{21}, S_{22}))$	3	1
$(S_{12}, (S_{22}, S_{21}))$	1	0
$(S_{12}, (S_{22}, S_{22}))$	3	1

这个动态博弈是完全信息的, 它可以用博弈树表示, 得到如图 11.1 的形式. 它也可以用矩阵来表示为如下的双矩阵博弈 (策略式表示), 如表 11.2 所示. 用第 9 章中双矩阵博弈的划线法知, 有三个纯策略 Nash 均衡, 分别是

$$(S_{11},(S_{21},S_{21}));\quad (S_{12},(S_{21},S_{22}));\quad (S_{12},(S_{22},S_{22}))$$

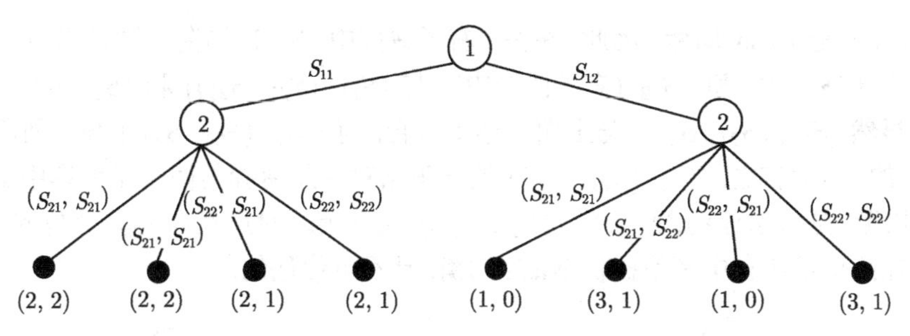

图 11.1 例 11.1 的博弈树

表 11.2 例 11.1 的策略式表示

(u_1,u_2)		局中人 2 的纯策略			
		(S_{21}, S_{21})	(S_{21}, S_{22})	(S_{22}, S_{21})	(S_{22}, S_{22})
局中人 1 的纯策略	S_{11}	(2, 2)	(2, 2)	(2, 1)	(2, 1)
	S_{12}	(1, 0)	(3, 1)	(1, 0)	(3, 1)

下面对这三个纯策略 Nash 均衡的可信性和不可信性进行分析. 先考察 Nash 均衡 $(S_{12}, (S_{21}, S_{22}))$, 它表明局中人 2(攻击方) 的如此策略: 当局中人 1(防御方) 取 “S_{11}” 时, 局中人 2 取 “S_{21}”; 局中人 1 取 “S_{12}” 时, 局中人 2 取 “S_{22}”. 现在局中人 1 已经取了 “S_{12}”, 局中人 2 取 “S_{22}” 可得收益 1, 如果取 “S_{21}” 则只可得收益 0, 因此局中人 2 是理性的 (所谓理性, 是指局中人在决策时力求自己的收益尽可能地大), 可见 Nash 均衡 $(S_{12},(S_{21}, S_{22}))$ 是可信任的. 根据同样的分析, Nash 均衡 $(S_{12}, (S_{22}, S_{22}))$ 也是可信任的, 并且上述两个 Nash 均衡是等价的. 再考察 Nash 均衡 $(S_{11}, (S_{21}, S_{21}))$, 它表明局中人 2 不论对手局中人 1 取了什么, 都取 “S_{21}”. 从形式上说, 局中人 2 的这一策略显得不灵活, 没有因事制宜, 而从实质上说, 问题更为严重. 当局中人 1 取 “S_{11}” 时, 局中人 2 取 “S_{21}” 可得收益 2, 比取 “S_{22}” 所得收益 1 要多. 然而当局中人 1 取了 “S_{12}” 时, 局中人 2 一味取 “S_{21}” 只可得收益 0, 比取 “S_{22}” 时所得收益 1 要少. 因此, 局中人 2 这一策略在 Nash 均衡 $(S_{11}, (S_{21}, S_{21}))$ 中是不理性的, 即 Nash 均衡 $(S_{11}, (S_{21}, S_{21}))$ 是不可信任的. 只有 Nash 均衡 $(S_{12}, (S_{21}, S_{22}))$ 或其等价的 $(S_{12}, (S_{22}, S_{22}))$ 是理性的, 即可信任的.

上面的结论是用双矩阵分析得出来的. 也可以用博弈树来分析, 比较直观. 在博弈树中, 从任何一个结点向下形成的子树称为一个子博弈. 在例 11.1 的博弈树中有两个起始结点是②的子博弈. 姑且把左面的称为左子博弈, 右面的称为右子博弈, 如图 11.2、图 11.3 所示.

在左子博弈中, 只有局中人 2 决策, 他的取舍系于括弧中第二个分量的大小, 理性的局中人会取大分量对应的决策, 显然局中人 2 在其中的理性决策是 “S_{21}”. 而在右子博弈中, 局中人 2 的理性决策显然是 “S_{22}”. 在具有一个局中人决策时,理性决策就是 Nash 均衡. 因此, 在左、右子博弈中, Nash 均衡分别是局中人 2 取 "S_{21}"(左子博弈中) 和 "S_{22}"(右子博弈中). 与 $(S_{11}, (S_{21}, S_{21}))$ 和 $(S_{12}, (S_{21}, S_{22}))$ 对照, 显然 $(S_{11}, (S_{21}, S_{21}))$ 与上面所述不符合, 而 $(S_{12}, (S_{21}, S_{22}))$ 与上面所述则是符合的. 总而言之, $(S_{12}, (S_{21}, S_{22}))$ 这一策略对在原博弈与两个子博弈中都提供 Nash 均衡, 是可信任的, 而 $(S_{11}, (S_{21}, S_{21}))$ 这一策略对虽在原博弈中是 Nash 均衡, 但在两个子博弈中都不提供 Nash 均衡, 是不可信任的.

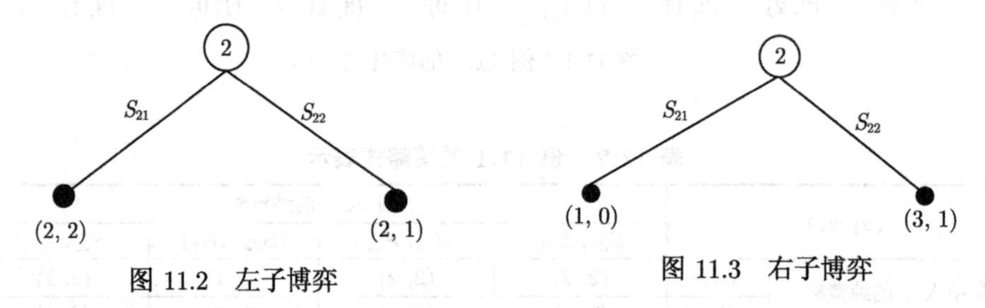

图 11.2　左子博弈　　　图 11.3　右子博弈

从以上例子可以看出, 在动态博弈中, 采用静态博弈的方法求出来的 Nash 均衡, 并不一定是可信的, 必须对其 "精炼", 求出可信的 Nash 均衡.

11.2.3　动态博弈的扩展式表述

在第 9 章、第 10 章, 我们运用策略式表述分析了网络攻防中的静态非合作博弈问题, 这里重复第 8 章的有关叙述, 将博弈的扩展式表述用于网络攻防的动态博弈. 这可能给人一种印象, 那就是静态博弈一定要用策略式表述, 动态博弈一定要用扩展式表述, 这是一种误解. 事实上, 任何一种非合作博弈既可以用策略式表述, 又可以用扩展式表述, 而且这两种表述之间是可以相互转换的. 比如前面介绍的例 11.1, 同一个问题, 表 11.2 是它的策略式表述, 而图 11.1 则是它的扩展式表述. 当然对某些博弈来讲, 用其中一种表述形式分析起来较另外一种要方便一些. 例如, "基于矩阵博弈的网络攻防控制" 和 "基于 Nash 均衡的网络攻防博弈", 用策略式表述分析起来比较方便, 而网络攻防中的动态博弈问题则用扩展式表述分析起来更方便一些.

下面首先给出动态博弈扩展式表述的一般性定义, 然后给出完全信息动态攻防博弈的定义.

定义 11.1　一个动态博弈的扩展式包括:

(1) 博弈中的局中人, 必要时包括 "自然" 局中人;

(2) 局中人的行动顺序;

(3) 局中人的行动空间 (行动集), 若 "自然" 局中人行动, 即它赋予其他局中人 i 不同类型, 则同时应给出不同行动的概率分布;

(4) 每次轮到某一局中人行动时, 他所了解的信息;

(5) 对局中人可能选择的每一行动组合对应的各局中人的收益;

(6)“自然”对局中人类型确定的概率分布.

上述定义中, (2)~(4) 是博弈策略式表示在动态博弈中的具体体现. 以上各要点均是共同知识.

本节讨论完全且完美信息的动态博弈, 无“自然”局中人.

定义 11.2 完全信息动态攻防博弈是四元组

$$G = [\underline{N}, H, P, (u_i)] \tag{11.1}$$

其中 $\underline{N} = \{1,2\}$ 是局中人集合, 其中 1 代表防御方, 2 代表攻击方;

$H = \{h|h \triangleq (a^k)_{k=1}^K, a^k$ 是某一个局中人采取的行动方案, 这个局中人根据 P 由 $(a^j)_{j=1}^{k-1}$ 来定$\}$, 称为历史集;

P 为局中人函数, $P(h) \triangleq$ 在历史 h 之后进行决策的局中人;

$(u_i) = (u_1, u_2)$; u_1, u_2 分别表示防御方和攻击方在 H 上的效用函数.

在定义 11.2 中, 历史集 H 被要求满足的性质条件参见 8.4.3 节中关于攻防博弈问题的扩展式描述部分, 其中规定 $\varnothing \in H$, 即博弈开始之前各局中人无论选取什么行为方案, 都不予以考虑, 而记为 $\varnothing$.

定义 11.2 给出的完全信息动态攻防博弈的定义, 没有直接陈列局中人的策略集, 这是因为在动态博弈中, 局中人的决策不是简单地在一个集合里选择, 还需依据前面别的局中人的选择结果来定夺, 因此策略的定义不像静态博弈那么简单.

定义 11.3 在完全信息动态攻防博弈 (11.1) 中, 局中人 $i \in \underline{N}$ 的策略是一个映射 $S_i : H \backslash Z \rightarrow A(h) \triangleq \{a|(h,a) \in H, 且P(h) = a\}$, 其中 Z 是 H 中的元素 h 形成的子集合, $Z \subseteq H$[53].

对于博弈的扩展式描述, 我们通过树形图来表示, 称为博弈树. 博弈树用于表述动态博弈是非常方便的, 它一目了然地显示出局中人行动的先后顺序, 每位局中人可选择的行动, 以及不同行动组合下的支付 (效用) 水平. 由于博弈树在通常情况下便于表示和分析, 因此当局中人的行动集为有限集时, 在分析动态博弈中人们大多数采用博弈树的方式表示.

例 11.2 网络系统攻防是围绕组成系统的信息资产而展开的, 而资产是有价值的, 同时攻防是要耗费成本的. 现设目标系统的总资产价值为 A; C 为防御成本, 表示目标系统为对抗攻击需要耗费的技术及人力资源; K 为防御方有防御时的攻击成本, k 为防御方不设防御时的攻击成本 $(K > k)$, 表示为达到攻击目标而耗费的技术及人力资源; L 表示防御失败后目标系统损失及攻击方的收益. 于是攻防双方的支付函数可以表示为 (参见例 9.3)

$$
\text{防御方} u_1 = \begin{cases} A - C - L, & \text{防御失败} \\ A - C, & \text{防御成功} \\ A - L, & \text{攻击, 不防御} \\ A, & \text{不攻击, 不防御} \end{cases}
$$

$$
\text{攻击方} u_2 = \begin{cases} -K, & \text{攻击失败} \\ L - K, & \text{有防御, 攻击成功} \\ L - k, & \text{无防御, 攻击成功} \\ 0, & \text{不攻击} \end{cases}
$$

我们假设攻防双方都是理性的, 对于防御方, 防御所耗费的代价比不防御造成的损失小, 即 $C < L$; 对于攻击方, 攻击所获得的收益应该比攻击所耗费的成本要大, 或者至少相当, 即 $L \geqslant K > k$.

在例 9.3 中, 假定防御方守住了阵地, 防御成功, 攻击方付出了攻击成本但无收益, 防御方无损失, 故此攻防问题可以作为完全信息静态博弈处理. 如果上述假设不成立, 那么攻防过程就变成动态博弈了.

从防御方 (局中人 1) 的角度, 可能出现三种状况: 防御成功、防御失败、不防御, 分别以 S_{11}, S_{12}, S_{13} 表示; 针对防御方可能出现的三种状况, 攻击方 (局中人 2) 都有两种选择: 攻击、不攻击, 分别以 S_{21}, S_{22} 表示. 其博弈树如图 11.4 所示.

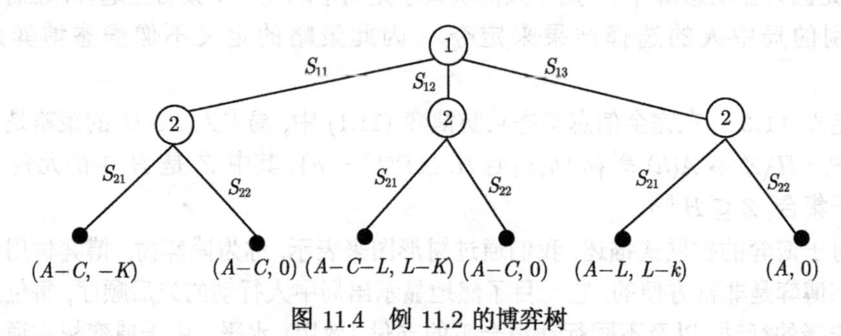

图 11.4　例 11.2 的博弈树

由定义 11.2 和定义 11.3, 这个攻防博弈的四元组及策略要素分别为

$\underline{N} = \{1,2\}$, 其中 1 代表防御方, 2 代表攻击方.

H 包括以下历史:

$$
\varnothing, (S_{11}), (S_{12}), (S_{13}), (S_{11}, S_{21}), (S_{11}, S_{22}), (S_{12}, S_{21}),
$$
$$
(S_{12}, S_{22}), (S_{13}, S_{21}), (S_{13}, S_{22})
$$

一共 10 串历史.

局中人函数 P: $P(\varnothing) = 1, P(h) = 2, \forall h \in H \backslash Z$ 但 $h \neq \varnothing$.

$$Z = \{(S_{11}, S_{21}), (S_{11}, S_{22}), (S_{12}, S_{21}), (S_{12}, S_{22}), (S_{13}, S_{21}), (S_{13}, S_{22})\}, \quad Z \subseteq H$$

两个局中人在 H 上 (实际在其子集 Z 上) 的效用函数 u_1, u_2 分别是

$$u_1(S_{11}, S_{21}) = A - C; \quad u_2(S_{11}, S_{21}) = -K$$

$$u_1(S_{11}, S_{22}) = A - C; \quad u_2(S_{11}, S_{22}) = 0$$

$$u_1(S_{12}, S_{21}) = A - C - L; \quad u_2(S_{12}, S_{21}) = L - K$$

$$u_1(S_{12}, S_{22}) = A - C; \quad u_2(S_{12}, S_{22}) = 0$$

$$u_1(S_{13}, S_{21}) = A - L; \quad u_2(S_{13}, S_{21}) = L - k$$

$$u_1(S_{13}, S_{22}) = A; \quad u_2(S_{13}, S_{22}) = 0$$

每一串历史都由局中人的行为方案组成. 比方说, $h =(S_{11}, S_{21})$ 由局中人 1 选择防御而且防御成功的行为与局中人 2 选择攻击而且攻击失败的行为, 这两个行为方案顺序构成. 这两个行为方案就是决策.

$$A(\varnothing) = \{S_{11}, S_{12}, S_{13}\}, \quad P(\varnothing) = 1$$

映射 S_1 是局中人 1 在 $A(\varnothing)$ 这个集合中选择一个行为方案, 在上面提到的决策中, $S_1(\varnothing) = S_{11}$.

$$A(S_{11})= \{S_{21}, S_{22}\}, \quad P(S_{11}) = 2$$

映射 S_2 是局中人 2 在 $A(S_{21}, S_{22})$ 这个集合中选择一个行为方案, 在上面提到的决策中, $S_2(S_{11}) = S_{21}$.

11.2.4　子博弈与子博弈完美 Nash 均衡

为了叙述方便和便于理解, 在给出子博弈和子博弈完美均衡的正式定义之前, 让我们先复习并归纳一下有关博弈树的基本构造问题.

如前所述, 一个有限策略博弈的扩展式表述可以用博弈树来表示, 就像两人有限策略博弈的策略式表述可以用博弈矩阵来表示一样. 博弈树的基本建筑材料 (building block) 包括结 (node)、枝 (branch) 和信息集 (information set)[81].

(1) **结**　结包括决策结 (decision node) 和终点结 (terminal node) 两类. 决策结是局中人采取行动的时点, 终点结是博弈行动路径的终点. 在例 11.2 的博弈树中, 决策结包括 4 个空心圆, 终点结包括对应 6 个支付向量的点.

(2) **枝**　在博弈树上, 枝是从一个决策结到它的直接后续结的连线, 每一个枝代表局中人的一个行动选择. 比如说, 在图 11.4 中, 防御方有三种可能的选择: 防御成功、防御失败和不防御, 分别用标有 "S_{11}", "S_{12}" 和 "S_{13}" 的三个枝表示.

(3) **信息集**　博弈树上的所有决策结分割成不同的信息集, 每一个信息集是决策结集合的一个子集, 该子集包括所有满足下列条件的决策结: ① 每个决策结都是同一个局中人的决策结; ② 该局中人知道博弈进入该集合的某个决策结, 但不知道自己究竟处于哪一个决策结.

一个信息集可能包含多个决策结, 也可能只包含一个决策结. 只含一个决策结的信息集称为单结信息集. 如果博弈树的所有信息集都是单结的, 该博弈称为完美信息博弈. 完美信息博弈意味着博弈中没有任何两个局中人同时行动, 并且所有后行动者能确切地知道前行动者选择了什么行动.

如 11.2.2 节所述, 在动态博弈中, 采用静态博弈方法求出的 Nash 均衡并不一定是可信的, 必须对其进行 "精炼", 求出可信任的 Nash 均衡. 20 世纪 60 年代中期, Selten 将 Nash 均衡概念引入动态分析, 在其发表的《需求减少条件下寡头垄断模型的对策论描述》一文中 [82], 提出了 "子博弈精炼 Nash 均衡" 的概念, 又称 "子博弈完美 Nash 均衡". 这一研究对 Nash 均衡进行了第一次改进, 而且是最重要的改进, 它的目的是把动态博弈中的 "合理的 Nash 均衡" 与 "不合理的 Nash 均衡" 分开, 将那些不合理的 (不可置信的)Nash 均衡从均衡中剔除, 从而给出动态博弈的一个合理的预测结果. 正如 Nash 均衡是完全信息静态博弈解的基本概念一样, 子博弈精炼 Nash 均衡是完全信息动态博弈解的基本概念.

为了给出子博弈 Nash 均衡的正式定义, 我们需要先定义 "子博弈" 的概念. 粗略地说, 子博弈是原博弈的一部分, 它本身可以作为一个独立的博弈进行分析. 正式地, 我们有下述定义.

定义 11.4　扩展式博弈中, 满足下面三个条件的博弈, 称为该博弈的一个子博弈:

(1) 始于单结信息集的决策结 n;

(2) 包含博弈树中 n 之下的所有决策结和终点结;

(3) 没有对任何信息集形成分割 (即如果博弈树中 n 之下有一个决策结 n', 则和 n' 处于同一信息集的其他决策结 n'' 也必须在 n 之下, 从而也必须包含于该子博弈中).

现在我们对上述定义中的三个条件作些解释.

条件 (1) 说的是一个子博弈必须从单结信息集开始. 这一点意味着当且仅当决策者在原博弈中确切地知道博弈进入一个特定的决策结时, 该决策结才能作为一个子博弈的初始结; 如果一个信息集包含两个以上的决策结, 没有任何一个决策结可以作为子博弈的初始结.

条件 (2) 说的是, 一个完美信息博弈的每一个决策结都开始一个子博弈, 即每一个决策结和它的后续结构成一个子博弈.

条件 (3) 说的是, 子博弈的信息集和支付向量都直接继承自原博弈, 就是说, 当

且仅当 n' 和 n'' 在原博弈中属于同一信息集时, 它们在子博弈中才属于同一信息集; 子博弈的支付函数只是原博弈支付函数留存在子博弈上的部分.

例 11.3　设目标网络系统的资产总价值为 A; C 为防御成本, 表示目标网络系统为对抗攻击需要耗费的技术及人力资源; K 为攻击成本, 表示为达到攻击目标而耗费的技术及人力资源; L 表示不防御或防御失败后目标网络系统的损失及攻击方的收益. 于是攻防双方的支付函数可表示为 (参见例 9.4)

$$\text{防御方}u_1=\begin{cases}A-L, & \text{不防御, 攻击}\\ A-C, & \text{防御, 不攻击}\\ A, & \text{不防御, 不攻击}\end{cases}$$

$$\text{攻击方}u_2=\begin{cases}L-K, & \text{攻击成功, 不防御}\\ -K, & \text{攻击失败, 防御}\\ 0, & \text{不攻击}\end{cases}$$

我们仍然假定攻防双方都是理性的, 即 $C\leqslant L$ 和 $L\geqslant K$. 攻防博弈过程中, 防御方 (局中人 1) 先决策, 其策略有防御和不防御两种; 攻击方 (局中人 2) 后决策, 其策略也有两种: 攻击和不攻击. 博弈树如图 11.5 所示.

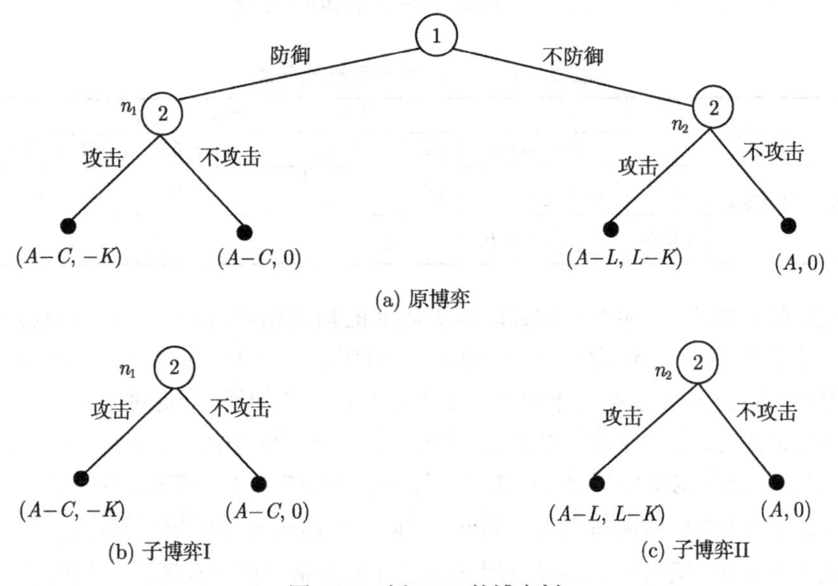

图 11.5　例 11.3 的博弈树

在图 11.5 所示的博弈树中, (a) 图表示原博弈; (b) 图表示决策结 n_1 和它的后续结 (两个终点结) 构成一个子博弈; (c) 图表示决策结 n_2 和它的后续结 (两个终点结) 也构成一个子博弈.

为了使用第 9 章定义的 Nash 均衡的概念, 我们将博弈的扩展式表述和策略式表述联系起来. 回顾例 11.1, 仍用 S_i 表述纯策略, u_i 表示支付函数. 也就是说, 同样的纯策略既可以解释为扩展式的, 也可以解释为策略式的. 不同之处在于, 在扩展式表述博弈中, 局中人是相机行事, 即 "等待" 博弈到达自己的信息集 (包含一个或多个决策结) 后再决定如何行动; 在策略式表述博弈中, 局中人似乎是在博弈开始前就制定出了一个完全的相机行动计划, 即 "如果 …… 发生, 我将选择 ……".

为了说明如何从扩展式表述构造策略式表述, 让我们考虑例 11.3 给出的网络攻防博弈的例子. 防御方 (局中人 1) 先决策, 攻击方 (局中人 2) 在观测到防御方的选择后决策. 博弈的扩展式表述如图 11.5(a) 所示. 这是一个完美信息博弈 (每个信息集都是单结的). 为了构造出这个博弈的策略式表述, 先注意到, 防御方只有一个信息集, 两个可选择的行动, 因而防御方的行动空间也即策略空间: S_1=(防御, 不防御). 但攻击方有两个信息集, 每个信息集上有两个可选择的行动, 因而攻击方有四个纯策略, 分别为: ① 无论防御方防御还是不防御, 我攻击; ② 防御方防御, 我攻击, 防御方不防御, 我不攻击; ③ 防御方防御, 我不攻击, 防御方不防御, 我攻击; ④ 无论防御方防御还是不防御, 我不攻击. 如果我们将攻击方的信息集从左到右排列, 攻击方的纯策略空间可写成: S_2 =((攻击, 攻击), (攻击, 不攻击), (不攻击, 攻击), (不攻击, 不攻击)). 表 11.3 是这个博弈的策略式表述.

表 11.3 例 11.3 的策略式表述

(u_1, u_2)		局中人 2 的纯策略			
		(攻击, 攻击)	(攻击, 不攻击)	(不攻击, 攻击)	(不攻击, 不攻击)
局中人 1 的纯策略	防御	$(\underline{A-C}, -K)$	$(A-C, -K)$	$(\underline{A-C}, \underline{0})$	$(A-C, \underline{0})$
	不防御	$(\underline{A-L}, \underline{L-K})$	$(\underline{A}, 0)$	$(\underline{A-L}, \underline{L-K})$	$(\underline{A}, 0)$

假定防御成本 C 和不防御或防御失败后的损失相当, 即 $C = L$. 用双矩阵博弈的划线法知, 有三个纯策略 Nash 均衡点, 分别是: (防御, (不攻击, 攻击)); (不防御, (攻击, 攻击)); (不防御, (不攻击, 攻击)). 在每一个均衡, 给定对方的策略, 自己的策略是最优的. 第一个均衡结果是 (防御, 不攻击), 即局中人 1 防御, 局中人 2 不攻击; 第二、三个均衡结果是 (不防御, 攻击), 即局中人 1 不防御, 局中人 2 攻击. 注意, 这里的均衡与均衡结果是不同的 (不同的均衡可能对应相同的均衡结果).

从理论上讲, 策略式表述可以用来表述任何复杂的扩展式博弈, 从而, Nash 均衡的概念适用于所有博弈, 而不仅仅是局中人同时行动的静态博弈. 前面已经给出子博弈的概念, 现在给出在网络攻防中 "子博弈精炼 Nash 均衡" 的正式定义.

定义 11.5 扩展式表述攻防博弈的策略组合 $S^* = (S_{1i}^*, S_{2j}^*)$ 是一个子博弈精炼 Nash 均衡, 如果: ① 它是原博弈的 Nash 均衡; ② 它在每一个子博弈上给出

Nash 均衡.

上述定义中, $S_{1i}^* \in S_1, i = 1, 2, \cdots, m; S_{2j}^* \in S_2, j = 1, 2, \cdots, n$. S_1 和 S_2 分别表示防御方和攻击方的纯策略空间.

定义 11.5 表明, 一个策略组合是子博弈精炼 Nash 均衡, 当且仅当在每一个子博弈 (包括原博弈) 上都构成一个 Nash 均衡. 如果整个博弈是唯一的子博弈, Nash 均衡与子博弈精炼 Nash 均衡是相同的; 如果有其他子博弈存在, 有些 Nash 均衡可能不构成子博弈精炼 Nash 均衡.

这里, 有必要强调一下 "在每一个子博弈上给出 Nash 均衡" 这句话. 如果一个博弈有几个子博弈, 一个特定的 Nash 均衡决定了原博弈上唯一的一条路径, 这条路径称为 "均衡路径"(equilibrium path), 博弈树上的其他路径称为非均衡路径 (off-equilibrium path). 如在图 11.5 的 (a) 图中, "1→ 不防御 → n_2 →2→ 攻击 →$(A-L, L-K)$" 是 Nash 均衡 (不防御, (不攻击, 攻击)) 的均衡路径, 其他的路径都是该 Nash 均衡的非均衡路径. Nash 均衡只要求均衡策略在均衡路径的决策结上是最优的 (这句话有点同义反复)[81]. "在每个子博弈上给出 Nash 均衡" 意味着, 构成子博弈精炼 Nash 均衡的策略不仅在均衡路径的决策结上是最优的, 而且在非均衡路径的决策结上也是最优的. 这是 Nash 均衡与子博弈精炼 Nash 均衡的实质区别所在. 这里的要义是, 策略是局中人行动规则的完备描述, 它要告诉局中人在每一种可能预见的情况下 (即每一个决策结上) 选择什么行动, 即使这种情况实际上并没有发生 (甚至局中人并不预期它会发生). 因此, 只有当一个策略规定的行动规则在所有可能的情况下都是最优的时, 它才是一个合理的、可置信的策略. 子博弈精炼 Nash 均衡就是要剔除掉那些只在特定情况下是合理的而在其他情况下并不合理的行动规则. 博弈论专家常常使用 "序贯理性"(sequential rationality) 指不论过去发生了什么, 局中人应该在博弈的每一个时点上最优化自己的决策. 子博弈精炼 Nash 均衡要求的正是局中人应该是序贯理性的.

现在让我们以图 11.5 所示的网络攻防博弈为例说明子博弈精炼 Nash 均衡的概念. 图中, 除原博弈 (a) 以外, 子博弈 (b) 和子博弈 (c) 实际上是两个单人博弈 (即在每个博弈中, 只有局中人 2 在决策). 我们已经知道, 这个博弈有三个 Nash 均衡, 分别是: (防御, (不攻击, 攻击)); (不防御, (攻击, 攻击)); (不防御, (不攻击, 攻击)). 现在我们来看这三个 Nash 均衡是否满足子博弈精炼 Nash 均衡的要求. 在子博弈 (b), 局中人 2 的最优选择是不攻击; 在子博弈 (c), 局中人 2 的最优选择是攻击. Nash 均衡 (防御, (不攻击, 攻击)) 中局中人 2 的均衡策略 (不攻击, 攻击) 在子博弈 (b) 上构成 Nash 均衡, 但在子博弈 (c) 上不构成 Nash 均衡, 因此 (防御, (不攻击, 攻击)) 不是一个子博弈 Nash 均衡; 类似地, Nash 均衡 (不防御, (攻击, 攻击)) 中局中人 2 的策略 (攻击, 攻击) 在子博弈 (c) 上构成 Nash 均衡, 但在子博弈 (b) 上不构成 Nash 均衡, 因此 (不防御, (攻击, 攻击)) 也不是一个子博弈精炼 Nash

均衡. 与上述两个 Nash 均衡不同, Nash 均衡 (不防御, (不攻击, 攻击)) 中局中人 2 的均衡策略 (不攻击, 攻击) 无论在子博弈 (b) 上还是在子博弈 (c) 上都构成 Nash 均衡 (即如果局中人 1 防御, 局中人 2 不攻击; 如果局中人 1 不防御, 局中人 2 攻击), 因此 (不防御, (不攻击, 攻击)) 是这个博弈的子博弈精炼 Nash 均衡. 我们有理由相信, "局中人 1 不防御, 局中人 2 攻击" 是这个博弈的唯一合理的均衡结果.

11.2.5 用逆向归纳法求解子博弈精炼 Nash 均衡

如果一个扩展式表述博弈有有限个信息集, 每个信息集上局中人有有限个行动选择, 我们说这个博弈是有限博弈. 如果一个扩展式表述博弈是有限博弈, 那么, 对应的策略式表述博弈也是有限博弈. 特别地, 如果这个博弈是完美信息博弈 (即每一个信息集都是单结的), 那么, 它有一个纯策略 Nash 均衡. 正式地, 有如下定理 [76,81].

定理 11.1　一个有限完美信息博弈有一个纯策略 Nash 均衡.

我们可以应用动态规划的逆向归纳法证明上述定理. 因为博弈是有限的, 博弈树上一定存在一个最后的决策结的集合 (即倒数第二个结, 它的直接后续结是终点结), 在该决策结上行动的局中人将选择一个最大化自己的支付的行动; 给定这个局中人的选择, 倒数第二个决策结上的局中人将选择一个可行的行动最大化自己的支付; 如此等等, 知道初始结. 当这个倒推过程完成时, 得到一个路径, 该路径给出每一个局中人一个特定的策略, 所有这些策略构成一个 Nash 均衡, 而且这个 Nash 均衡满足子博弈精炼 Nash 均衡的要求.

定理 11.1 提供了计算有限博弈子博弈完美 Nash 均衡的方法, 称为逆向归纳法. 因为有限完美信息博弈的每一个决策结都是一个单独的信息集, 每一个决策结都开始一个子博弈, 所以为了求解子博弈精炼 Nash 均衡, 可以从最后一个子博弈开始.

为了简单起见, 假定博弈有两个阶段, 第一阶段局中人 1 行动, 第二阶段局中人 2 行动, 并且局中人 2 在行动前观测到局中人 1 的选择. 令 A_1 是局中人 1 的行动空间, A_2 是局中人 2 的行动空间. 当博弈进入第二阶段, 给定局中人 1 在第一阶段的选择 $a_{1i} \in A_1$, 局中人 2 面临的策略问题是

$$\max_{a_{2j} \in A_2} u_2(a_{1i}, a_{2j})$$

显然, 局中人 2 的最优选择 a_{2j}^* 依赖于局中人 1 的选择 a_{1i}. 用 $a_{2j}^* = R_2(a_{1i})$ 代表上述最优化问题的解, 即局中人 2 对局中人 1 的行动的反应函数. 因为局中人 1 应该预测到局中人 2 在博弈的第二阶段按 $a_{2j}^* = R_2(a_{1i})$ 的规则行动, 局中人 1 在第一阶段面临的决策问题是

$$\max_{a_{1i} \in A_1} u_1(a_{1i}, R_2(a_{1i}))$$

令上述问题的最优解为 a_{1i}^*. 那么, 这个博弈的子博弈精炼 Nash 均衡为 $(a_{1i}^*, R_2(a_{1i}))$, 均衡结果为 $(a_{1i}^*, R_2(a_{1i}^*))$. 在这里, $(a_{1i}^*, R_2(a_{1i}))$ 是一个精炼均衡, 因为 $a_{2j}^* = R_2(a_{1i})$ 在博弈的第二阶段是最优的; 除 $a_{2j}^* = R_2(a_{1i})$ 之外, 任何其他的行为规则都不满足精炼均衡的要求.

图 11.5(a) 图所示的网络攻防博弈就是这样一个两阶段完美信息博弈. 用逆向归纳法求解这个博弈的精炼 Nash 均衡步骤如下：在第二阶段, 局中人 2(攻击方) 的最优行动规划是 (不攻击, 攻击). 即如果局中人 1(防御方) 在第一阶段选择了防御, 局中人 2 在第二阶段选择不攻击; 如果局中人 1 在第一阶段选择了不防御, 局中人 2 在第二阶段选择攻击. 因为局中人 1 在第一阶段预测到局中人 2 在第二阶段会按这个规则行动, 局中人 1 在第一阶段的最优选择是不防御. 用逆向归纳法得到的精炼 Nash 均衡是 (不防御, (不攻击, 攻击)).

例 11.4 基于风险厌恶的完全且完美信息动态攻防博弈.

设目标网络第 k 个攻防点所涵盖的资产为 A_k, 资产 A_k 由于被攻击而发生风险的概率为 q_k, 则其安全性概率可以表示为

$$p_k = 1 - q_k \tag{11.2}$$

攻防双方针对目标网络的第 k 个攻防点 (对应资产 A_k) 展开攻防博弈, 其中防御方有防御策略集 $S_1 = \{S_{11}, S_{12}, \cdots, S_{1m}\}$, 攻击方有攻击策略集 $S_2 = \{S_{21}, S_{22}, \cdots, S_{2n}\}$. 防御方首先决策, 并从防御策略集中选择防御策略 $S_{1i} \in S_1$, 攻击方观测到 S_{1i}, 然后从攻击策略集中选择攻击策略 $S_{2j} \in S_2$. 这是一个完美信息动态博弈. 因为攻击方在选择 S_{2j} 前观测到 S_{1i}, 他可以根据 S_{1i} 来选择 S_{2j}, 而防御方先行动, 他不可能根据 S_{2j} 来选择 S_{1i}, 所以攻击方的策略应该是防御方策略的函数, 即

$$S_{2j} = R_2(S_{1i}) \tag{11.3}$$

假定攻防双方都是风险厌恶的, 他们的效用函数可以用如下凹函数表示 (二次型模型, 见 9.3.1 节)：

$$u_1 = p_k S_{1i} - q_k(S_{1i}^2 - S_{1i}S_{2j}) \tag{11.4}$$

$$u_2 = q_k S_{2j} - p_k(S_{2j}^2 - S_{2j}S_{1i}) \tag{11.5}$$

式中, p_k 和 q_k 分别为策略组合 (S_{1i}, S_{2j}) 控制下资产 A_k 的安全性概率和风险概率.

我们可以用逆向归纳法求解这个完全且完美的两阶段博弈. 先考虑给定防御方策略 S_{1i} 的情况下, 攻击方的最优选择. 攻击方的问题是

$$\max_{S_{2j} \in S_2} u_2(S_{1i}, S_{2j}) = \max_{S_{2j} \in S_2} \{q_k S_{2j} - p_k(S_{2j}^2 - S_{2j}S_{1i})\} \tag{11.6}$$

最优化的一阶条件意味着:

$$R_2(S_{1i}) = \frac{1}{2}\left(\frac{q_k}{p_k} + S_{1i}\right) \tag{11.7}$$

这实际上是 9.3.1 节二次型模型中攻击方的反应函数, 不同的是, 这里的 $R_2(S_{1i})$ 是当防御方选择 S_{1i} 时攻击方的实际选择 (攻防双方序贯行动), 而在 9.3.1 节的二次型模型中, $S_{2j} = R_2(S_{1i})$ 是攻击方对于假设的 S_{1i} 的最优反应 (攻防双方同时行动).

因为防御方预测到攻击方将根据 $R_2(S_{1i})$ 选择攻击策略 S_{2j}, 防御方第一阶段的问题是

$$\max_{S_{1i}\in S_1} u_1(S_{1i}, S_{2j}) = \max_{S_{1i}\in S_1} \{p_k S_{1i} - q_k(S_{1i}^2 - S_{1i}S_{2j})\} \tag{11.8}$$

解一阶条件得

$$S_{1i}^* = \frac{2}{3}\frac{p_k}{q_k} + \frac{1}{3}\frac{q_k}{p_k} \tag{11.9}$$

将 S_{1i}^* 代入 $R_2(S_{1i})$ 得

$$S_{2j}^* = R_2(S_{1i}^*) = \frac{2}{3}\frac{q_k}{p_k} + \frac{1}{3}\frac{p_k}{q_k} \tag{11.10}$$

由式 (11.9)、式 (11.10) 得到的 (S_{1i}^*, S_{2j}^*) 是此动态攻防博弈的逆向归纳解, 即子博弈完美 Nash 均衡.

上述博弈是一个二阶段的完全且完美信息的动态博弈, 也称为主从博弈. 第一阶段选择行动的局中人 (防御方) 称为主局中人, 第二阶段选择行动的局中人 (攻击方) 称为从局中人. 至于主局中人是否具有 "先动优势" 或者从局中人是否具有 "后动优势", 与具体的博弈有关.

11.3　不完全信息动态攻防博弈

11.3.1　基本思路

在完全信息动态攻防博弈中, 要确定攻防双方的策略组合是一个子博弈完美 Nash 均衡, 则它们必须是整个博弈的 Nash 均衡, 同时还必须是任一个子博弈的 Nash 均衡. 由于是完美信息动态博弈, 因此每一个信息集都是单点集. 子博弈的均衡点可以用逆向归纳法求得, 从而也就可以得出子博弈完美 Nash 均衡, 这样就排除了不可置信的 Nash 均衡.

在不完全信息静态攻防博弈中, 通过 Harsanyi 转换, 将不完全信息静态博弈转换成了完全但不完美信息的静态博弈. 当时我们规定 "自然" 对局中人确立了不同类型, 并且每一个局中人都被告知自己的类型, 但未告知其他局中人的类型. 尽管

这样, 假定 "自然" 对所有局中人的类型的分布是一个共同的知识, 因此, 任何局中人都可以从这种共同知识来理性地推测其他人类型的可能的概率.

不完全信息动态攻防博弈实际上是上述两种类型攻防博弈的一种合成. 首先, 可以采用 Harsanyi 转换, 将不完全信息动态博弈转换成完全但不完美信息的情况, 即有攻防双方之外的局中人 "自然" 参与进来. "自然" 对每个局中人 (攻击方和防御方) 确立了不同类型, 并且给予了在所有局中人类型上的一个概率分布. 其次, 可以对这种完全但不完美信息情况下的博弈寻求类似的子博弈均衡.

但这种简单的思路要具体地实现则出现与上述两种类型博弈很大的差异特征, 具体表现在以下三个方面 [54,76]:

(1) 在完全且完美信息的动态博弈中, 所有的信息集都是单点集, 因此在排除不可置信的 Nash 均衡中, 可以使用逆向归纳法, 以求得子博弈完美 Nash 均衡. 而在完全但不完美信息的情况下, 信息不再只是单点集, 逆向归纳法无法进行. 我们必须对信息集中每一个结点开始以后的博弈情况进行分析, 这就出现了 "后续博弈"(continuation game) 的概念. 所谓 "后续博弈" 是指从该节点以后的博弈情况, 局中人将针对 "后续博弈" 可能的结果进行分析以决定自己的行动选择;

(2) 在不完全信息静态博弈中, 我们采用 Harsanyi 转换将其转化为完全但不完美信息静态博弈, 由 "自然" 给出全体局中人类型的分布函数, 每个局中人都可以从这一共同知识来理性地推断其他局中人类型的概率. 但在动态博弈中, 由于是多阶段进行的, 局中人对自己特定一种类型可以有多种行动选择, 或不同类型有同一种选择, 这将影响其后博弈中其他人的博弈行为和最终的博弈结果. 在完全但不完美信息动态博弈的情况下, 局中人要根据自己所知道的对 "自然" 所赋予类型的概率分布和所看到的博弈结果, 修订自己对其他局中人的类型的估计以及对其他局中人的行为的估计;

(3) 在完全但不完美信息情况下, 上面两种特征又是交织在一起的. 前期行动的局中人要从后续博弈的分析中考虑自己的最后行动选择, 而后续博弈的局中人又要依赖所观察到的前期博弈的结果, 即前期局中人的类型和行为特征决定自己的特定类型下的行为.

从以上分析可以看出, 不完全信息动态博弈不是不完全信息静态博弈和完全信息动态博弈的简单组合, 而有更为深刻的内容. 不完全信息动态博弈可以采取 Harsanyi 转换, 变为完全但不完美信息的动态博弈, 其博弈过程不仅是局中人选择行动的过程, 而且是局中人不断修正信念的过程.

11.3.2 精炼 Bayes-Nash 均衡

在不完全信息静态博弈中, 我们的目标是求 Bayes-Nash 均衡; 在完全信息动态博弈中, 我们的目标是求子博弈完美 Nash 均衡; 对兼有这两种特征的完全但不完美信息动态博弈中, 我们的目标是求精炼 Bayes-Nash 均衡.

精炼 Bayes-Nash 均衡是不完全信息动态博弈的基本概念, 它是 Selten 的完全信息动态博弈子博弈完美 Nash 均衡和 Harsanyi 的不完全信息静态博弈 Bayes-Nash 均衡的结合. 它要求: ①在每一个信息集上, 决策者必须有一个定义在属于该信息集的所有决策结上的一个概率分布 (信念); ②给定该信息集上的概率分布和其他局中人的后续策略, 局中人的行动必须是最优的; ③每一个局中人根据 Bayes 法则和均衡策略修正后验概率.

理解 Bayes 法则对理解精炼 Bayes-Nash 均衡的概念是至关重要的. 在给出精炼 Bayes-Nash 均衡的正式定义之前, 以不完全信息动态博弈为例回顾一下 Bayes 法则.

在日常生活中, 当面临不确定性时, 在任何一个时点上, 对某件事情发生的可能性有一个判断, 然后会根据新的信息来修正这个判断. 统计学上, 修正之前的判断称为 “先验概率”(prior probability), 修正之后的判断称为 “后验概率”(posterior probability). Bayes 法则正是人们根据新的信息从先验概率得到后验概率的基本方法.

在不完全信息动态博弈中, 假定局中人的类型是独立分布的. 假定局中人 i 有 k 个可能的类型, 有 H 个可能的行动. 用 θ_i^k 和 a_i^h 分别代表局中人 i 的一个特定的类型和一个特定的行动. 假定 i 属于类型 θ_i^k 的先验概率是 $p(\theta_i^k) \geqslant 0, \sum\limits_{k=1}^{K} p(\theta_i^k) = 1$; 给定 i 属于 θ_i^k, i 选择 a_i^h 的条件概率为 $p(a_i^h|\theta_i^k), \sum\limits_{h=1}^{H} p(a_i^h|\theta_i^k) = 1$. 那么, i 选择 a_i^h 的边缘概率是

$$
\begin{aligned}
p(a_i^h) &= p(a_i^h|\theta_i^1)p(\theta_i^1) + \cdots + p(a_i^h|\theta_i^k)p(\theta_i^k) \\
&= \sum_{k=1}^{K} p(a_i^h|\theta_i^k)p(\theta_i^k)
\end{aligned}
\tag{11.11}
$$

即局中人 i 选择行动 a_i^h 的 “总概率” 是每一种类型的 i 选择 a_i^h 的条件概率 $p(a_i^h|\theta_i^k)$ 的加权平均, 权数是他属于每种类型的先验概率 $p(\theta_i^k)$.

现在要问的问题是: 假定我们观测到 i 选择了行动 a_i^h, i 属于类型 θ_i^k 的后验概率是多少?

用 $p(\theta_i^k|a_i^h)$ 代表这个后验概率, 即给定 a_i^h 的情况下 i 属于类型 θ_i^k 的概率. 根据概率公式:

$$
\begin{aligned}
p(a_i^h, \theta_i^k) &\equiv p(a_i^h|\theta_i^k)p(\theta_i^k) \\
&\equiv p(\theta_i^k|a_i^h)p(a_i^h)
\end{aligned}
$$

即 i 属于类型 θ_i^k 并选择行动 a_i^h 的联合概率等于 i 属于类型 θ_i^k 的先验概率 $p(\theta_i^k)$ 乘以类型为 θ_i^k 的局中人选择行动 a_i^h 的概率, 或者等于 i 选择 a_i^h 的总概率乘以给定行动 a_i^h 情况下 i 属于类型 θ_i^k 的后验概率. 因此有

$$
\begin{aligned}
p(\theta_i^k|a_i^h) &\equiv \frac{p(a_i^h|\theta_i^k)p(\theta_i^k)}{p(a_i^h)} \\
&\equiv \frac{p(a_i^h|\theta_i^k)p(\theta_i^k)}{\sum\limits_{k=1}^{K} p(a_i^h|\theta_i^k)p(\theta_i^k)}
\end{aligned} \tag{11.12}
$$

这就是 Bayes 法则, 它是人们用以修正信念的唯一合理的方法.

在不完全信息动态博弈中, 假定有 n 个局中人参与博弈, 局中人 i 的类型是 $\theta_i \in \Theta_i$, θ_i 是私人信息, $p(\theta_{-i}|\theta_i)$ 是属于类型 θ_i 的局中人 i 认为其他 $n-1$ 个局中人属于类型 $\theta_{-i}=(\theta_1,\cdots,\theta_{i-1},\theta_{i+1},\cdots,\theta_n)$ 的先验概率. 令 $S_i(\theta_i)$ 是局中人 i 类型为 θ_i 时的策略空间, $s_i \in S_i$ 是局中人 i 的一个特定策略 (依赖于类型 θ_i), $a_{-i}^h=(a_1^h,\cdots,a_{i-1},a_{i+1},\cdots,a_n)$ 是在第 h 个信息集上局中人 i 观测到的其他 $n-1$ 个局中人的行动的组合, 它是策略组合 $S_{-i}=(s_1,\cdots,s_{i-1},s_{i+1},\cdots,s_n)$ 的一部分 (即 S_{-i} 规定的行动), $\tilde{p}_i(\theta_{-i}|a_{-i}^h)$ 是在观测到 a_{-i}^h 的情况下局中人 i 认为其他 $n-1$ 个局中人属于类型 θ_{-i} 的后验概率, 满足 $\sum\limits_{\theta_{-i}}\tilde{p}_i(\theta_{-i}|a_{-i}^h)=1, u_i(s_i,S_{-i},\theta_i)$ 是局中人 i 的效用函数. 那么, 精炼 Bayes-Nash 均衡可以定义如下.

定义 11.6 精炼 Bayes-Nash 均衡是一个策略组合 $S^*(\theta)=(s_1^*(\theta_1),\cdots,s_n^*(\theta_n))$ 和一个后验概率组合 $\tilde{P}=(\tilde{p}_1,\cdots,\tilde{p}_n)$, 满足:

(1) 对每一个局中人 i 和每一个信息集 h 都有

$$
s_i^*(S_{-i}^*,\theta_i) \in \arg\max \sum_{\theta_{-i}} \tilde{p}_i(\theta_{-i}|a_{-i}^h)u_i(s_i,S_{-i}^*,\theta_i)
$$

(2) $\tilde{p}_i(\theta_{-i}|a_{-i}^h)$ 是使用 Bayes 法则从先验概率 $p(\theta_{-i}|\theta_i)$, 观测到的 a_{-i}^h 和最优策略 $S_{-i}^*(\cdot)$ 得到的 (在可能的情况下).

上述定义中, (1) 称为精炼条件, 它说的是, 给定其他局中人的策略 $S_{-i}=(s_1,\cdots,s_{i-1},s_{i+1},\cdots,s_n)$ 和局中人 i 的后验概率 $\tilde{p}_i(\theta_{-i}|a_{-i}^h)$, 每个局中人 i 的策略在所有从信息集 h 开始的后续博弈上都是最优的, 或者说, 所有局中人都是序贯理性的. 显然, 这个条件是子博弈精炼 Nash 均衡在不完全信息动态博弈上的扩展. 在完全信息动态博弈中, 子博弈精炼 Nash 均衡要求均衡策略在每一个子博弈上构成 Nash 均衡; 类似地, 在不完全信息动态博弈中, 精炼 Bayes-Nash 均衡要求均衡策略在每一个 “后续博弈” 上构成 Bayes-Nash 均衡; (2) 称为信念条件, 它对应的是

Bayes 法则的应用. 如果局中人是多次行动的, 修正概率 (信念的修正) 涉及 Bayes 法则的重复应用. 这里需要指出的是, 因为策略是一个行动规则, 它本身是不可观测的, 因此局中人 i 只能根据观测到的行动组合 $a_{-i} = (a_1, \cdots, a_{i-1}, a_{i+1}, \cdots, a_n)$ 修正概率, 但他假定所观测到的行动是最优策略 $S_{-i} = (s_1, \cdots, s_{i-1}, s_{i+1}, \cdots, s_n)$ 规定的行动. 限制条件 "在可能的情况下" 来自这样的事实: 如果 a_{-i} 不是均衡策略下的行动, 则观测到的 a_{-i} 是一个零概率事件, 此时 Bayes 法则对后验概率没有定义, 任何的后验概率 $\tilde{p}(\theta_{-i}|a_{-i}) \in [0,1]$ 都是容许的, 只要它与均衡策略相容.

定义 11.6 的要点是, 精炼 Bayes-Nash 均衡是均衡策略和均衡信念的结合: 给定信念 $\tilde{P} = (\tilde{p}_1, \cdots, \tilde{p}_n)$, 策略 $S^* = (s_1^*, \cdots, s_n^*)$ 是最优的; 给定策略 $S^* = (s_1^*, \cdots, s_n^*)$, 信念 $\tilde{P} = (\tilde{p}_1, \cdots, \tilde{p}_n)$ 是使用 Bayes 法则从均衡策略和所观测到的行动得到的. 因此, 精炼 Bayes-Nash 均衡是一个对应的不动点 (fixed point of a correspondence):

$$S \in S^*(\tilde{P}(S)); \quad \tilde{P} \in \tilde{P}^*(S^*(\tilde{P}))$$

需要强调的是, 因为精炼 Bayes-Nash 均衡是一个不动点, 后验概率依赖于策略, 策略依赖于后验概率, 因此, 完全信息博弈中用逆向归纳法求解精炼均衡的办法在不完全信息博弈中并不适用 (如果我们不知道先行动者如何选择, 就不可能知道后行动者应该如何选择). 我们必须使用前项法 (forward manner) 进行 Bayes 修正.

例 11.5　让我们考虑针对某目标网络的 Web 应用展开的攻防博弈. 防御方 (局中人 1) 有两种类型 $\theta_1 = (\theta_{11}, \theta_{12})$, θ_{11} 代表 "高防御成本", θ_{12} 代表 "低防御成本", 攻击方 (局中人 2) 只有一种类型 $\theta_2 = (\theta_{21})$. 攻击方在博弈开始时只知道防御方是 "高防御成本" 的概率是 $p(\theta_{11}) = 0.3$, 是 "低防御成本" 的概率是 $p(\theta_{12}) = 0.7$. 这个概率称为攻击方的先验信念 (prior belief). 在博弈的第一阶段, 防御方先行动, 他在两种类型下都有两种策略: "高操作代价策略" s_{11} 和 "低操作代价策略" s_{12}. 其中 s_{11} 是为防御对 "验证机制" "会话管理" "代码注入" 等攻击, 通过 "代码重构" 而采取的防御措施, 操作代价 $s_{11} = 8$; s_{12} 是为防御数据存储攻击, 通过加入硬件/Web 防火墙而采取的防御措施, 操作代价 $s_{12} = 4$. 在博弈的第二阶段, 攻击方在知道防御方的行动策略后, 决定是否采取相应的行动, 其行动策略也有两种: "高攻击致命度策略" s_{21} 和 "低攻击致命度策略" s_{22}. 其中 s_{21} 是为了对 "验证机制"、"会话管理"、"数据存储" 等发起攻击而采取的攻击措施, 攻击致命度 $s_{21} = 7$; s_{22} 是针对访问控制而采取的攻击措施, 攻击致命度 $s_{22} = 3$. 攻击方的收益取决于防御方的类型, 当且仅当防御方选择 "低防御成本类型" θ_{12} 时, 攻击方才有利可图.

设攻防双方都是风险中立的, 他们收益函数有如下简单的线性关系 (参见 9.2.1 节):

$$u_1(s_{1i}, s_{2j}, \theta_{1i}) = p_k(\theta_{1i})s_{1i} - q_k(\theta_{1i})s_{2j}, \quad i,j = 1,2 \tag{11.13}$$

$$u_2(s_{1i}, s_{2j}, \theta_{1i}) = q_k(\theta_{1i})s_{2j} - p_k(\theta_{1i})s_{1i}, \quad i, j = 1, 2 \tag{11.14}$$

式中, $p_k(\theta_{1i})$ 和 $q_k(\theta_{1i})$ 分别是攻防结束后目标网络 (对应的信息资产 A_k) 的安全性概率和风险概率, 与防御方的类型 $\theta_1 = (\theta_{11}, \theta_{12})$ 紧密相关, 这里假定 $p_k(\theta_{11}) = 0.6, q_k(\theta_{11}) = 0.4$; $p_k(\theta_{12}) = 0.4, q_k(\theta_{12}) = 0.6$. 再根据攻防双方策略的量化值, 由式 (11.13) 和式 (11.14) 可计算出防御方和攻击方在各种可能状况下的收益指. 博弈一共进行两个阶段, 其过程和攻防双方的收益如图 11.6 所示.

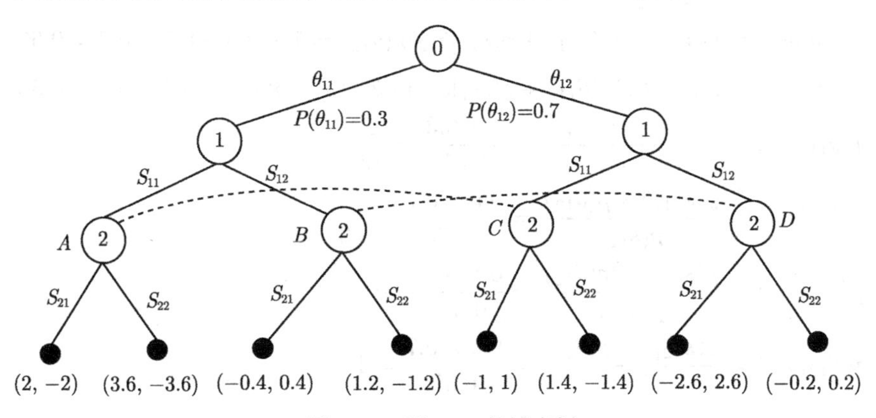

图 11.6 例 11.5 的博弈树

在该例中, 我们对攻击方 (局中人 2) 进行的决策点分别记为 A, B, C 和 D. 其中 A 和 C 在同一信息集中, B 和 D 在同一信息集中. 攻击方尽管知道了防御方 (局中人 1) 类型上的概率分布, 但是, 当他看到高操作代价防御策略 s_{11} 时, 他将自己在 A 这个决策结点还是在 C 这个决策结点的信念进行修正; 当他看到低操作代价策略 s_{12} 时, 他将自己在 B 这个决策结点还是在 D 这个决策结点的信念进行修正. 因此, 攻击方必须要有一个对所在结点的置信度. 用概率来表达, 就是要明确 $\tilde{p}(\theta_{11}|s_{11}), \tilde{p}(\theta_{12}|s_{11}), \tilde{p}(\theta_{11}|s_{12}), \tilde{p}(\theta_{12}|s_{12})$. 只有明确了这个概率分布, 局中人才能进行决策分析, 并且攻击方对这四个结点概率的确立应和理性的防御方的推断一致. 并应有

$$\tilde{p}(\theta_{11}|s_{11}) + \tilde{p}(\theta_{12}|s_{11}) = 1 \tag{11.15}$$

$$\tilde{p}(\theta_{11}|s_{12}) + \tilde{p}(\theta_{12}|s_{12}) = 1 \tag{11.16}$$

在该例中, 防御方有两种类型 θ_{11} 和 θ_{12}(“自然” 的选择), 而攻击方只有一种类型, $p(\theta_{11}) = 0.3, p(\theta_{12}) = 0.7$, 这些都是攻防双方的共同知识. 局中人要确立 $p(s_{11}|\theta_{11})$, 必须先对防御方的均衡进行分析. 攻击方发现, 防御方类型为 θ_{11} 时, s_{11} 是一个占优策略. 不论攻击方采取 s_{21} 还是 s_{22}, 防御方采用 s_{11} 的收益都比采用 s_{12} 好, 因而攻击方确立 $p(s_{11}|\theta_{11}) = 1$, 同时也就有 $p(s_{12}|\theta_{11}) = 0$, 这种分析符合

防御方的最优策略选择. 攻击方在确立 $p(s_{11}|\theta_{12})$ 和 $p(s_{12}|\theta_{12})$ 时, 发现防御方在类型为 θ_{12} 时面临两难问题. 攻击方采用 s_{21} 或 s_{22} 对防御方的收益有不同的结果: 若攻击方采用策略 s_{21}, 则防御方少得到 2.4 个单位的收益, 而若攻击方采用策略 s_{22}, 则防御方多得到 2.4 个单位的收益. 防御方采用策略 s_{11} 或 s_{12} 对攻击方有不同的结局, 并且攻防双方的选择不可能有利益驱动下的一致性. 假如攻击方确立 $p(s_{11}|\theta_{12}) = p(s_{12}|\theta_{12}) = 0.5$, 由式 (11.11) 和式 (11.12) 可以计算出:

$$p(s_{11}) = p(s_{11}|\theta_{11})p(\theta_{11}) + p(s_{11}|\theta_{12})p(\theta_{12}) = 1 \times 0.3 + 0.5 \times 0.7 = 0.65$$

$$p(s_{12}) = p(s_{12}|\theta_{11})p(\theta_{11}) + p(s_{12}|\theta_{12})p(\theta_{12}) = 0 \times 0.3 + 0.5 \times 0.7 = 0.35$$

$$p(\theta_{11}|s_{11}) = \frac{p(s_{11}|\theta_{11})p(\theta_{11})}{p(s_{11})} = \frac{1 \times 0.3}{0.65} = \frac{6}{13}$$

$$p(\theta_{12}|s_{11}) = \frac{p(s_{11}|\theta_{12})p(\theta_{12})}{p(s_{11})} = \frac{0.5 \times 0.7}{0.65} = \frac{7}{13}$$

$$p(\theta_{11}|s_{12}) = \frac{p(s_{12}|\theta_{11})p(\theta_{11})}{p(s_{12})} = \frac{0 \times 0.3}{0.35} = 0$$

$$p(\theta_{12}|s_{12}) = \frac{p(s_{12}|\theta_{12})p(\theta_{12})}{p(s_{12})} = \frac{0.5 \times 0.7}{0.35} = 1$$

即若攻击方观测到防御方采用了策略 s_{11}, 则其属于类型 θ_{11} 的信念为 6/13, 属于类型 θ_{12} 的信念为 7/13; 若观测到防御方采用了策略 s_{12}, 则其必然属于类型 θ_{12}.

当攻击方对防御方的类型有了新的信念 $p(\theta_{1i}|s_{1j}), i, j = 1, 2$, 就可以按照定义 11.6 中有关精炼的要求决定自己的行动策略选择.

11.3.3 信号传递博弈

信号传递博弈 (signalling game) 是不完全信息动态博弈的一种比较简单但有广泛应用意义的一种常见形式. 在这个博弈中, 有两个局中人, $i = 1, 2$; 局中人 1 称为信号发送者 (因为他发出信号), 局中人 2 称为信号接收者 (因为他接收信号); 局中人 1 的类型是私人信息, 局中人 2 的类型是公共信息 (即只有一个类型). 博弈的顺序如下:

(1) “自然” 赋予局中人 1(发送者) 某种类型 $\theta_{1k} \in \Theta$, 这里, $\Theta = \{\theta_{11}, \theta_{12}, \cdots, \theta_{1k}\}$ 是局中人 1 的类型空间. 局中人 1 知道 θ_{1k}, 但局中人 2 不知道, 只知道局中人 1 属于 θ_{1k} 的先验概率是 $p = p(\theta_{1k})$, 且 $p(\theta_{1k}) \geqslant 0, \sum_{k=1}^{K} p(\theta_{1k}) = 1$.

(2) 局中人 1 观测到类型 θ_{1k} 后, 从可行的信号集 $M = \{m_1, m_2, \cdots, m_J\}$ 中选择一个发送信号 m_j, 这里 M 是局中人 1 的信号策略空间.

(3) 局中人 2(接收者) 观测到局中人 1 发出的信号 m_j(但不是类型 θ_{1k}), 使用 Bayes 法则从先验概率 $p=p(\theta_{1k})$ 得到后验概率 $\tilde{p}=\tilde{p}(\theta_{1k}|m_j)$, 然后从可行的行动集 $A=\{a_1,a_2,\cdots,a_H\}$ 中选择一个行动 a_h, 这里 A 是局中人 2 的行动空间.

(4) 双方的支付函数分别为 $u_1(m_j,a_h,\theta_{1k})$ 和 $u_2(m_j,a_h,\theta_{1k})$, 且是共同知识.

图 11.7 是一个简单的信号传递博弈的扩展式表述, 这里 $K=J=H=2$, $\tilde{p}=\tilde{p}(\theta_{11}|m_1),\tilde{q}=\tilde{q}(\theta_{11}|m_2)$, 我们省略了支付向量.

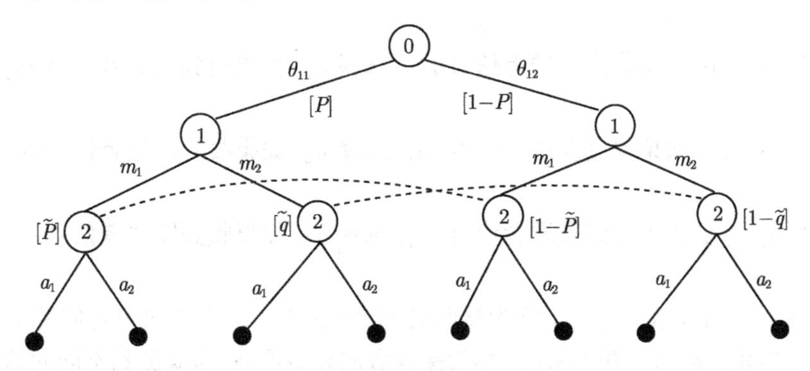

图 11.7 信号传递博弈扩展式 I

上面举出的例 11.5 即是一个信号传递博弈. 其中, 防御方是信号发送者, 攻击方是信号接收者. 当防御方选择防御策略时, 他知道攻击方将根据自己的选择判断自己是 “高防御成本” 还是 “低防御成本” 的概率; 攻击方确实是在根据观测到的策略修正对防御方类型的判断, 然后再决定是选择 “高攻击致命度策略” 还是选择 “低攻击致命度策略”.

在动态博弈中, 局中人的策略是一个行动的完整计划, 即局中人遇到每一种情况时将要选择的行动. 在信号传递博弈中, 发送者 (局中人 1) 的一个纯策略是, 当发送者为 “自然” 赋予的每一种类型时, 将选择确定的信号; 接收者 (局中人 2) 的一个纯策略是, 当接收者在收到信号后将选择确定的行动. 因此发送者和接收者都有四种纯策略.

发送者 (局中人 1) 的纯策略为

(1) (m_1,m_1): 如果 “自然” 赋予类型 θ_{11}, 选择信号 m_1; 如果 “自然” 赋予类型 θ_{12}, 选择信号 m_1.

(2) (m_1,m_2): 如果 “自然” 赋予类型 θ_{11}, 选择信号 m_1; 如果 “自然” 赋予类型 θ_{12}, 选择信号 m_2.

(3) (m_2,m_1): 如果 “自然” 赋予类型 θ_{11}, 选择信号 m_2; 如果 “自然” 赋予类型 θ_{12}, 选择信号 m_1.

(4) (m_2,m_2): 如果 “自然” 赋予类型 θ_{11}, 选择信号 m_2; 如果 “自然” 赋予类型

θ_{12}, 选择信号 m_2.

其中 (m_1, m_1) 和 (m_2, m_2) 称为发送者的混同策略, 即不同类型的发送者选择了相同的信号; (m_1, m_2) 和 (m_2, m_1) 称为发送者的分离策略, 即不同类型的发送者选择了不同的信号.

接收者 (局中人 2) 的纯策略为

(1) (a_1, a_1): 如果收到发送者信号 m_1, 选择 a_1; 如果收到发送者信号 m_2, 选择 a_1;

(2) (a_1, a_2): 如果收到发送者信号 m_1, 选择 a_1; 如果收到发送者信号 m_2, 选择 a_2;

(3) (a_2, a_1): 如果收到发送者信号 m_1, 选择 a_2; 如果收到发送者信号 m_2, 选择 a_1;

(4) (a_2, a_2): 如果收到发送者信号 m_1, 选择 a_2; 如果收到发送者信号 m_2, 选择 a_2.

其中, (a_1, a_1) 和 (a_2, a_2) 称为接收者的混同策略, 即不论观测到何种信号, 都选择同一行动; (a_1, a_2) 和 (a_2, a_1) 称为接收者的分离策略, 即观测到不同的信号, 采取相对应的不同行动.

需要指出的是, 如同以前一样, 我们允许混合策略, 即发送者 (局中人 1) 以某种概率随机地选择不同信号, 接收者 (局中人 2) 以某种概率随机地选择不同行动. 在本节中, 只考虑纯策略的情况.

令 $m(\theta_{1k})$ 是发送者 (局中人 1) 的类型依存信号策略, $a(m_j)$ 是接收者 (局中人 2) 的行动策略, 那么, 信号传递博弈的精炼 Bayes-Nash 均衡可以由下面的定义给出.

定义 11.7 信号传递博弈的精炼 Bayes-Nash 均衡是策略组合 $(m^*(\theta_{1k}), a^*(m_j))$ 和后验概率 $\tilde{p}(\theta_{1k}|m_j)$ 的结合, 它满足

(1) $a^*(m_j) \in \arg\max\limits_{a_h} \sum\limits_{k=1}^{K} \tilde{p}(\theta_{1k}|m_j) u_2(m_j, a_h, \theta_{1k})$;

(2) $m^*(\theta_{1k}) \in \arg\max\limits_{m_j} u_1(m_j, a^*(m_j), \theta_{1k})$;

(3) $\tilde{p}(\theta_{1k}|m_j)$ 是接收者 (局中人 2) 使用 Bayes 法则从先验概率 $p(\theta_{1k})$、观测到的信号 m_j 和发送者 (局中人 1) 的最优策略 $m^*(\theta_{1k})$ 得到的 (在可能的情况下).

上述定义中, (1) 和 (2) 等价于定义 11.6 中的第 (1) 条, 是精炼条件. 这里的 (1) 说的是, 给定后验概率 $\tilde{p}(\theta_{1k}|m_j)$, 接收者对发送者发出的信号做出最优反应; (2) 说的是, 预测到接收者的最优反应 $a^*(m_j)$, 发送者选择自己的最优信号策略; (3) 是 Bayes 法则的运用. 限制条件 “在可能情况下” 的含义与上一节定义中的相同.

如果发送者的策略是分离的或混同的, 称精炼 Bayes-Nash 均衡分别为分离均

衡和混同均衡.

分离均衡(separating equilibrium) 不同类型的发送者 (局中人 1) 以 1 的概率选择不同的信号, 或者说, 没有任何类型选择与其他类型相同的信号. 在分离均衡下, 信号准确地揭示出类型. 假设 $K = J = 2$(即只有两个类型, 两个信号), 那么, 分离均衡意味着: 如果 m_1 是类型 θ_{11} 的最优解, m_1 就不可能是类型 θ_{12} 的最优解, 即

$$u_1(m_1, a^*(m_j), \theta_{11}) > u_1(m_2, a^*(m_j), \theta_{11})$$

$$u_1(m_2, a^*(m_j), \theta_{11}) > u_1(m_1, a^*(m_j), \theta_{12})$$

因此, 后验概率是

$$\tilde{p}(\theta_{11}|m_1) = 1, \quad \tilde{p}(\theta_{11}|m_2) = 0$$

$$\tilde{p}(\theta_{12}|m_1) = 0, \quad \tilde{p}(\theta_{12}|m_2) = 1$$

混同均衡(pooling equilibrium) 不同类型的发送者 (局中人 1) 选择相同的信号, 或者说, 没有任何类型选择与其他类型不同的信号, 因此, 接收者 (局中人 2) 不修正先验概率 (局中人 1 的选择没有信息量). 假定 m_1 和 m_2 都是均衡策略, 那么

$$\begin{aligned}
&u_1(m_1, a^*(m_j), \theta_{11}) \geqslant u_1(m_j, a^*(m_j), \theta_{11}) \\
&u_1(m_2, a^*(m_j), \theta_{12}) \geqslant u_1(m_j, a^*(m_j), \theta_{12}) \\
&\tilde{p}(\theta_{1k}|m_1) = \tilde{p}(\theta_{1k}|m_2) \equiv p(\theta_{1k})
\end{aligned}$$

除上述两种均衡概念之外, 还有所谓**准分离均衡**(semi-separating equilibrium) 的概念, 其定义为: 一些类型的发送者 (局中人 1) 随机地选择信号, 另一些类型的发送者选择特定的信号. 假定类型 θ_{11} 的发送者随机地选择 m_1 或 m_2, 类型 θ_{12} 的发送者以 1 的概率选择 m_2, 如果这个策略组合是均衡策略组合, 那么有

$$\begin{aligned}
&u_1(m_1, a^*(m_j), \theta_{11}) = u_1(m_2, a^*(m_j), \theta_{11}) \\
&u_1(m_1, a^*(m_j), \theta_{12}) < u_1(m_2, a^*(m_j), \theta_{12}) \\
&\tilde{p}(\theta_{11}|m_1) = \frac{\alpha \times p(\theta_{11})}{\alpha \times p(\theta_{11}) + 0 \times p(\theta_{12})} = 1 \\
&\tilde{p}(\theta_{11}|m_2) = \frac{(1-\alpha)p(\theta_{11})}{(1-\alpha)p(\theta_{11}) + 1 \times p(\theta_{12})} < p(\theta_{11}) \\
&\tilde{p}(\theta_{12}|m_2) = \frac{1 \times p(\theta_{12})}{(1-\alpha)p(\theta_{11}) + 1 \times p(\theta_{12})} > p(\theta_{12})
\end{aligned}$$

就是说, 如果接收者 (局中人 2) 观测到发送者 (局中人 1) 选择了 m_1, 就知道发送者一定属于类型 θ_{11}(因为类型 θ_{12} 不会选择 m_1); 如果观测到发送者选择了 m_2,

接收者不可能准确地知道发送者的类型, 但他推断发送者属于类型 θ_{11} 的概率下降了, 属于类型 θ_{12} 的概率上升了 (这里 α 是类型 θ_{11} 的发送者选择 m_1 的概率).

在所有上述三种均衡概念中, 都应该适当加上接收者 (局中人 2) 的优化条件和非均衡路径上的后验概率, 我们将在后面的例子中完成这一步 (在只有两种类型和两个信号的情况下), 只有混同均衡有非均衡路径, 分离均衡和准分离均衡的所有信息集都在均衡路径上. 但一般说来, 如果信号的种类多于类型的种类 (即 $K < J$, 每种均衡下都有非均衡路径).

例 11.6 让我们再一次考虑针对某目标网络展开攻防博弈的例子. 防御方 (局中人 1) 为信号发送者, 有两个类型 θ_{11} 和 θ_{12}, 其信号集为$\{S_{11}, S_{12}\}$. 该信号传递博弈的过程和攻防双方的收益如图 11.8 所示, 它是图 11.7 的具体化, 便于求解和分析.

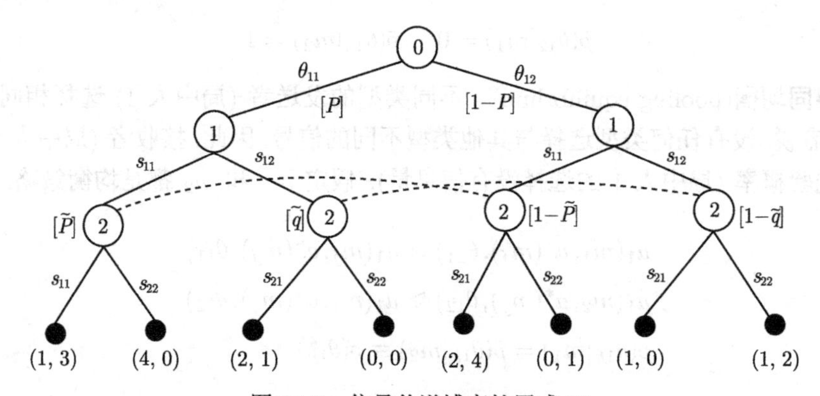

图 11.8 信号传递博弈扩展式 II

在该信号传递博弈中, 防御方有 4 个纯策略: $(s_{11}, s_{11}), (s_{11}, s_{12}), (s_{12}, s_{11}), (s_{12}, s_{12})$. 第 1 个和第 4 个策略是混同策略, 而第 2 个和第 3 个策略是分离策略. 攻击方也有 4 个纯策略: (s_{21}, s_{21}),(s_{21}, s_{22}),(s_{22}, s_{21}),(s_{22}, s_{22}). 第 1 个和第 4 个是混同策略, 第 2 个和第 3 个是分离策略.

在该信号传递博弈中, "自然" 赋予每个类型的可能性是相同的, 即 $p = 1 - p = 0.5$. 攻击方在收到信号 s_{11} 后的信息集 $h(S_{11})$ 有两个结点, 设攻击方的信念分别为 $\tilde{p}$ 和 $1 - \tilde{p}$; 攻击方在收到信号 s_{12} 后的信息集 $h(s_{12})$ 也有两个结点, 设攻击方的信念分别为 $\tilde{q}$ 和 $1 - \tilde{q}$. 由于 "自然" 对每个类型是等可能的, 由 Bayes 法则可得

$$p(\theta_{1k}|s_{11}) == \frac{p(s_{11}|\theta_{1k})p(\theta_{1k})}{p(s_{11})} = \frac{p(s_{11}|\theta_{1k})}{p(s_{11}|\theta_{11}) + p(s_{11}|\theta_{12})}$$

$$p(\theta_{1k}|s_{12}) == \frac{p(s_{12}|\theta_{1k})p(\theta_{1k})}{p(s_{12})} = \frac{p(s_{12}|\theta_{1k})}{p(s_{12}|\theta_{11}) + p(s_{12}|\theta_{12})}$$

其中

$$\tilde{p} = p(\theta_{11}|s_{11}), \quad 1-\tilde{p} = p(\theta_{12}|s_{11})$$

$$\tilde{q} = p(\theta_{11}|s_{12}), \quad 1-\tilde{q} = p(\theta_{12}|s_{12})$$

假设先给定各信息集中结点的后验概率 $\tilde{p}$ 和 $\tilde{q}$, 我们先分析防御方和攻击方的行为以及对这种后验信念的要求.

1) 对于攻击方

当他收到信号 s_{11} 后, 他的行动 $a^*(s_{11})$ 使他的期望效用最大化. 亦即 $a^*(s_{11})$ 为下式的解:

$$a^*(s_{11}) \in \arg\max_{a_h} \sum_{k=1}^{K} \tilde{p}(\theta_{1k}|S_{11}) u_2(S_{11}, a_h, \theta_{1k})$$

因为

$$\begin{aligned}
&\max_{a_h} \sum_{k=1}^{K} \tilde{p}(\theta_{1k}|S_{11}) u_2(S_{11}, a_h, \theta_{1k}) \\
&= \max\{\tilde{p} \times 3 + (1-\tilde{p}) \times 4, \tilde{p} \times 0 + (1-\tilde{p}) \times 1\} \\
&= \max\{4-\tilde{p}, 1-\tilde{p}\} = 4-\tilde{p}
\end{aligned}$$

这里, $\{4-\tilde{p}, 1-\tilde{p}\}$ 中前一个元素表示采用行动 $a_1 = S_{21}$ 的期望收益, 后一个元素表示采用行动 $a_2 = S_{22}$ 的收益 (下面均类似), 由此可以得到

$$a^*(S_{11}) = S_{21}, \quad \forall \tilde{p} \in [0,1]$$

当他收到信号 S_{12} 后, 他的行动 $a^*(S_{12})$ 必须使他的期望效用最大化. 亦即 $a^*(S_{12})$ 为下式的解:

$$a^*(S_{12}) \in \arg\max_{a_h} \sum_{k=1}^{K} \tilde{p}(\theta_{1k}|S_{12}) u_2(S_{12}, a_h, \theta_{1k})$$

因为

$$\begin{aligned}
&\max_{a_h} \sum_{k=1}^{K} \tilde{p}(\theta_{1k}|S_{12}) u_2(S_{12}, a_h, \theta_{1k}) \\
&= \max\{\tilde{q} \times 1 + (1-\tilde{q}) \times 0, \tilde{q} \times 0 + (1-\tilde{q}) \times 2\} \\
&= \max\{\tilde{q}, 2-2\tilde{q}\} = \begin{cases} \tilde{q}, & \tilde{q} \geqslant \dfrac{2}{3} \\ 2-2\tilde{q}, & \tilde{q} < \dfrac{2}{3} \end{cases}
\end{aligned}$$

由此可以得到

$$a^*(S_{12}) = \begin{cases} S_{21}, & \tilde{q} \geqslant \dfrac{2}{3} \\ S_{22}, & \tilde{q} < \dfrac{2}{3} \end{cases}$$

2) 对于防御方

当“自然”赋予其类型为 θ_{11}, 在给定的攻击方最优行动 $a^*(m_j)$ 的条件下, 防御方选择了信号 $m^*(\theta_{11})$, 使其自身的效用最大化. 亦即 $m^*(\theta_{11})$ 为下式的解:

$$m^*(\theta_{11}) \in \arg\max_{m_j} u_1(m_j, a^*(m_j), \theta_{11})$$

因为

$$\begin{aligned}
&\max_{m_j} u_1(m_j, a^*(m_j), \theta_{11}) \\
&= \begin{cases} \max\{u_1(S_{11}, S_{21}, \theta_{11}), u_1(S_{12}, S_{21}, \theta_{11})\}, & \tilde{q} \geqslant \dfrac{2}{3} \\ \max\{u_1(S_{11}, S_{21}, \theta_{11}), u_1(S_{12}, S_{22}, \theta_{11})\}, & \tilde{q} < \dfrac{2}{3} \end{cases} \\
&= \begin{cases} \max\{1, 2\} = 2, & \tilde{q} \geqslant \dfrac{2}{3} \\ \max\{1, 0\} = 1, & \tilde{q} < \dfrac{2}{3} \end{cases}
\end{aligned}$$

由此可得

$$m^*(\theta_{11}) = \begin{cases} S_{12}, & \tilde{q} \geqslant \dfrac{2}{3} \\ S_{11}, & \tilde{q} < \dfrac{2}{3} \end{cases}$$

当“自然”赋予其类型为 θ_{12}, 在给定的攻击方最优行动 $a^*(m_j)$ 的条件下, 防御方选择的信号 $m^*(\theta_{12})$ 必须使自己的效用最大化. 亦即 $m^*(\theta_{12})$ 为下式的解:

$$m^*(\theta_{12}) \in \arg\max_{m_j} u_1(m_j, a^*(m_j), \theta_{12})$$

因为

$$\begin{aligned}
&\max_{m_j} u_1(m_j, a^*(m_j), \theta_{12}) \\
&= \begin{cases} \max\{u_1(S_{11}, S_{21}, \theta_{12}), u_1(S_{12}, S_{21}, \theta_{12})\}, & \tilde{q} \geqslant \dfrac{2}{3} \\ \max\{u_1(S_{11}, S_{21}, \theta_{12}), u_1(S_{12}, S_{22}, \theta_{12})\}, & \tilde{q} < \dfrac{2}{3} \end{cases} \\
&= \begin{cases} \max\{2, 1\} = 2, & \tilde{q} \geqslant \dfrac{2}{3} \\ \max\{2, 1\} = 2, & \tilde{q} < \dfrac{2}{3} \end{cases}
\end{aligned}$$

由此可以得到

$$m^*(\theta_{12}) = S_{11}$$

根据以上分析, 可以得到攻防双方的最优策略如下：

$$\begin{cases} a^*(S_{11}) = S_{21} \\ a^*(S_{12}) = \begin{cases} S_{21}, & \tilde{q} \geqslant \dfrac{2}{3} \\ S_{22}, & \tilde{q} < \dfrac{2}{3} \end{cases} \end{cases}$$

$$\begin{cases} m^*(\theta_{11}) = \begin{cases} S_{12}, & \tilde{q} \geqslant \dfrac{2}{3} \\ S_{11}, & \tilde{q} < \dfrac{2}{3} \end{cases} \\ m^*(\theta_{12}) = S_{11} \end{cases}$$

第 12 章　网络攻防效能评估

12.1　引　　言

网络攻击和网络防御是信息对抗中网络作战的主要形式, 其中攻防效能评估既是攻防博弈过程中的重要环节, 又是攻防博弈理论中基础性的问题, 需要认真深入研究 [85,86].

在本书 7.5 节中, 我们曾经明确指出, 无论是网络攻击还是网络防御, 都是围绕目标网络系统的信息资产而展开的, 攻防的效果是以目标网络系统所面临的安全风险是增加或是降低来检验和衡量的, 而目标网络系统的总体风险是由构成系统各资产要素所面临的风险综合决定的. 毫无疑问, 网络攻防效能评估与网络安全风险评估是紧密相关的, 在研究网络攻防效能评估的过程中可以借鉴网络安全风险评估的相关理论和方法. 为此, 本章将在前面相关章节 (特别是第 2 章、第 5 章、第 6 章的相关章节) 的基础上, 具体讨论网络攻防博弈过程中 "基于目标网络安全风险" 的攻防效能评估问题.

无论是网络攻击或是网络防御, 其最终结果都与攻防双方的支付 (收益) 函数有关, 而支付 (收益) 函数既是目标网络系统安全性概率 (从而风险概率) 的函数, 又是攻防双方策略组合的函数, 因此在构建网络攻防效能评估模型的时候, 既要考虑体现目标网络系统的安全风险概率在攻防前后的变化情况, 又要考虑攻防双方的策略组合对目标网络系统总体性能的影响.

首先, 我们将以目标网络系统的风险概率 (或安全性概率) 为基本参数, 借助信息论中 "熵" 的概念, 构建目标网络系统的 "风险熵" 或 "安全熵", 通过比较攻防前和攻防后目标网络系统 "熵值" 的变化, 从而建立起网络攻防效能评估模型, 对攻击效果和防御效果做出定量评价.

其次, 我们将以攻防双方的策略组合为基本参数, 借助 "决策试验与实验评估法"[87,88], 通过构建 "专门知识" 矩阵, 分析攻击策略和防御策略之间的因果关系, 计算攻防策略组合对目标网络系统的直接影响和间接影响, 从而达到评估攻防策略组合对目标网络系统总体影响之目的.

网络攻防效能综合评估的研究具有重要意义：一方面, 网络攻防武器在研发阶段, 需要一种可靠的检测和评估手段来对网络攻防武器的作战能力做出比较客观的评价, 指导其研制的不断改进; 另一方面, 在信息对抗中, 处于开放互联网络环境下的计算机信息系统也迫切需要一套网络攻防效能评估准则和检测方法来促进其生存能力的提升[89].

12.2 基于熵函数的网络攻防效能评估

12.2.1 基于风险熵的静态评估模型

本书 5.3 节讨论了风险评估中的概率模型与风险熵判别方法, 将熵的概念引入信息安全领域, 通过建立基于 “标准” 的风险概率模型和定义风险熵, 分别从 “微观”“中观”“宏观” 等角度对网络系统的安全风险做出综合评价. 与此类似, 我们可以将这一套理论和方法用于网络攻防效能评估的研究与实践. 根据攻防前和攻防后系统 “熵值” 的变化, 对网络攻防基本规律和实际效能做出客观的判断, 从而达到对网络攻防效果进行正确评估之目的.

本小节讨论基于风险熵的静态评估问题. 这里的所谓 “静态”, 是指目标网络系统的风险状态只与空间分布特性有关, 而不考虑随时间的动态变化情况. 设目标网络系统可以划分为 p 个攻防域, 即攻防域集合族为 $\Omega = [\omega_1, \omega_2, \cdots, \omega_p]$, 每个攻防域内均有 N 个攻防点, 其中第 i 个攻防域 ω_i 内第 k 个攻防点 (对应资产 A_{ik}) 由于攻防而发生风险的概率为 P_{ik}, 则目标网络系统在 ω_i 域 (“中观”) 风险状态的不确定性可以用如下熵函数描述:

$$S_i = -K_i \sum_{k=1}^{N} P_{ik} l_n P_{ik} \tag{12.1}$$

式中, K_i 为比例系数; S_i 为 “风险熵”, 它从 “中观” 状态上描述了 N 个 “微观” 风险状态的不确定性程度.

对于第 k 个攻防点对应的资产 A_{ik}, 根据本书第 2 章给出的风险识别方法和计算步骤以及 5.3 节给出的概率描述与计算方法, 即可得到风险概率值 P_{ik}; 当 $k = 1, 2, \cdots, N$ 时, 用同样的方法和步骤可以得到 ω_i 域内全部 N 个攻防点的风险概率值: $P_{i1}, P_{i2}, \cdots, P_{iN}$, 代入式 (12.1), 即可计算出 ω_i 域的风险熵 S_i. 按照上述方法和步骤遍历目标网络系统各个攻防域, 即可得到风险熵 $S_1, S_2, \cdots, S_p$. 目标网络系统整体 (“宏观”) 风险状态不确定性程度的测度 S 为各攻防域风险熵之和, 即

$$S = \sum_{i=1}^{p} S_i = -\sum_{i=1}^{p} K_i \sum_{k=1}^{N} P_{ik} l_n P_{ik} \tag{12.2}$$

假定各攻防点 (对应的资产要素) 的风险是在相互独立的情况下产生的, 对各攻防域及系统整体风险的影响也是相互独立的, 那么风险熵就描述了各攻防域以及整个目标网络系统所面临的平均风险量的大小[60,79]. 由于 $0 \leqslant P_{ik} \leqslant 1$, 根据熵的定义式 (12.1), 始终有 $S_i \geqslant 0$. 对于风险熵, 5.3.2 节给出了最大熵定理, 重述如下.

定理 12.1　当各攻防点 (对应的资产要素) 发生风险的概率相等, 且

$$P_{ik} = \frac{1}{e} \tag{12.3}$$

时, S_i 和 S 达到最大值, 并且有

$$S_{i\max} = \frac{N}{e}K_i \tag{12.4}$$

$$S_{\max} = \frac{N}{e}\sum_{i=1}^{p}K_i \tag{12.5}$$

由式 (12.2)、式 (12.5) 可知, 比例系数 K_i 刚好描述了不同攻防域的平均风险量对目标网络系统整体风险的影响程度, 需要在评估过程中予以确定. 显然有不等式

$$S_i \leqslant \frac{N}{e}K_i \tag{12.6}$$

$$S \leqslant \frac{N}{e}\sum_{i=1}^{p}K_i \tag{12.7}$$

当且仅当 $k=1,2,\cdots,N$ 均满足式 (12.3) 时等号成立.

由于 S_i, S 的最大值为 $\frac{N}{e}K_i$ 和 $\frac{N}{e}\sum_{i=1}^{p}K_i$, 为了便于比较, 定义网络攻防效能综合评价指数 E_i 和 E:

$$E_i = \frac{N}{e}K_i - S_i \tag{12.8}$$

$$E = \frac{N}{e}\sum_{i=1}^{p}K_i - S \tag{12.9}$$

式中, S_i 和 S 分别由式 (12.1) 和式 (12.2) 计算.

网络防御的目的在于尽可能降低目标网络系统的风险熵, 增强网络系统的受控能力; 网络攻击的目的在于尽可能增加目标网络系统的风险熵, 弱化网络系统的受控能力. 因此, 攻防博弈的结果是防御方希望 S_i 和 S 越小越好, 亦即 E_i 和 E 越大越好; 攻击方希望 S_i 和 S 越大越好, 亦即 E_i 和 E 越小越好. 于是, 可以将实际计算出的 E_i 和 E 值的大小作为综合评价攻防博弈效能的定量指标.

下面通过表 5.1 和表 5.6 展示的示例数据, 进一步给出基于风险熵的攻防效能静态综合评估的具体计算步骤, 为网络攻防效能评估的工程实践提供可参照的依据.

设针对某目标网络系统的攻防可以划分为六个攻防域, 即

$$\Omega = [\omega_1, \omega_2, \cdots, \omega_6]$$

每个攻防域内均有 3 个攻防点, 在攻防结束以后, 需要根据各攻防点 (对应的信息资产) 面临的风险状况对攻防效能做出综合评估. 为此, 可以分为以下步骤:

(1) 按照第 2 章给出的风险识别方法和步骤, 对该目标网络系统进行风险识别与分析, 所得结果如表 12.1 所示 (参见表 5.1).

表 12.1 风险识别结果一览表

k \ $Z_k(i)$ \ i	1	2	3	4	5	6
1	4	9	3	11	5	7
2	3	0	5	8	2	0
3	1	7	2	0	6	12

(2) 考虑到不确定性因素影响, 表 12.1 中所列 $z_k(i)$ 均为随机变数, 根据 5.3.1 节给出的方法和步骤, 可以计算出它们的取值概率 P_{ik}(参见式 (5.28) 和式 (5.31)), 所得结果如表 12.2 所示 (参见表 5.6).

表 12.2 风险识别结果概率分布一览表

k \ P_{ik} \ i	1	2	3	4	5	6
1	2.69×10^{-3}	6.61×10^{-2}	8.28×10^{-4}	10.15×10^{-2}	6.69×10^{-3}	2.81×10^{-2}
2	8.28×10^{-4}	2.26×10^{-6}	6.99×10^{-3}	4.57×10^{-2}	1.91×10^{-4}	2.26×10^{-6}
3	2.94×10^{-5}	2.81×10^{-2}	1.91×10^{-4}	2.26×10^{-6}	1.52×10^{-2}	10.99×10^{-2}
K_i	3	2	1	2	1	1

在表 12.2 中, 最后一行 K_i 为定义式 (12.1) 中的比例系数, 它代表各攻防域风险相对估值的影响系数, 可以根据用户经验、专家估计或其他权值计算方法予以确定.

(3) 由式 (12.1) 计算出各个攻防域的风险熵为

$$[S_1, S_2, S_3, S_4, S_5, S_6] = [0.066, 0.560, 0.042, 0.746, 0.100, 0.343]$$

目标网络系统的总熵值为

$$S = \sum_{i=1}^{6} S_i = 1.857$$

由式 (12.8), 式 (12.9) 可以求得攻防效能综合评价指数为

$$[E_1, E_2, E_3, E_4, E_5, E_6] = [3.245, 1.648, 1.062.1.462, 1.004, 0.761]$$

$$E = \sum_{i=1}^{6} E_i = 9.812$$

(4) 攻防效能分析. 在攻防开始以前, 按照上述 (1)~(3) 步骤对目标网络系统的风险熵预先进行评估计算, 其结果即为 S^0, 综合评价指数记为 E^0; 攻防结束以后, 按同样的步骤计算熵值 S 和综合评价指数 E, 在本示例中 S=1.857, E=9.812. 如果 $S < S^0$, 即 $E > E^0$, 则攻防的结果是防御方处于优势, 说明防御成功; 如果 $S > S^0$, 即 $E < E^0$, 则攻防的结果是攻击方处于优势, 说明攻击成功. 在本示例中, 假设 $S^0 = 1.000, E^0 = 10.04$, 则 $S > S^0$, $E < E^0$, 说明针对某目标网络系统的攻防博弈, 攻击方处于明显优势, 这是网络攻防实践中通常遇到的情况.

12.2.2 基于安全熵的动态评估模型

本书 6.3 节讨论了 "基于信息资产的动态评估模型与最大熵判别准则", 从网络防御的角度, 定义了目标网络系统的安全性概率, 讨论了基于资产要素安全性概率的时间分布特性, 通过定义 "风险强度", 直接将信息资产的安全风险与所面临的威胁频率和脆弱性程度等因素联系起来, 从而为网络攻防效能的动态综合评估提供了必要的准备条件. 这里所说的 "动态评估", 是指在对网络攻防效能进行评估的时候, 除了考虑安全风险的空间分布特性以外, 还要考虑安全风险的时间分布特性, 重点讨论由于攻防而引起的安全风险随时间的变化规律问题.

为了便于研究, 在考虑时间分布特性时, 我们将目标网络系统的攻防域集合族 Ω 界定为某一特定区域, 或者根据系统边界的相对性, 把目标网络系统作为一个攻防域进行整体研究.

设第 k 个攻防点 (对应资产 A_k) 的安全性概率为 $P_k(t)$, 则由于攻防而引起的系统整体 ("宏观") 安全状态的不确定性可以用如下熵函数描述 (参见式 (6.35)):

$$S(t) = -K_s \sum_{k=1}^{N} P_k(t) l_n P_k(t) \tag{12.10}$$

式中, K_s 为比例常数; $S(t)$ 为 "安全熵", 它是目标网络系统在攻防博弈过程中 "宏观" 安全状态不确定性程度的测度, 或者说它从 "宏观" 状态描述了 N 个 "微观" 安全状态的不确定性程度; $P_k(t)$ 由式 (6.28) 给出:

$$P_k(t) = \exp\left[-\int_0^t \eta_k(\tau)d\tau\right], \quad \eta_k \geqslant 0 \tag{12.11}$$

将式 (12.11) 代入式 (12.10), 可得

$$S(t) = K_s \sum_{k=1}^{N} P_k(t) \int_0^t \eta_k(\tau)d\tau$$

$$= K_s \sum_{k=1}^{N} \frac{\int_0^t \eta_k(\tau)d\tau}{\exp\left[\int_0^t \eta_k(\tau)d\tau\right]}, \quad \eta_k \geqslant 0 \tag{12.12}$$

记

$$S_k(t) = P_k(t)\int_0^t \eta_k(\tau)d\tau = \frac{\int_0^t \eta_k(\tau)d\tau}{\exp\left[\int_0^t \eta_k(\tau)d\tau\right]} \tag{12.13}$$

由一般数学理论知, 当式 (12.13) 中的积分值满足

$$\int_0^t \eta_k(\tau)d\tau = 1 \tag{12.14}$$

时, $S_k(t)$ 达到最大值, 这时有

$$S_k(t) = P_k(t) = \frac{1}{e} \tag{12.15}$$

当各攻防点 (对应的资产) 的风险强度等值且对时间的积分在时刻 t 均满足 (12.14) 时, 根据式 (12.12)、式 (12.13) 和式 (12.15) 可得目标网络系统安全熵的最大值 (最大熵) 为

$$S_{\max}(t) = K_s \sum_{k=1}^{N} S_k(t) = \frac{N}{e}K_s \tag{12.16}$$

记第 k 个攻防点 (对应资产 A_k) 的风险概率为 $q_k(t)$, 则有

$$q_k(t) = 1 - P_k(t) = 1 - \exp\left[-\int_0^t \eta_k(\tau)d\tau\right], \quad \eta_k \geqslant 0 \tag{12.17}$$

分析式 (12.11)~ 式 (12.17) 知, 在 t=0 时, $P_k(0) = 1, S(0) = 0, q_k(0) = 0$, 资产 $A_k(k = 1, 2, \cdots, N)$ 及整个目标网络系统处于确定性的安全状态; 当时间从 0 变到 t 时, 系统运行状况的变化过程及物理含义的分析参见 6.3.2 节.

本书 6.3.2 节定义的安全熵从本质上揭示了处于攻防对抗情况下的目标网络系统的安全性随时间而递减的客观规律. 假定各攻防点 (对应资产 A_k) 所面临的风险强度 $\eta_k(t)$ 为已知, 则可以根据式 (12.12) 计算出目标网络系统安全熵在任意时刻的值. 6.3.3 节定义了安全熵增量并给出了最大熵判别准则, 重述如下.

定义安全熵增量 $\Delta S(t)$:

$$\Delta S(t) = S(t+T) - S(t) \tag{12.18}$$

式中, T 为量测 (识别、计算) 周期. 以最大熵为分界线, 将系统运行的生命周期分为两个阶段: 在第一阶段, $S(t)$ 由小变大, 当满足式 (12.14) 时, $S(t)$ 达到最大值, 在这一阶段 $\Delta S(t) > 0$; 在第二阶段, $S(t)$ 由大变小, 最后趋于零值, 在这一阶段 $\Delta S(t) < 0$. 虽然在第一阶段目标网络系统安全状态的不确定性不断增加, 风险不断上升, 但从网络防御的角度, 可以认为这一阶段的安全风险是可以接受的, 而系统运行到第二阶段的安全风险是不可接受的. 于是有如下的安全风险判别准则, 亦即最大熵判别准则:

$$\left.\begin{array}{l} S(t) \leqslant \dfrac{N}{e} K_s \\ \Delta S(t) > 0 \end{array}\right\} \tag{12.19}$$

以及

$$\left.\begin{array}{l} S(t) < \dfrac{N}{e} K_s \\ \Delta S(t) < 0 \end{array}\right\} \tag{12.20}$$

根据上述分析和判别准则 —— 式 (12.19)、式 (12.20), 可以方便地对目标网络系统攻防的总体效果做出综合评价:

(1) 在网络攻防博弈过程中, 攻击方比防御方处于明显的优势地位, 因此目标网络系统一旦进入攻防对抗状态, 其安全性就将随时间的推移而递减, 这对网络防御是不利的. 除非防御方所采取的策略和措施能使各攻防点 (对应资产) 的风险强度恒为零, 以保证系统始终维持在攻防前的安全状态, 但这在实战中几乎是不可能做到的.

(2) 当计算出的安全熵满足不等式 (12.19) 时, 系统存在的风险防御方可接受, $S(t)$ 值越小, 系统的安全等级越高, 防御效果越好; 当计算出的安全熵值满足不等式 (12.20) 时, 系统存在的风险防御方不可接受, $S(t)$ 值越小, 系统的风险等级越高, 攻击的效果越好.

(3) 在攻防效能动态综合评估中, 目标网络系统的安全工作时间是一个重要的参数: 防御方希望这个时间越大越好, 而攻击方希望这个时间越小越好. 设第 k 个攻防点 (对应资产 A_k) 的安全工作时间为 T_k, 目标网络系统 "整体" 安全工作时间为 T_s, 则可定义

$$T_s = \frac{1}{N} \sum_{k=1}^{N} T_k \tag{12.21}$$

即目标网络系统安全工作时间为各攻防点所涵盖信息资产安全工作时间的平均值. 其中各信息资产的安全工作时间 $T_k (k = 1, 2, \cdots, N)$ 可根据积分式 (12.14) 进行计算, 即满足

$$\int_0^{T_k} \eta_k(\tau) d\tau = 1, \quad k = 1, 2, \cdots, N \tag{12.22}$$

例如, 当 $\eta_k(t) = \eta_k = \text{Const.}$ 时, 可得

$$\left.\begin{aligned} T_k &= \frac{1}{\eta_k} \\ T_s &= \frac{1}{N}\sum_{k=1}^{N}\frac{1}{\eta_k} \end{aligned}\right\} \tag{12.23}$$

在攻防实战中, 如何正确地、实时地识别和估计各攻防点涵盖的信息资产所面临的风险强度, 是网络攻防效能动态评估工作的关键环节之一.

例 12.1 设某目标网络系统一共有 5 个攻防点, 其中第 k 个攻防点涵盖的资产记为 $A_k, k = 1,2,3,4,5$. 在攻防开始前, 系统处于确定性的安全工作状态, 即 $\eta_k(t) = 0, k = 1,2,3,4,5; S(t) = 0$. 攻防结束以后, 通过实际观测和统计的结果, 各资产发生风险的概率大致如下: 资产 A_1, A_2 每月发生 2 次; 资产 A_3, A_4 每月发生 3 次; 资产 A_5 每 10 天发生 2 次. 若以天为时间计量单位, 根据风险强度的定义及内涵, 目标网络系统各攻防点涵盖资产面临的风险强度可粗略估计为

$$\eta_1 = \eta_2 = \frac{1}{15}; \quad \eta_3 = \eta_4 = \frac{1}{10}; \quad \eta_5 = \frac{1}{5}$$

由式 (12.11) 可得攻防结束后各攻防点涵盖资产的安全性概率为

$$\begin{aligned} P_1(t) &= P_2(t) = e^{-\frac{1}{15}t} \\ P_3(t) &= P_4(t) = e^{-\frac{1}{10}t} \\ P_5(t) &= e^{-\frac{1}{5}t} \end{aligned}$$

令式 (12.10) 中的比例常数 $K_s = 1$, 得目标网络系统的安全熵为

$$S(t) = \frac{2}{15}te^{-\frac{1}{15}t} + \frac{1}{5}te^{-\frac{1}{10}t} + \frac{1}{5}te^{-\frac{1}{5}t} \tag{12.24}$$

最大熵为

$$S_{\max}(t) = \frac{5}{e} = 1.839$$

取一天为一个量测 (识别、计算) 周期, 即令式 (12.18) 中的 $T = 1$(天), 由式 (12.24) 可计算出目标网络系统任意时间段的安全熵.

当 $t = 0$ 时, $S(0) = 0$; 当 t 从 0 变到 1(天) 时, 由式 (12.24) 计算得到

$$S(1) = 0.550 < 1.839$$

安全熵增量为

$$\Delta S(0) = S(1) - S(0) = 0.550 > 0$$

根据判别式 (12.19) 知, 系统存在的风险防御方可接受.

当 t 从 1(天) 变到 2(天) 时, 安全熵变为

$$S(2) = 0.828 < 1.839$$

安全熵增量为

$$\Delta S(1) = S(2) - S(1) = 0.278 > 0$$

根据判别式 (12.19) 知, 系统存在的风险防御方仍可接受.

随着时间的推移, 目标网络系统安全状态的不确定性不断增加, 当 $t = 9$(天) 时, 安全熵变为

$$S(9) = 1.689 < 1.839$$

当 t 从 9(天) 变到 10(天) 时, 安全熵继续变为

$$S(10) = 1.692 < 1.839$$

从第 9 天到第 10 天的安全熵增量为

$$\Delta S(9) = S(10) - S(9) = 0.003 > 0$$

仍然满足判别式 (12.19), 系统存在的风险防御方还可接受.

当 t 从 10(天) 变到 11(天) 时, 安全熵变为

$$S(11) = 1.680 < 1.839$$

从第 10 天到第 11 天的安全熵增量为

$$\Delta S(10) = S(11) - S(10) = -0.012 < 0$$

由判别式 (12.20) 知, 此时系统存在的风险防御方不可接受.

综上, 攻防结束以后, 随着时间的推移, 目标网络系统的安全性逐渐下降, 风险逐渐上升, 当运行时间超过 10 天时, 系统再也不能安全地正常工作, 必须采取更强的防御措施.

12.3　基于 Dematel 法的网络攻防效能评估

Dematel 法是决策试验与实验评估 (decision making trial and evaluation laboratory) 法的英文缩写, 是由设在日内瓦的美国 Bottlelle 研究所在 20 世纪 70 年代研发的一种综合性科学研究方法, 用于解决包含一系列复杂重要因素的、涉及多方

利益的科学、政治和经济问题 [90−92]. 该方法是一种运用图论与矩阵工具进行系统因素分析的方法, 通过分析系统中各因素之间的逻辑关系与直接影响关系, 计算出每个因素对其他因素的影响程度以及被影响程度, 从而计算出每个因素的中心度与原因度, 可以判断因素之间关系的有无及其强弱评价.

对于特定系统或者具体领域的研究, 决策试验与实验评估法的研究人员必须:

(1) 能够对其中主要概念或者最具影响力的因素进行识别或分类.

(2) 所有因素都被放入一个成对组合的 "直接影响" 比较矩阵, 并且按对系统中其他因素的影响程度区分优先次序: 从 "零" 或者 "没有影响" 到 "四" 或 "很高影响". 矩阵分解系统中的全部因素及其对比关系. 它显示每个因素对系统中其他因素施加影响的程度, 并按影响程度提供明晰的选择顺序.

(3) 影响因素用因果关系图描述. 因果关系图显示每个因素如何对系统中其他因素施加压力和承受来自系统中其他因素的压力, 包括每种影响关系的强度.

(4) 决策试验与实验评估法计算直接和间接影响关系的综合影响, 产生系统中所有因素的总体影响分数. 然后, 它可能把所有因素都放入一个等级体系结构中.

这样, 决策试验与实验评估法可以向决策者提供取得预期效果的有效方法, 帮助决策者制定切实可行的战术解决方案和高超的战略政策选择.

12.3.1 网络攻防策略与 "专门知识" 矩阵

网络攻防技术是信息对抗作战中的关键技术, 其内容包括网络攻防对抗体系、网络攻击和网络防御等诸多方面. 网络攻防的效能是由各个方面的影响因素决定的, 其中最重要的是两类影响因素: 网络攻击策略和网络防御策略. 使用决策试验与实验评估法分析网络攻防策略的目的在于: 了解各因素之间相互影响的情况; 借助因果关系图展示由各因素构成的系统; 了解系统的可控程度; 根据总体上在削弱网络攻击优势方面发挥的作用和对目标网络安全系统产生的积极影响, 列出网络攻击防范策略的优先次序, 供决策者参考.

网络攻击具有三种基本形式, 当然它们还会衍生出许多其他形式.

机密性 它包括任何越权采集信息, 包括暗中进行 "流量分析", 其中攻击者仅仅通过观察通信方式就能推断通信内容. 在基于 Web 应用的网络攻防行为中, 针对机密性的网络攻击主要有嗅探攻击、权限提升攻击等 (参见 8.2.3 节). 网络恐怖行动和网络战可能是未来才可能发生的事情, 但是我们现在已经生活在 "网络间谍的黄金时代". 例如, 最著名的案例是 "幽灵网络", 这是一个由遍及 103 个国家的瞄准外交、政治、经济和军事信息的 1000 多台受害计算机组成的网络间谍网.

完整性 它是指越权修改信息或者信息资源, 例如数据库. 在基于 Web 应用的网络攻击行为中, 针对完整性的攻击主要有参数修改、模式污染、元数据欺骗等 (参见 8.2.3 节). 完整性攻击可能为了犯罪、政治或军事目的而 "破坏" 数据.

可用性 它的目标是阻止合法用户访问他们执行任务需要的系统或者数据. 这通常称为拒绝服务攻击 (DoS 攻击), 包括对计算机、数据库和连接它们的网络进行一系列的恶意软件、网络流量和物理攻击. 在基于 Web 服务的网络攻击行为中, 针对可用性的攻击主要有有效载荷过大、强制解析、迷惑攻击等 (参见 8.2.3 节).

针对基于 Web 应用的网络攻击三种基本形式, 本书 8.2.4 节介绍了几种通用的防御策略和措施, 其中最重要的是 Web 服务安全性策略 (ws-security), 它为 Web 服务提供了机密性、完整性与认证机制. 此外还有模式验证、模式硬化、代码重构等防御策略和措施.

围绕某目标网络系统基于 Web 服务的攻防博弈中, 假定攻击方的策略集为 $S_2 = [s_{21}, s_{22}, s_{23}, s_{24}]$, 防御方的策略集为 $S_1 = [s_{11}, s_{12}, s_{13}]$, 其中:

s_{21} 表示嗅探攻击, 权限提升攻击等;

s_{22} 表示参数修改、模式污染、元数据欺骗等攻击;

s_{23} 表示拒绝服务攻击 (DoS 攻击);

s_{24} 表示恶意代码攻击;

s_{11} 表示 Web 服务安全性策略防御;

s_{12} 表示代码重构防御;

s_{13} 表示模式验证、模式硬化等策略防御.

由攻击策略和防御策略构成决策试验与实验评估法 "专门知识" 影响矩阵. 该矩阵根据各因素之间的相互影响程度, 并列排出网络攻击策略和网络防御策略. 矩阵中每个单一因素影响价值的大小需要基于相关情报分析人员和网络攻防实战研究人员长期的工作经验而得出. 本书 8.5.2 节讨论了攻防策略的分类与量化问题, 并将攻击致命度 (AL) 和防御操作代价 (OL) 均划分为三个级别. "专门知识" 矩阵中某一因素对其他因素的影响程度可以如此参照: 当攻击致命度或防御操作代价为 AL_1 或 OL_1 时, 影响程度可选为 "无 =0" 或 "低 =1"; 当攻击致命度或防御操作代价为 AL_2 或 OL_2 时, 影响程度可选为 "中 =2" 或 "高 =3"; 当攻击致命度或防御操作代价为 AL_3 或 OL_3 时, 影响程度可选为 "高 =3" 或 "很高 =4". 围绕某目标网络系统基于 Web 服务攻防策略的 "专门知识" 矩阵记为 X, 如图 12.1 所示.

在用决策试验与实验评估法开展此类研究时, 研究人员必须要注意, 在根据不同的目标网络系统分析确定各自不同因素影响值的同时, 还要考虑网络空间的动态特点, 各种变量会随着时间的推移而不断发生变化.

从图 12.1 可以看出, 矩阵 X 明显受攻击策略的控制, 即攻击策略比防御策略对目标网络系统更具影响力. 网络攻击策略的平均 "直接影响" 力是 19, 而网络防御策略的平均 "直接影响" 力是 13.3. 而且在 "很高" 影响程度这一级别中, 攻击策略相比防御策略拥有压倒性多数得分: 9 比 3, 这一结果似乎很符合人们的直觉. 当今, 人们通常的感觉是网络攻击者比网络防御对手具有更大优势.

	s_{21}	s_{22}	s_{23}	s_{24}	s_{11}	s_{12}	s_{13}	直接影响
s_{21}	0	2	2	3	4	4	3	18
s_{22}	3	0	2	3	3	4	2	17
s_{23}	4	4	0	4	3	4	3	22
s_{24}	4	3	3	0	4	3	2	19
s_{11}	3	3	1	4	0	2	2	15
s_{12}	4	2	1	4	3	0	2	16
s_{13}	2	1	1	2	2	1	0	9
受影响级别	20	15	10	20	19	18	14	

图 12.1 Dematel 法 “专门知识” 影响矩阵 X

图 12.2 通过简单地合计单个因素的影响程度得分, 按行排列矩阵 X 中的所有因素, 得分最多的排在最前面, 得分最少的排在最后面. 该图表明, 围绕某目标网络系统基于 Web 服务的攻防博弈中, 最有影响力的因素是攻击方对其保持拒绝服务攻击的能力, 第二重要因素是恶意代码攻击. 在防御策略中, 针对该目标网络系统最有效的防御是代码重构, 其次是 Web 服务安全性策略防御, 影响力最小的是模式验证、模式硬化等防御策略.

	因素	直接影响
s_{23}	拒绝服务攻击 (DoS 攻击)	22
s_{24}	恶意代码攻击	19
s_{21}	嗅探攻击、权限提升攻击等	18
s_{22}	参数篡改、模式污染、元数据欺骗等攻击	17
s_{12}	代码重构防御	16
s_{11}	Web 服务安全性策略防御	15
s_{13}	模式验证、模式硬化等策略防御	9

图 12.2 按因素区别 “直接影响”

图 12.3 通过简单地合计单个因素的影响程度得分, 按列排列矩阵 X 中的所有因素, 以说明每个因素易受矩阵中其他因素影响的程度 (“间接影响”). 该图表明,

	因素	直接影响
s_{21}	嗅探攻击、权限提升攻击等	20
s_{24}	恶意代码攻击	20
s_{11}	Web 服务安全性策略防御	19
s_{12}	代码重构防御	18
s_{22}	参数篡改、模式污染、元数据欺骗等攻击	15
s_{13}	模式验证、模式硬化等策略防御	14
s_{23}	拒绝服务攻击 (DoS 攻击)	10

图 12.3 易受影响性 (“间接影响”)

排名最高和最低的因素都是网络攻击策略. 这似乎是很自然的结果. 排名最高的因素主要是针对网络机密性攻击的策略, 攻击成功与否很容易受到其他因素的影响; 排名最低的因素是针对网络可用性的策略, 即拒绝服务攻击 (DoS 攻击), 其策略比较简单, 且受其他因素的影响最小.

对于网络防御策略来说是不幸的, 图 12.2、图 12.3 说明网络攻击策略不仅比网络防御策略获得更高的直接影响分数, 而且总体上它们更能抵御外部影响. 在图 12.3 中, 网络防御策略平均得分 17, 相比之下网络攻击策略平均得分才 16.25. 其中拒绝服务攻击 (DoS 攻击) 是最难防御的, 因为它受其他因素的影响很小.

12.3.2　因果关系图

Dematel 法分析的下一步涉及绘制一幅因果关系图, 如图 12.4 所示. 形象化地展示复杂数据能够促进人们的认识和理解. 各种因素通过因果关系图形成了一个相互关联的系统. 系统包含的参数越少, 越易于控制, 越易于使用图表显示. 矩阵 X 很大, 尺寸 7×7 或者 49, 已经成为一个复杂系统. 为了充分展示因果关系图的作用, 并有利于分析, 我们只显示矩阵 X 中具有 "很高" 影响关系的因素.

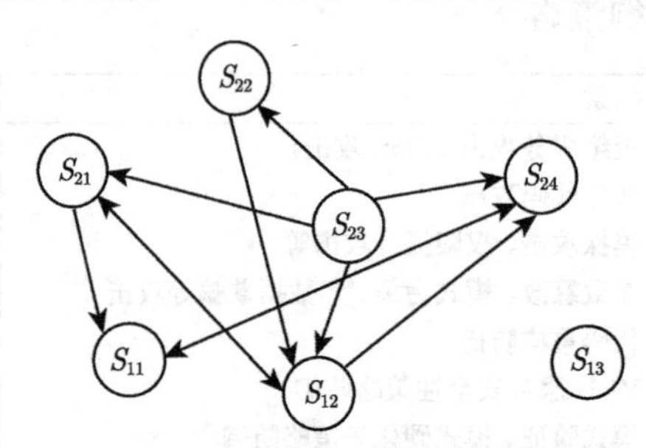

图 12.4　网络攻防策略: 因果关系

图 12.4 中, s_{23}(拒绝服务攻击) 是矩阵 X 中影响力最大的因素, 它对其他四个因素 s_{21}(嗅探攻击、权限提升攻击)、s_{22}(参数篡改、模式污染、元数据欺骗等攻击)、s_{24}(恶意代码攻击)、s_{12}(代码重构防御) 都有 "很高" 的直接影响力, 而其中一个因素 s_{13}(模式验证、模式硬化等防御策略), 它不影响 "很高" 级别的任何其他因素, 是矩阵 X 中影响力最小的因素.

因果关系图揭示系统中因素之间相互影响的另一个主要方面: 尽管部分因素影响力较小, 但无论是施加影响还是受到影响, 有些因素与其他因素具有多重重要连接. 除了 s_{13} 之外, s_{21}, s_{22}, s_{24}, s_{12}, s_{11} 五个因素至少与其他两个以上 (含两个) 的因素形成了 "很高" 影响关系, 这使他们能在系统中发挥很重要的作用. 如果决策者能够采取措施, 改变这些因素中任何一个的本质属性, 都将从整体上对该系统产生重大影响.

12.3.3 计算直接影响和间接影响

因果关系图 (图 12.4) 揭示了每个因素不仅对系统中其他因素有直接影响, 而且还对其他因素有间接影响, 最终系统中每个因素还会对自身产生影响.

图 12.5 描述了动态的具有实际作用的直接影响和间接影响. 其中, s_{23}(拒绝服务攻击) 对 s_{22}(参数篡改、模式污染、元数据欺骗等攻击) 的直接影响是 4("很高"), s_{22} 对 s_{21}(嗅探攻击、权限提升攻击等) 的直接影响是 3("高"), s_{23} 对 s_{21} 的间接影响是 2("中") (参见图 12.1).

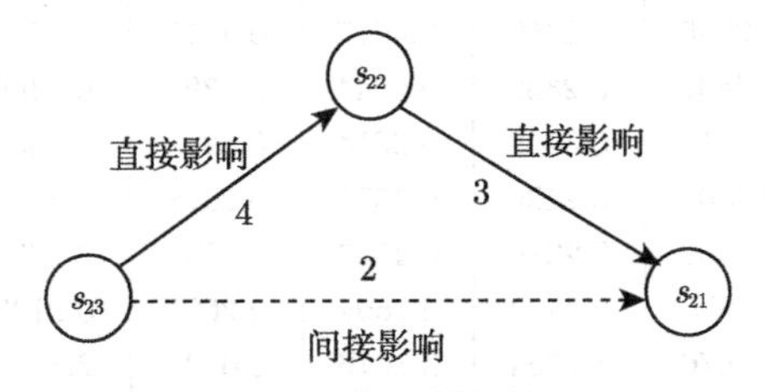

图 12.5 直接影响和间接影响

决策试验与实验评估法是计算一组相关因素直接影响和间接影响总数的一种最简便和最益的方法. 第一, 矩阵 X 被转变成标准化矩阵 D. 新的数字得自用原数值除以矩阵 X 中行/列最高的总分, 即 s_{23}(拒绝服务攻击), 其 "直接影响" 得分 22 分. 因而, 新的影响级别是: "无 =0"=0; "低 =1"=0.455; "中 =2"=0.0909; "高 =3"=0.1364; "很高 =4"=0.1818. 矩阵 D 如图 12.6 所示.

	s_{21}	s_{22}	s_{23}	s_{24}	s_{11}	s_{12}	s_{13}
s_{21}	0	0.0909	0.0909	0.1364	0.1818	0.1818	0.1364
s_{22}	0.1364	0	0.0909	0.1364	0.1364	0.1818	0.0909
s_{23}	0.1818	0.1818	0	0.1818	0.1364	0.1818	0.1364
s_{24}	0.1818	0.1364	0.1364	0	0.1818	0.1364	0.0909
s_{11}	0.1364	0.1364	0.0455	0.1818	0	0.0909	0.0909
s_{12}	0.1818	0.0909	0.0455	0.1818	0.1364	0	0.0909
s_{13}	0.0909	0.0455	0.0455	0.0909	0.0909	0.0455	0

图 12.6 Dematel 法标准化矩阵 D

第二, 矩阵 D 被转变 "综合影响" 矩阵 T, 其中 T 与 D 的关联关系由 Dematel 公式确定:

$$T = D + D^2 + \cdots + D^n = (t_{ij})_{n\times n} \tag{12.25}$$

其中, n 为因素个数, 在这里 n=7. 因素的直接影响度 f_i 和间接影响度 e_j 分别由下式计算:

$$f_i = \sum_{j=1}^{n} t_{ij}, \quad i = 1, 2, \cdots, n \tag{12.26}$$

$$e_j = \sum_{i=1}^{n} t_{ij}, \quad j = 1, 2, \cdots, n \tag{12.27}$$

矩阵 T 如图 12.7 所示. 间接影响不仅改变了矩阵, 而且改变了我们对系统本质的理解. 间接影响是“反馈”影响, 它使每个因素都能影响系统中的其他因素, 而且最终, 系统中每个因素还会对自身产生影响.

	s_{21}	s_{22}	s_{23}	s_{24}	s_{11}	s_{12}	s_{13}	直接影响
s_{21}	0.3509	0.3494	0.2697	0.4719	0.4958	0.4681	0.3703	2.7761
s_{22}	0.4621	0.2585	0.2662	0.4617	0.4517	0.4641	0.3262	2.6905
s_{23}	0.5862	0.4831	0.2336	0.5844	0.5390	0.5469	0.4280	3.4012
s_{24}	0.5356	0.4114	0.3250	0.3814	0.5258	0.4659	0.3563	3.0014
s_{11}	0.4235	0.3508	0.2130	0.4571	0.2978	0.3592	0.2995	2.4009
s_{12}	0.4773	0.3268	0.2216	0.4757	0.4363	0.2902	0.3132	2.5409
s_{13}	0.2695	0.1876	0.1463	0.2694	0.2661	0.2133	0.1347	1.4869
间接影响	3.1051	2.3676	1.6754	3.1016	3.0125	2.8077	2.2282	

图 12.7 “综合影响” 矩阵 T

12.3.4 分析综合影响

根据决策试验与实验评估法 (Dematel 法) 计算出的直接影响和间接影响, 图 12.8 按照系统内每个因素的 “综合影响”, 进一步揭示了更完整的因果关系情况. 其中 “综合影响” 也就是因素的 “中心度”, 被定义为直接影响度 (直接影响指标) 和间接影响度 “间接影响指标” 之和, 记为 c_i, 亦即

$$c_i = f_i + e_i, \quad i = 1, 2, \cdots, n \tag{12.28}$$

因素	直接影响指标	间接影响指标	综合影响
s_{24}	3.0014	3.1016	6.1030
s_{21}	2.7761	3.1051	5.8812
s_{11}	2.4009	3.0125	5.4134
s_{12}	2.5409	2.8077	5.3486
s_{23}	3.4012	1.6754	5.0766
s_{22}	2.6905	2.3676	5.0581
s_{13}	1.4869	2.2282	3.7151

图 12.8 最初的综合影响指标

综合计算直接和间接 “综合影响” 产生了全部因素的另一种排名. 图 12.8 前面五个因素与因果关系图 12.4 中证明是相同的, 因为它们与其他因素构成影响关系最多 (无论是施加影响还是受到影响). 只是, 在增加间接影响得分后, 按 “综合影响”

分排名, 因素排名的顺序发生了变化: s_{24}(恶意代码攻击) 排在了第一位, 而直接影响最大的 s_{23}(拒绝服务攻击) 排在了第五位; 原本排列靠后的防御策略 s_{11}(Web 服务安全性策略防御)、s_{12}(代码重构防御) 提升到了第三位和第四位; 只有 s_{13}(模式验证、模式硬化等策略防御) 仍然排在最后一位.

决策试验与实验评估法 (Dematel 法) 分析的最后一步是从图 12.8 直接影响中减去间接影响, 绘制图 12.9 所示的最后标准化综合影响指标. 其中 "得分" 栏中的数字也就是因素的 "原因度", 被定义为直接影响度 (直接影响指标) 和间接影响度 (间接影响指标) 之差, 记为 R_i:

$$R_i = f_i - e_i, \quad i = 1, 2, \cdots, n \tag{12.29}$$

	Dematel 法分析综合影响	得分
s_{23}	拒绝服务攻击 (DoS 攻击)	1.7258
s_{22}	参数篡改、模式污染、元数据欺骗等攻击	0.3238
s_{24}	恶意代码攻击	−0.1002
s_{12}	代码重构防御	−0.2668
s_{21}	嗅探攻击、权限提升攻击	−0.3290
s_{11}	Web 服务安全性策略防御	−0.6116
s_{13}	模式验证、模式硬化等策略防御	−0.7413

图 12.9 最后综合影响指标

完成最后计算之后, 我们发现各因素的总排名接近图 12.2 中最初的直接影响排名. 事实上, 网络防御策略排名次序并没有改变, 如图 12.10 所示.

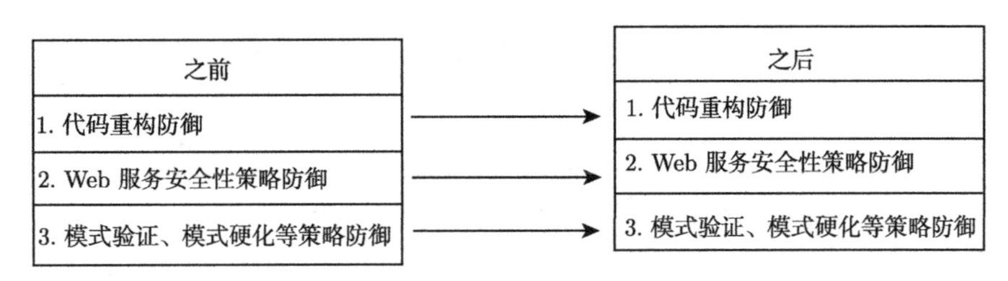

图 12.10 网络防御策略概要

注意到网络防御的各策略在最终指标中均获得负分, 它说明网络防御是网络攻防系统中影响的接受者而非施加者, 始终处于被动地位.

网络攻击策略的排名变动情况如图 12.11 所示.

图 12.11 显示, 恶意代码攻击策略 (s_{24}) 从之前的第二位降为之后的第三位; 嗅探攻击、权限提升攻击策略 (s_{21}) 从之前的第三位降为之后的第四位; 参数篡改、模式污染、元数据欺骗等攻击策略 (s_{22}) 则从之前的第四位上升到之后的第二位. 唯一不变的是拒绝服务攻击 (s_{23}), 之前和之后都保持在第一位.

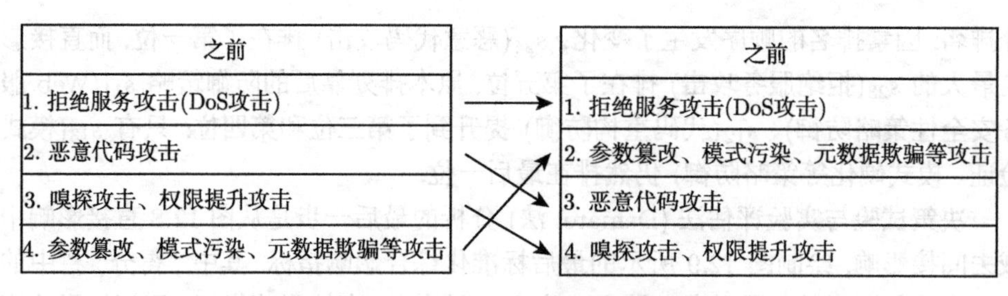

图 12.11　网络攻击策略概要

注意到攻击策略中的恶意代码攻击 (s_{24}) 和嗅探攻击、权限提升攻击 (s_{21}) 在最终指标中也是得负分, 说明它们在网络攻防系统中不仅是影响的施加者, 而且更多的是影响的接受者. 而拒绝服务攻击也就是 DoS 攻击 (s_{23}) 和参数篡改、模式污染、元数据欺骗等攻击 (s_{22}) 不但在最终指标中排名第一、第二位, 而且得正分, 说明它们在网络攻防系统中主要是影响的施加者, 抵御其他因素影响的能力较强. 这一结果是研究基于 Web 服务的网络攻防博弈中一个重要的发现.

参 考 文 献

[1] Trusted Computer System Evaluation Criteria (TCSEC)[S]. US DOD 5200.28-STD, December 1985.

[2] ITSEC, Information Technology Security Evaluation Criteria, Version 1.2[S]. Office for Offcial Publications of the European Communities, June 1991.

[3] Common Criteria for Information Technology Security Evaluation[S]. version 2.0, Common Criteria Editing Board, May 1998.

[4] ISO/IEC 15408-1(1999-12), Information Technology-Security Techniques- Common Criteria for IT Security Evaluation (CCITSE)-Part 1: General Model[S].

[5] ISO/IEC 15408-2(1999-12), Information Technology-Security Techniques- Common Criteria for IT Security Evaluation (CCITSE)-Part 2: Security Functional Requirements[S].

[6] ISO/IEC 15408-3(1999-12), Information Technology-Security Techniques- Common Criteria for IT Security Evaluation (CCITSE)-Part 3: Security Functional Requirements[S].

[7] BS7799-1:1999, Information Security Management. Code of Practice for Information Security Management Systems, British Standards Institute[S].

[8] BS7799-2:1999, Information Security Management. Code of Practice for Information Security Management Systems, British Standards Institute[S].

[9] ISO/IEC 17799:2000, Information Technology-code of Practice for Information Security Management[S]. 2000.12.

[10] ISO/IEC 13335-1(1997-01), Information Technology-Guidelines for the Management of IT Security-Part 2: Managing and Models for IT Security[S].

[11] ISO/IEC 13335-2(1998-01), Information Technology-Guidelines for the Management of IT Security-Part 2: Managing and Planning IT Security[S].

[12] ISO/IEC 13335-3(1998-06), Information Technology-Guidelines for the Management of IT Security-Part 3: Techniques for the Management of IT Security[S].

[13] ISO/IEC 13335-4(2000-03), Information Technology-Guidelines for the Management of IT Security-Part 4: Selection of Safeguards[S].

[14] IATF, Information Assurance Technical Framework, National Security Agency IA Solutions Technical Directors, Release 3.0[S]. September 2000.

[15] GB/T 18336.1-2001, 信息技术　安全技术　信息技术安全性评估准则　第 1 部分: 简介和一般模型 [S]. 中华人民共和国国家标准, 2001.12.

[16] GB/T 18336.2-2001, 信息技术　安全技术　信息技术安全性评估准则　第 2 部分: 安全功能要求 [S]. 中华人民共和国国家标准, 2001.12.

[17] GB/T 18336.3-2001, 信息技术　安全技术　信息技术安全性评估准则　第 3 部分：安全保证要求 [S]. 中华人民共和国国家标准, 2001.12.

[18] GB 17859-1999, 计算机信息系统安全保护等级划分准则 [S]. 北京：中国标准出版社, 1999.9.

[19] GB/T 20984-2007, 信息安全技术　信息安全风险评估规范 [S]. 中华人民共和国国家标准, 2007.6.

[20] 张树京, 齐立心. 信息论与信息传输 [M]. 北京：清华大学出版社, 北京交通大学出版社, 2005.

[21] 维纳 N. 控制论 [M]. 北京：科学出版社, 1985.

[22] 高隆昌. 系统学原理 [M]. 北京：科学出版社, 2005.

[23] 颜泽贤, 范冬萍, 张华夏. 系统科学导论 —— 复杂性探索 [M]. 北京：人民出版社, 2006.

[24] 戴宗坤, 罗万伯, 等. 信息系统安全 [M]. 北京：电子工业出版社, 2002.

[25] 乔治・E・瑞达. 风险管理与保险原理 [M]. 8 版. 申曙光译. 北京：中国人民大学出版社, 2006.

[26] 刘新立. 风险管理 [M]. 北京：北京大学出版社, 2006.

[27] GB/T 18794.5 信息技术　开放系统互连　开放系统安全框架　第 5 部分：机密性框架 [S]. 中华人民共和国国家标准, 2003, 11.

[28] GB/T 18794.6 信息技术　开放系统互连　开放系统安全框架　第 6 部分：完整性框架 [S]. 中华人民共和国国家标准, 2003, 11.

[29] 王祯学, 古钟璧. 系统辨识与自适应控制 [M]. 四川：四川科学技术出版社, 1998.

[30] 王祯学, 戴宗坤, 肖龙, 等. 信息系统风险控制的数学方法 [J]. 四川大学学报 (自然科学版), 2004, 41(6): 1184-1187.

[31] 王祯学, 戴宗坤, 肖龙, 等. 信息系统风险评估的数学方法 [J]. 四川大学学报 (自然科学版), 2004, 41(5): 991-994.

[32] 沈建明. 项目风险管理 [M]. 王汉功主审. 北京：机械工业出版社, 2006.

[33] 肖龙, 戴宗坤, 王祯学. 信息系统资源分布模型研究 [J]. 四川大学学报 (自然科学版), 2004, 41(3): 560-564.

[34] GB/T 9361-2000 计算机场地安全需求 [S]. 中华人民共和国国家标准, 2000.

[35] GB/T 19859-1999 计算机信息系统　安全保护等级划分准则 [S]. 中华人民共和国国家标准, 1999.

[36] GB/T 19716-2005 信息技术　信息安全管理实用规则 [S]. 中华人民共和国国家标准, 2005.

[37] 王红卫. 建模与仿真 [M]. 北京：科学出版社, 2002.

[38] 徐俊明. 组合网络理论 [M]. 北京：科学出版社, 2007.

[39] 中山大学数学力学系,《概率论及数理统计》编写小组. 概率论及数理统计 [M]. 北京：人民教育出版社, 1980.

[40] 李焕洲, 王祯学, 陈麟, 等. 信息系统安全风险的概率描述及基本特征 [J]. 四川大学学报 (自然科学版), 2005, 42(6): 1166-1169.

[41] 卢昱. 网络控制论概论 [M]. 北京：国防工业出版社, 2005.
[42] 陈树柏, 左垲, 张良震. 网络图论及其应用 [M]. 北京：科学出版社, 1982.
[43] 王朝瑞. 图论 [M]. 2 版. 北京：北京理工大学出版社, 2001.
[44] 何关钰. 线性控制系统理论 [M]. 沈阳：辽宁人民出版社, 1982.
[45] 张嗣瀛, 高立群. 现代控制理论 [M]. 北京：清华大学出版社, 2006.
[46] Katsuhiko Ogata. 离散时间控制系统 [M]. 2 版. 陈杰, 等译. 北京：机械工业出版社, 2006.
[47] 张有为. 维纳与卡尔曼滤波理论导论 [M]. 北京：人民教育出版社, 1980.
[48] 韩崇昭, 王月娟, 万百五. 随机系统理论 [M]. 西安：西安交通大学出版社, 1987.
[49] 刘豹. 现代控制理论 [M]. 北京：机械工业出版社, 1983.
[50] 姜璐. 熵 —— 系统科学的基本概念 [M]. 沈阳：沈阳出版社, 1997.
[51] 王祯学, 周安民, 戴宗坤. 信息系统的风险控制与耗费成本 [J]. 计算机工程与应用, 2006, (11): 141-143.
[52] 俞建. 博弈论与非线性分析 [M]. 北京：科学出版社, 2008.
[53] 侯定丕. 博弈论导论 [M]. 北京：中国科技大学出版社, 2004.
[54] 汪贤裕, 肖玉明. 博弈论及其应用 [M]. 北京：科学出版社, 2008.
[55] 姜伟, 方滨兴, 田志宏, 等, 基于攻防博弈模型的网络安全测评和最优主动防御 [J]. 计算机学报, 2009, 32(4): 817-827.
[56] Lee W, Fan W, Miller M, et al. Toward Cost-Sensitive modeling for intrusion detection and response[J]. Journal of Computer Security, 2002, 10(1-2): 5-22.
[57] 钟守楠, 高成修. 运筹学理论基础 [M]. 武汉：武汉大学出版社, 2005.
[58] Von Neumann J, Morgenstern O. 博弈论与经济行为 [M]. 王文玉, 王宇译. 北京：生活 · 读书 · 新知三联书店. 2004.
[59] Hamilton S N, Miller W L, Ott A, et al. The role of game theory in information Warfare//Proceedins of the 4th Information Survivability Workshop. Vancouver, Canada, 2002: 45-46.
[60] 欧晓聪, 王祯学, 胡勇, 等. 基于 GB/T 20984 的信息安全风险评估模型与综合评价方法 [J]. 四川大学学报 (自然科学版), 2010, 47(3): 469-472.
[61] 孙绍荣, 宗利永, 鲁虹. 理性行为与非理性行为：从诺贝尔经济学奖获奖理论看行为管理研究的进展 [M]. 上海：上海财经大学出版社, 2007.
[62] 林闯, 王元卓, 汪洋. 基于随机博弈模型的网络安全分析与评价 [M]. 北京：清华大学出版社, 2011.
[63] Savage L J. The Foundations of Statistics [M]. 2nd ed. New York: Dover Publications, 1972.
[64] 理查德 · A · 克拉克, 罗伯特 · K · 科奈克. 网络空间战：美国总统安全顾问：战争就在你身边 [M]. 刘晓雪, 陈茂贤, 李博恺, 等译. 北京：国防工业出版社, 2012.
[65] 天河文化. 最新黑客攻防从入门到精通 [M]. 北京：机械工业出版社, 2015.
[66] 田俊峰, 杜瑞忠, 杨晓晖. 网络攻防原理与实践 [M]. 北京：高等教育出版社, 2012.

[67] Jensen M, Gruschka N, Herkenhoner R, et al. SOA and Web services: New technologies, new standards, new attacks[C]. Proc of the Web Services, 2007.
[68] Lindstrom P. Attacking and defending Web Services[J]. Research Report, 2004.
[69] Williams C, Mobasher B, Burke R, et al. Detection of obfuscated attacks in collaborative recommender systems[C]. Proc of the Workshop on Recommender Systems, ECAI, 2006.
[70] Shema M. HackNotes: Web Security Pocket Reference[M]. McGraw-Hill/Osborne, 2003.
[71] Jason R. Cross-site Scripting Vulnerabilities Technical Report[R]. Carnegie Mellon Software Engineering Institute, 2001.
[72] Gruschka N, Jensen M, Luttenberger N. A Stateful Web Service firewall for BPEL[J]. Proc of the IEEE Int. Conf on Web Services (ICWS 2007), 2007.
[73] Gruschka N, Herkenhoner R, Luttenberger N. WS-Security Policy decision and enforcement for Web Service firewalls[J]. Proc of the IEEE/IST Workshop on Monitoring, Attack Detection and Mitigation, 2006.
[74] Noga M L, Schott S, Löwe W. Lazy XML processing[J]. DocEng: Proc of the 2002 ACM Symp on Document Engineering, 2002.
[75] Bhargavan K, Fournet C, Gordon A D, et al. An advisor for Web services security policies[C]. SWS 2005: Proc of the Workshop on Secure Web Services, 2005.
[76] Fudenberg D, Tirole J. 博弈论. 姚洋校, 黄涛泽. 北京：中国人民大学出版社, 2010.
[77] Gruschka N, Luttenberger N. Protecting Web Services from DoS attacks by SOAP message validation[C]. Proc of the Int Conf Information Security (SEC 2006), 2006.
[78] Stuttard D, Pinto M. 黑客攻防技术宝典 Web 实战篇 [M]. 2 版. 石华耀, 傅志红译. 北京：人民邮电出版社, 2016.
[79] 王祯学, 周安民, 方勇. 信息系统安全风险估计与控制理论 [M]. 北京：科学出版社, 2011.
[80] 岳超源. 决策理论与方法 [M]. 北京：科学出版社, 2018.
[81] 张维迎. 博弈论与信息经济学 [M]. 上海：格致出版社, 上海三联书店, 上海人民出版社, 2009.
[82] Selten R. Spieltheoretische behandlung eines oligopolmodells mit nachfragetragheit[J]. Zeitschrift für die Gesamt Stactswissenschaft, 1965(1-1, 2): 301-324.
[83] Scarfone K, Mell P. An analysis of CVSS version 2 vulnerability scoring[C]//Empirical Software Engineering and Measurement, 2009. ESEM 2009. 3rd International Symposium on. IEEE, 2009: 516-525.
[84] Phillips C, Swiler L P. A graph-based system for network-vulnerability analysis[C]// Proceedings of the 1998 Workshop on New Security Paradigms. ACM, 1998: 71-79.
[85] 鲜明, 包卫东, 王永杰, 等. 网络攻击效果评估导论 [M]. 北京：国防科技大学出版社, 2007.
[86] 钟远, 郝建国. 基于系统熵的网络攻击信息支援效能评估方法 [J]. 解放军理工大学学报 (自然科学版), 2014, 15(2)：127-132.
[87] 肯尼斯・吉尔斯. 战略网络空间安全 [M]. 王陶然, 张菊, 严志刚, 等译, 2015.
[88] 郭宏生. 网络空间安全战略 [M]. 北京：航空工业出版社, 2016.

[89] 王永杰, 鲜明, 王国玉, 等. 计算机网络攻击效能评估研究 [J]. 计算机工程与设计, 2005, 26(11): 2868-2870, 2901.

[90] Wu W W, Lee Y T. Developing global managers' competencies using the fuzzy DEMATEL method[J]. Expert Systems with Applications, 2007, 32(2): 499-507.

[91] Tzeng G H, Chiang C H, Li C W. Evaluating intertwined effects in e-learning programs: A novel hybrid MCDM model based on factor analysis and DEMATEL[J]. Expert Systems with Applications, 2007, 32(4): 1028-1044.

[92] Chang B, Chang C W, Wu C H. Fuzzy DEMATEL method for developing supplier selection criteria[J]. Expert Systems with Applications, 2011, 38(3): 1850-1858.

第一版后记

随着计算机技术和网络通信技术的飞速发展, 社会信息化的快速推进, 信息系统安全问题日益突出, 信息安全已成为国家安全的重要组成部分, 建立和完善信息安全保障体系已成为目前安全建设的首要任务. 信息安全保障涉及方方面面的内容, 其中增强信息对抗能力、完善信息安全管理是关键环节之一, 而信息系统风险评估与控制作为信息对抗和信息安全管理的重要内容, 在信息安全保障体系建设的各个阶段发挥着重要的作用.

本书将信息论、系统论、控制论以及博弈论的基本思想和方法综合应用于研究信息系统安全风险的分析、评估与控制、信息对抗等问题上, 目的在于引发一些新的研究思路, 得到一些新的研究结果, 希望能对信息安全的理论研究和工程实践具有一定的指导意义或启发作用.

本书以现有国内外信息安全风险评估规范 (标准) 和/或安全管理标准为基础, 站在控制论或系统论的高度, 综合应用信息论、控制论、系统论 (包括复杂系统理论) 的基本思想和方法, 从分析信息系统构成要素和信息资产面临的安全风险入手, 用定性分析和定量分析相结合的方法, 先给出了信息系统风险分析、评估与控制应遵循的基本思路和实施步骤, 建立了信息系统风险评估与控制的模型结构, 指出了用系统理论方法研究信息系统风险评估与控制时应该注意的事项, 为后续问题的深入研究提供了一个理论框架及方法论基础.

在 "信息系统风险评估与控制模型结构" 框架内, 讨论了信息系统资源分布模型问题, 包括信息系统构成要素、资产分类、基于信息流保护的资源分布模型等内容. 以此为基础, 进而讨论基于信息资产的风险识别与分析问题, 包括资产识别与赋值、威胁识别与赋值、脆弱性识别与赋值、风险分析与计算等内容. 风险识别与分析过程的每一阶段都给出了详细的操作步骤和量化计算方法, 为信息系统安全风险的综合评估或风险控制 (安全保护) 提供了科学依据与前提条件.

在 "基于信息流保护的资源分布模型" 的基础上, 选择安全风险作为描述变量, 以风险识别与分析的结果为依据, 分别建立了信息系统基于时空坐标系的数学模型和基于网络拓扑结构的逻辑模型. 以数学模型为基础, 进一步对信息系统的可控性、可观测性等结构特性进行了具体描述与分析, 为后续讨论安全风险的动态估计、状态控制和攻防控制等问题奠定了必备的基础.

以状态模型为基础, 借助控制系统理论中的观测器理论和 Kalman 滤波理论, 分别讨论了确定性情况下风险状态重构和随机情况下风险状态估计的问题, 从而获得信息系统安全风险的时间分布特性, 为信息安全动态综合评估或实时风险控制提供依据.

在信息资产的风险识别和信息系统各风险域及风险点数学描述的基础上, 讨论了安全风险的静态综合评估问题. 所谓 “静态”, 是指信息系统的风险状态或风险输出只与空间分布特性有关, 而不考虑随时间的动态变化情况. 通过引入风险域及各风险点相对估值的影响系数, 对同一风险特性在不同风险域中对系统总体风险的影响程度, 以及不同风险域中同一风险特性之间的相互关联性作了探讨; 通过定义 “基本风险集” 与 “风险合理性系数”, 导出了信息系统安全风险的静态综合评估准则. 考虑到信息资产各风险量测 (识别) 值为随机变数的情况, 建立了基于信息资产的风险概率模型, 并将熵的概念引入信息安全领域, 通过定义 “风险熵”, 以定量描述各风险域及系统整体风险的不确定性程度, 揭示安全风险随系统复杂程度而递增的客观规律, 给出了分别从 “微观”、“中观” 和 “宏观” 的不同角度对信息系统的安全风险作出综合评价的理论和方法.

在信息系统安全风险的综合评估中, 除考虑安全风险的空间分布特性之外, 还要考虑安全风险的时间分布特性, 即研究安全风险随时间的变化规律问题, 这就是信息系统安全风险的动态综合评估. 本书从整体角度考虑, 通过定义 “风险强度”, 建立了 “基于安全属性” 的信息系统安全风险时间分布模型, 并通过讨论风险概率的理论分布, 给出信息系统安全风险的基本概率特征; 建立了 “基于信息资产” 的信息系统安全风险时间分布模型, 以定量描述安全风险在 “微观” 层次上的时间分布特性, 并通过定义 “安全熵”, 从整体 (“宏观”) 层次上定量描述系统在 “微观” 安全状态上的不确定性程度, 揭示信息系统安全性随时间而递减的客观规律; 在详细分析安全性递减规律的基础上, 导出了基于 “安全熵” 的信息系统安全风险动态综合评估准则: “最大熵判别准则”, 并给出了信息系统安全工作时间的计算方法.

在风险识别、估计和信息系统数学描述的基础上, 集中讨论了面向信息资产的风险控制模型和风险控制算法问题, 将信息系统安全风险的状态控制归结为在模型方程约束下的动态最优化问题, 并借助动态规划方法或极大值原理进行求解, 从而获得信息系统风险控制的最优算法; 从安全风险状态控制的角度, 特别讨论了基于 Logistic 模型的信息系统攻防控制问题, 通过定义状态熵, 从宏观层次上揭示了信息系统攻防控制的实质, 并给出控制效能测度指标, 为攻防控制效能的综合评价提供了量化依据. 与此同时, 还讨论了信息安全风险控制与耗费成本之间的关系, 为信息系统风险控制 (安全保护) 的工程设计提供了理论依据.

根据攻防竞争与对抗的特点, 本书进一步将博弈论的基本原理和方法用以解决信息系统的攻防控制问题. 以信息资产的安全性概率和风险概率为博弈参数, 借助矩阵博弈和 Nash 均衡的基本原理与方法构建了目标信息系统的攻防控制模型, 将信息系统的攻防控制归结为围绕信息资产安全风险的策略博弈问题. 根据矩阵博弈的特点构造了攻防双方的支付 (收益) 函数, 借助矩阵博弈中的最大值、最小值定理导出了面向信息资产的攻防控制算法, 并通过实例仿真验证了所建模型和算法的可行性; 根据 Nash 均衡非合作博弈的特点构造了攻防双方的支付 (收益) 函数, 按支付 (收益) 最大化的原则导出了面向资产的攻防控制算法, 从而获得攻防双方的最优策略组合 (Nash 均衡点) 与安全性概率和风险概率之间的函数关系, 并详细讨论了攻防博弈中的纯策略 Nash 均衡和混合策略 Nash 均衡问题.

本书是一部具有探索性和尝试性的专著, 与此相关的许多理论和实际问题还需要不断地进一步深入研究, 列举如下:

(1) 基于信息系统资源分布、资源组合、资源管理的风险值描述, 风险值量测 (识别), 风险值量化; 量化的风险值与安全标准、安全等级之间的一一对应关系; 各种数据库 (包括资源库、脆弱性库、威胁库、安全策略库等) 的规范与建立.

(2) 信息安全风险概率模型的进一步研究. 如何通过工程实践和大量的统计数据, 正确描述信息系统所面临的安全风险概率, 确定其中的特性参数, 分别归纳出 "基于安全属性" 和 "基于信息资产" 以及系统整体风险的统计分布规律, 找出它们的分布函数.

(3) 信息系统安全风险状态空间模型描述的进一步研究. 针对不同信息系统的拓扑结构, 不同应用领域的信息系统, 开展对一般状态模型中函数 F 和 G 的研究; 开展对线性状态模型中参数矩阵 A, B, C 的估计与辨识方法的研究.

(4) 信息系统安全风险状态的实时观测 (估计) 理论和工程实现方法的进一步研究. 包括针对不同信息资产和不同网络环境下量测 (估计) 工具的研究与开发等;

(5) 信息系统 "容许控制策略" 与 "适度安全措施" 之间一一对应关系的研究, 如何将这种关系之间的相互映衬建立在量化的基础之上.

(6) 信息系统攻防博弈中 "攻击策略" 与 "攻击措施" 之间、"防御策略" 与 "防御措施" 之间一一对应关系的进一步研究, 将这种关系之间的相互映衬建立在量化的基础之上, 并形成规范.

(7) 在基于博弈论的信息系统攻防控制中, 开展对攻防双方支付 (收益) 函数的进一步研究, 开展对攻防博弈理论和工程方法的进一步研究等.

结合读者的认知、从事的具体工作以及感兴趣的领域, 还可以列出许多需要进一步研究的问题.

第二版后记

随着互联网技术的快速发展与普及, 网络空间安全已经从一系列的技术问题发展成一种战略概念. 全球化与互联网已经赋予个人、组织和国家基于连续发展互联网技术的惊人新能力, 信息收集、通信、筹款和公共关系都已经实现了数字化. 于是, 所有政治、经济和军事冲突都有了网络维度, 其范围和影响难以预测, 网络空间发生的战斗可能比地面发生的任何战斗都更为重要, 最终结果主要取决于作战双方的网络攻击和网络防御能力与水平. 总之, 网络化拉近了世界的距离, 作为网络空间安全的主体和核心的网络攻防成为一个严峻的战略问题呈现在世界各国面前.

针对目前网络攻防过程中带一般性和普遍意义的研究还很缺乏, 在攻防效能评估方面还缺乏科学严谨的评判理论和可操作的工程数学方法等现状, 本书后半部分将非合作博弈理论的基本思想和方法运用于分析研究目标网络系统的攻防对抗问题. 采用定性分析和定量分析相结合的研究思路, 得到一系列具有创新性的研究成果, 对网络空间安全学科建设, 对网络攻防理论的进一步深入研究和工程实践都有一定的指导意义和启发作用.

本书第二版在第一版内容的基础上, 进一步阐明网络攻防的意义、内涵、基本原理、基本要素及各要素之间的相互关系; 从网络攻防问题的模型描述入手, 首先分析研究了与攻防博弈相关的一些基本要素的描述与量化问题, 比如: 理性行为与攻防行为的描述、攻防策略的量化等; 然后按照循序渐进、逐步深入的原则, 在攻防博弈基本要素描述与分析的基础上, 将网络攻防归结为围绕信息资产安全风险的完全信息静态策略博弈问题, 继而再深入到信息不完全以及动态情况下, 网络攻防博弈中一些更为复杂问题的研究.

本书根据攻防竞争的特点, 将矩阵博弈及 Nash 均衡的基本原理和方法用以解决在完全信息静态情况下网络系统的攻防控制问题. 以信息资产的安全性概率和风险概率为博弈参数, 借助矩阵博弈的基本原理和方法构建了目标网络系统的攻防控制模型, 将网络系统的攻防控制问题归结为围绕信息资产安全风险的策略博弈问题; 根据矩阵博弈的特点构造攻防双方的支付 (收益) 函数, 然后借助最大值、最小值定理导出了面向信息资产的攻防控制算法; 借助 Nash 均衡的基本原理和方法构建围绕信息资产安全风险的攻防博弈模型, 并根据非合作博弈的特点构造了攻防双方的收益函数, 按照理性行为原理 (收益最大化原则) 导出了面向信息资产的攻防控制算法, 从而获得攻防双方的最优策略组合 (Nash 均衡点) 与安全性概率和风险概率之间的函数关系, 并详细讨论了双矩阵攻防博弈中的纯策略 Nash 均衡和混合策略 Nash 均衡问题.

本书详细讨论了信息不完全情况下的网络攻防控制问题. 通过一个网络攻防实例, 直观地分析讨论了不完全信息博弈与 Harsanyi 转换之间的关系, 从而构建了基于 Bayes-Nash 均衡的网络攻防博弈模型, 并给出均衡的存在性定理和均衡点的求解方法. 针对攻防实战中绝大多数决策人都厌恶风险的实际情况, 进一步给出了基于风险厌恶的不完全信息攻防博弈模型和求解 Bayes-Nash 均衡的工程数学方法; 通过构建面向信息资产的风险厌恶型效用 (收益) 函数, 将均衡点的求解问题归结为使效用 (收益) 最大化问题, 从而获得攻防双方的最优策略组合 (Bayes-Nash 均衡点) 与信息资产安全性概率和风险概率之间的函数关系. 通过一个实际的网络渗透攻防实例, 进一步验证了基于 Bayes-Nash 均衡的网络攻防博弈模型及其求解方法的可行性和有效性.

本书针对攻防实战中的动态竞争情形, 首先通过实例分析了动态博弈的基本特征, 按照攻防双方对信息的认识和了解, 采用扩展式描述方法, 构建了完全信息动态攻防博弈模型, 详细阐述了子博弈与子博弈完美 Nash 均衡的概念, 给出了求解子博弈精炼 Nash 均衡的方法和步骤; 将 Selten 的完全信息动态子博弈完美 Nash 均衡和 Harsanyi 的不完全信息静态博弈 Bayes-Nash 均衡结合起来, 给出了精炼 Bayes-Nash 均衡的表述方法和求解步骤. 特别地, 通过一个实例, 详细介绍了如何将信号传递博弈这种比较简单但有广泛应用意义的模型形式用于分析解决网络攻防中的一些实际问题.

本书针对 "网络攻防效能评估既是攻防博弈过程中的重要环节, 又是研究攻防博弈理论中带基础性的问题" 这一实际情况, 首先, 以目标网络系统信息资产的风险概率 (或安全性概率) 为基本参数, 借助信息论中 "熵" 的概念, 构建目标网络系统的 "风险熵" 或 "安全熵", 通过比较攻防前后系统 "熵值" 的变化, 从而构建起网络攻防效能评估模型, 对攻击效果和防御效果做出定量评价. 特别地, 通过对动态评估模型的分析, 从理论上证明了网络攻防博弈中攻击方明显处于优势地位的结论. 其次, 本书又以攻防双方的策略组合为基本参数, 借助 "决策试验与实验评估法", 通过构建 "专门知识" 矩阵, 分析攻击策略和防御策略之间的因果关系, 计算攻防策略组合对目标网络系统的直接影响和间接影响, 从而达到评估攻防策略组合对目标网络系统总体影响之目的. 特别地, 通过对基于 Web 服务的网络攻防博弈的研究发现, 网络防御是网络攻防系统中影响的接受者而非施加者, 始终处于被动地位, 而网络攻击 (尤其是 DoS 攻击) 在网络攻防系统中主要是影响的施加者, 抵御其他因素影响的能力较强. 这就从一个侧面验证了网络力量平衡的天平目前总是有利于攻击者一方的主要原因.

网络攻防是网络空间安全的主体和核心, 而网络空间安全是一门新兴交叉学科, 既不属于纯粹的自然科学, 也不属于纯粹的社会科学, 其中具有软科学的某些典型特征. 我们知道, 自然科学研究的是客观世界, 是客观世界中的事实元素, 使用的方法以定量为主; 社会科学主要研究由人组成的社会, 社会中的人及人际关系, 其核心是价值元素, 关键在于价值判断. 网络攻防既要面对客观世界, 研究攻防对抗中的事实元素, 又涉及人的因素和人的心理因素以及社会环境因素等, 还必须研究攻防对抗中的价值元素. 因此, 研究网络攻防控制问题, 不但要用定量化的方法描述和处理客观的事实元素, 还要用定量化的方法描述和处理攻防双方决策人的价值判断, 其难度是可想而知的.

本书将非合作博弈理论的基本思想和方法应用于分析研究目标网络系统的攻防控制问题, 所得到的一系列具有创新性的研究成果对网络空间安全的学科建设、对网络攻防理论的进一步深入研究及工程实践都有一定的启发指导和实际意义. 本书的研究具有探索性和尝试性, 与此相关的许多理论和实际问题还需要不断地进一步深入研究, 列举如下:

(1) 网络攻防博弈过程中理性行为模型及其组成要素的进一步深入研究, 包括攻防行为主体的价值发现与价值判断、偏好结构、效用及效用函数等.

(2) 信息资产安全风险的识别、描述、量化与分析; 量化的风险值与安全标准、安全等级之间的一一对应关系; 各种数据库 (包括资源库、脆弱性库、威胁库、安全策略库等) 的规范与建立.

(3) 攻防博弈模型中相关参数的描述与量化的进一步深入研究. 如何通过工程实践和大量统计数据, 正确描述信息资产安全风险的时空分布规律, 以及对攻防策略的科学分类与准确量化等.

(4) 网络攻防博弈中 “攻击策略” 与 “攻击措施” 之间、“防御策略” 与 “防御措施” 之间一一对应关系的进一步研究, 将这种关系的相互映射建立在量化的基础之上, 并形成规范.

(5) 网络攻防博弈中攻防双方支付 (收益) 函数的进一步研究. 包括在各种不同网络环境和博弈态势下攻防双方的效用如何描述, 效用 (支付、收益) 函数如何构建等.

(6) 基于风险熵和安全熵的网络攻防效能综合评估的进一步研究; 基于 “决策试验与实验评估法” 的网络攻防效能评估的进一步研究, 其中 “网络攻防策略与专门知识矩阵” 的建立需要通过工程实践和大量的统计数据才能完成.

(7) 搭建网络攻防实验仿真平台, 分别就基于策略式描述的网络攻防博弈算法、基于 Bayes-Nash 均衡的网络攻防博弈算法、基于扩展式描述的网络攻防博弈算法等开展深入的仿真研究, 总结实训经验, 并把它们应用于工程实践.